W0269254

Halbleiter-Elektronik

Eine aktuelle Buchreihe
für Studierende und Ingenieure

Halbleiter-Bauelemente beherrschen heute einen großen Teil der Elektrotechnik. Dies äußert sich einerseits in der großen Vielfalt neuartiger Bauelemente und andererseits in mittleren jährlichen Zuwachsraten der Herstellungsstückzahlen von ca. 20 % im Laufe der letzten 10 Jahre. Ihre besonderen physikalischen und funktionellen Eigenschaften haben komplexe elektronische Systeme z. B. in der Datenverarbeitung und der Nachrichtentechnik ermöglicht. Dieser Fortschritt konnte nur durch das Zusammenwirken physikalischer Grundlagenforschung und elektrotechnischer Entwicklung erreicht werden.

Um mit dieser Vielfalt erfolgreich arbeiten zu können und auch zukünftigen Anforderungen gewachsen zu sein, muß nicht nur der Entwickler von Bauelementen, sondern auch der Schaltungstechniker das breite Spektrum von physikalischen Grundlagenkenntnissen bis zu den durch die Anwendung geforderten Funktionscharakteristiken der Bauelemente beherrschen.

Dieser engen Verknüpfung zwischen physikalischer Wirkungsweise und elektrotechnischer Zielsetzung soll die Buchreihe „Halbleiter-Elektronik" Rechnung tragen. Sie beschreibt die Halbleiter-Bauelemente (Dioden, Transistoren, Thyristoren usw.) in ihrer physikalischen Wirkungsweise, in ihrer Herstellung und in ihren elektrotechnischen Daten.

Um der fortschreitenden Entwicklung am ehesten gerecht werden und den Lesern ein für Studium und Berufsarbeit brauchbares Instrument in die Hand geben zu können, wurde diese Buchreihe nach einem „Baukastenprinzip" konzipiert:

Die ersten beiden Bände sind als Einführung gedacht, wobei Band 1 die physikalischen Grundlagen der Halbleiter darbietet und die entsprechenden Begriffe definiert und erklärt. Band 2 behandelt die heute technisch bedeutsamen Halbleiterbauelemente und integrierten Schaltungen in einfachster Form. Ergänzt werden diese beiden Bände durch die Bände 3 bis 5 und 19, die einerseits eine vertiefte Beschreibung der Bänderstruktur und der Transportphänomene in Halbleitern und andererseits eine Einführung in die technologischen Grundverfahren zur Herstellung dieser Halbleiter bieten. Alle diese Bände haben als Grundlage einsemestrige Grund- bzw. Ergänzungsvorlesungen an Technischen Universitäten.

Fortsetzung und Übersicht über die Reihe: 3. Umschlagseite

Halbleiter-Elektronik

Herausgegeben von W. Heywang und R. Müller

Band 11

G. Winstel · C. Weyrich

Optoelektronik II

Photodioden, Phototransistoren,
Photoleiter und Bildsensoren

Unter Mitarbeit von M. Plihal

Mit 69 Abbildungen

Springer-Verlag Berlin Heidelberg New York
London Paris Tokyo 1986

Dr. rer. nat. GÜNTER WINSTEL
Leiter des Fachgebietes Festkörperelektronik
in den Forschungslaboratorien der Siemenns AG, München

Dr. phil. CLAUS WEYRICH
Leiter des Fachgebietes Angewandte Materialforschung
in den Forschungslaboratorien der Siemens AG, München

Dr. rer. nat. WALTER HEYWANG
Leiter der Zentralen Forschung und Entwicklung der Siemens AG, München
Professor an der Technischen Universität München

Dr. techn. RUDOLF MÜLLER
Professor, Inhaber des Lehrstuhls für Technische Elektronik
der Technischen Universität München

CIP-Kurztitelaufnahme der Deutschen Bibliothek.
Winstel, Günter: Optoelektronik / G. Winstel ; C. Weyrich. –
Berlin ; Heidelberg ; New York ; Tokyo : Springer.
Teilw. mit d. Erscheinungsorten: Berlin, Heidelberg, New York
NE: Weyrich, Claus: 2. Photodioden, Phototransistoren, Photoleiter
und Bildsensoren. – 1986. (Halbleiter-Elektronik ; Bd. 11)
ISBN-13: 978-3-540-16019-9   e-ISBN-13: 978-3-642-82640-5
DOI: 10.1007/ 978-3-642-82640-5

2362/3020-543210

Vorwort

Nachdem sich der Band "Optoelektronik I" mit der Erzeugung von
elektromagnetischer Strahlung durch Strominjektion in speziellen Halbleiterbauelementen befaßt hat, beschäftigen sich die
beiden Folgebände "Optoelektronik II und III" umgekehrt mit de
Umwandlung elektromagnetischer Strahlung bzw. energetischer
Teilchen in elektrische Energie mit Halbleiterbauelementen.
Die allgemein als Strahlungsempfänger bzw. -detektoren bezeich
neten Bauelemente finden hauptsächlich Anwendung

- beim Nachweis bzw. bei der Messung von elektromagnetischer
  Strahlung oder von Teilchen. Bei diesen Anwendungen wird
  ein möglichst hohes Signal-Geräusch-Verhältnis angestrebt,
  d.h. die Empfindlichkeit dieser Bauelemente muß groß sein
  und der Beitrag der detektorspezifischen Rauschmechanismen
  muß minimiert werden;

- bei der Umwandlung von elektromagnetischer Strahlung in
  elektrische Energie in Photoelementen und Solarzellen, wobei Solarzellen vornehmlich Wirtschaftlichkeitsaspekte berücksichtigt werden müssen. Dieses setzt eine Billigtechno-
  logie bei möglichst hohem Zellenwirkungsgrad voraus, wobei
  letztlich die Gesamtkosten des Systems die entscheidende
  Rolle spielen;

- bei der Umwandlung eines sichtbaren oder IR-Bildes in elektrische Signale mittels ein- oder zweidimensionaler Anordnungen. Bei diesen Anwendungen spielt die Integrationsfä-
  higkeit des verwendeten Halbleitermaterials eine große Rolle

Die als Strahlungsempfänger bzw. -detektoren in Frage kommen-
den Halbleiterbauelemente sind Photodioden, Avalanchephotodioden, Phototransistoren, Photoleiter, Halbleiterbildsensoren,
Solarzellen, Halbleiterphotokathoden und die sog. Halbleiter-

strahlungsdetektoren zum Nachweis hochenergetischer elektromagnetischer und korpuskularer Strahlung.

Der Band "Optoelektronik II" beinhaltet Photodioden, Avalanchephotodioden, Phototransistoren, Photoleiter und Halbleiterbildsensoren, sowie in Anlehnung an die Konzeption des Bandes "Optoelektronik I" zwei einführende Kapitel: Das erste Kapitel
bringt einen Überblick über die Entwicklungsgeschichte und
eine mehr phänomenologische Beschreibung aller, auch der im
weiteren nicht näher diskutierten historisch älteren thermischen Strahlungsdetektoren. In Kapitel 2 werden als gemeinsame Basis für die folgenden Kapitel die verschiedenen Empfind-
lichkeitscharakteristika von Strahlungsdetektoren und die durch
die unterschiedlichen Rauschmechanismen begrenzten kleinsten
detektierbaren Strahlungsleistungen und der daraus abgeleiteten Größen für das Nachweisvermögen von Detektoren, sowie die
Betriebsarten von Strahlungsdetektoren diskutiert. Die folgenden Kapitel über die verschiedenen Halbleiterbauelemente sind
so konzipiert, daß jedes für sich lesbar ist und Bezugnahmen
möglichst nur auf die beiden einführenden Kapitel erfolgen.

Der Band "Optoelektronik III" behandelt schwerpunktsmäßig die
Solarzellen, sowie die im allgemeinen weniger bekannten Halbleiterphotokathoden und Halbleiterstrahlungsdetektoren. Die
Beiträge des Bandes "Optoelektronik III" sind in Hinblick auf
eine möglichst große Geschlossenheit so abgefaßt, daß sie mit
nur wenig Bezugnahmen auf den Band "Optoelektronik II" auskommen.

Alle drei Bände zu diesem Themenkreis sind in erster Linie
als Lehrbücher gedacht. Es werden daher nur die wichtigsten
Originalarbeiten zitiert, die zu einer ersten Vertiefung notwendig erscheinen. Die Literaturhinweise sind jeweils am Ende
eines Kapitels zusammengefaßt. Als Aufbaulektüre empfehlen
sich aus dieser Buchreihe "Grundlagen der Halbleiterbauelemente" (Band 1), "Bändermodell und Stromtransport" (Band 3)
sowie selbstverständlich "Optoelektronik I" (Band 10). Für
eine detaillierte Darstellung der verschiedenen Rauschquellen bzw. -mechanismen weisen wir auf "Rauschen" (Band 15)
hin. Daneben gibt es eine Reihe anderer Bücher bzw. Monogra-

phien zum Thema Halbleiterdetektoren, die am Ende des ersten
Kapitels des vorliegenden Bandes aufgeführt sind.

Die den einzelnen Halbleiterbauelementen gewidmeten Kapitel
der vorliegenden "Optoelektronik II" wurden von einschlägi-
gen Fachleuten verfaßt. Herr Dr. Manfred Plihal hat auch die
Gesamtüberarbeitung des Manuskriptes mit der schwierigen Aufgabe der Homogenisierung durchgeführt, wofür wir ihm zu besonderem Dank verpflichtet sind. Unser Dank gilt auch den Heraus-
gebern dieser Buchreihe sowie dem Springer-Verlag, die es uns
durch Geduld und Entgegenkommen ermöglicht haben, das sich in
stürmischer Entwicklung befindliche Gebiet der Optoelektronik
innerhalb des vorgegebenen Rahmens einigermaßen vollständig
darstellen zu können.

München, im Frühjahr 1986   G. Winstel, C. Weyrich

Autoren

Herbst, Heiner, Dr.-Ing., Siemens AG, München,
    Forschungslaboratorien, Abt. ME 22

Plihal, Manfred, Dr. rer. nat., Siemens AG, München,
    Forschungslaboratorien, Abt. FKE 12

Trommer, Reiner, Dr. rer. nat., Siemens AG, München,
    Forschungslaboratorien, Abt. FKE 12

Weyrich, Claus, Dr. phil., Siemens AG, München,
    Forschungslaboratorien, Abt. AMF

Winstel, Günter, Dr. rer. nat., Siemens AG, München,
    Forschungslaboratorien, Abt. FKE

Inhaltsverzeichnis

1 Einführung und Überblick (C. Weyrich)

Elektromagnetische Strahlung kann durch zwei Wechselwirkungs-
prozesse Energie auf einen Festkörper übertragen und zwar durch
Anregung der Gitteratome und/oder der freien und gebundenen
Elektronen. Im ersten Fall resultiert eine Temperaturerhöhung
des Festkörpers, die meist über die Änderung seiner elektro-
nischen Eigenschaften indirekt nachgewiesen werden kann, während im zweiten Fall die Photonen des Strahlungsfeldes direkt
eine Veränderung der Energieverteilung der Elektronen bewirken. Entsprechend teilt man die Detektoren nach den ihrer Funktionsweise zugrundeliegenden Effekten üblicherweise in thermische Detektoren und Photonendetektoren ein. Aus dem grundle-
genden Unterschied der Funktionsweise ergeben sich grundsätzliche Unterschiede ihrer Eigenschaften: Bei thermischen Detektoren ist die Signalgröße unabhängig von der Energie des Ein-
zelquants proportional zur gesamten absorbierten Strahlungsenergie und die Ansprechgeschwindigkeit ist wegen der großen
thermischen Relaxationszeit entsprechend langsam. Bei Photonendetektoren hingegen ist die Signalgröße proportional zur
Zahl der absorbierten Photonen. Sie werden auch oft als Quan-
tendetektoren bezeichnet. Ihre Ansprechgeschwindigkeit ist
wegen der im Vergleich zu den thermischen Relaxationszeiten
kleinen Trägerlebensdauern bzw. gegebenenfalls der im allgemeinen noch kleineren Drift- und dielektrischen Relaxationszeiten um Größenordnungen höher als bei thermischen Detektoren. Die Einteilung in thermische Detektoren und Photonendetektoren kann auch in Analogie zu Strahlungssendern betrachtet werden: Thermische Detektoren entsprechen den Temperatur-
strahlern (Glühlampe) und Photonendetektoren den Lumineszenz-
und Laserdioden.

1.1 Entwicklungsgeschichte der Strahlungsempfänger [1]

Bis zum Ende des 18. Jahrhunderts ging man davon aus, daß die
Sonne nur in dem vom Auge wahrgenommenen Bereich von ca. 450
nm Strahlung emittiert. Diese Vorstellung mußte erstmals im
Jahre 1800 revidiert werden, als es dem in Hannover geborenen
Astronom Sir William Herschel mit einem Thermometer und einem
das Sonnenlicht spektral zerlegenden Glasprisma der Nachweis
gelang, daß das Sonnenspektrum auch jenseits des roten Spek-
trums Energieanteile besitzt. Es war dies zugleich die Geburts-
stunde der thermischen Detektoren, deren Entwicklung somit wesentlich früher einsetzte als die weiter unten betrachteten
Photonendetektoren.

Trotz einiger Verfeinerungen wurde das Thermometer sehr bald
vom Thermoelement abgelöst, dessen Funktionsweise auf dem
1821 von Seebeck entdeckten und nach ihm benannten thermo-
elektrischen Effekt beruht. Der Italiener Nobili hat im Jahre
1829 durch Serienschaltung mehrerer Thermoelemente die erste
Thermosäule gebaut und zusammen mit Marcedonio Melloni soweit
verbessert, daß ein Detektor entstand, der 40 mal empfindlicher war und vor allem wesentlich schneller ansprach als die
seinerzeit besten erhältlichen Thermometer. Mit diesem Detektor konnte die Wärmestrahlung eines Menschen aus 10 m Entfernung nachgewiesen werden [1.6]. Der dritte wichtige thermische Detektor, das Bolometer, geht auf den Amerikaner Samuel
Langley [1.7] zurück. Sein erstes Bolometer bestand aus zwei
Pt-Bändern, die er zu einer Wheatstoneschen Brücke mit einem
Galvanometer als Nullinstrument verband. Mit dieser Anordnung
konnte er Temperaturänderungen von 10^{-5} bis 10^{-6} K nachweisen
und hatte damit eine um den Faktor 15 größere Empfindlichkeit
erreicht als Melloni seinerzeit mit Thermosäulen. Durch weitere Verbesserung konnte Langley die Empfindlichkeit seines
Bolometers bis zum Jahre 1900 nochmals um den Faktor 400 stei-
gern und Temperaturänderungen von 10^{-8} K messen und damit die

---

[1] Ausführliche Darstellungen der Entwicklungsgeschichte von
Strahlungsempfängern sind in [1.1 - 1.5] zu finden.

Wärmestrahlung einer Kuh aus etwa 400 m Entfernung messen.
Diese Ergebnisse stimulierten eine Reihe von Neuentwicklungen
bei Thermoelementen und Thermosäulen: Ihre Wärmekapazität
konnte soweit reduziert werden, daß die Ansprechgeschwindigkeit eines Bolometers erreicht wurde bei einer mit im Gegensatz zu diesem wesentlich kleineren Detektorfläche. Durch ein
von Moll und Burger im Jahre 1925 entwickelten raffinierten
Meßverfahren - der Lichtstrahl eines ersten Galvanometers wurde auf eine mit einem zweiten Galvanometer verbundene Thermosäule gelenkt - wurde eine ca. 100fache Verstärkung des Meß-
signals erreicht und dabei erstmalig Schwankungen des Ausgangs-
signals gemessen, die durch weitere Verbesserungen nicht mehr
beseitigt werden konnten. Im Jahre 1934 wurden von Harris und
Johnson Thermoelemente hergestellt, die aus dünnen aufgesput-
terten Metallfilmen bestanden [1.8] und äußerst geringe Wärmekapazität besaßen. Mit dieser Technik und auch mit Aufdampf-
technik können IR-Detektoren mit einer Ansprechzeit im 10 ms-
Bereich erreicht werden. Eine Weiterentwicklung des Bolometers
stellt das Thermistor-Bolometer [1.9] aus gesinterten Mangan-,
Nickel- und Cobaltoxiden mit Ansprechzeiten von 3 bis 5 ms dar.
Im Jahre 1946 wurde von Andrews et al. [1.10] erstmals ein
supraleitendes Bolometer vorgestellt, bei dem der starke Anstieg des Widerstandes von Columbiumnitrid an der Sprungtemperatur für die Detektion ausgenützt wird, und welches heute
noch als der empfindlichste thermische Detektor anzusehen ist.

Photonendetektoren bestehen heute in den meisten Fällen aus
Halbleitermaterialien und sind im wesentlichen erst in den
letzten 50 Jahren zur technischen Reife entwickelt worden.
Die Entdeckung des äußeren lichtelektrischen Effektes, d.h.
des Austrittes angeregter Elektronen aus einem Festkörper,
geht allerdings schon auf das Jahr 1886 zurück: Der Effekt
wurde an Metallplatten von Hertz zufällig gefunden und später von Hallwachs näher untersucht und erklärt (Hallwachs-
Effekt). Weitere Arbeiten zur Untersuchung des äußeren lichtelektrischen Effektes führten schließlich im Jahre 1905 durch
Einstein zur Bestätigung von Plancks Quantenhypothese des

Lichtes. Die ersten als photoelektrische Zellen bezeichneten
Elemente besaßen Alkalimetalle als Kathodenmaterial. Später
wurden sie durch kompliziertere Dünnschichtstrukturen, bei
denen in jedem Fall Caesium bzw. seine Oxide wegen der ver-
gleichsweise geringen Austrittsarbeit eine entscheidende Rolle
spielen, ersetzt. Durch die Cs-Beschichtung konnte die Schwellenenergie für Elektronenaustritt aus dem UV-Bereich in den
sichtbaren Bereich verlegt werden. Wesentliche Bedeutung haben solche Photokathoden für Photoempfänger mit Elektronen-
vervielfachung (Photomultiplier) erlangt. Durch Verwendung
von III-V-Halbleitern mit durch Cs-Beschichtung bewirkter negativer Elektronenaffinität konnte in den 60er Jahren der Emp-
findlichkeitsbereich bis in das nahe IR (1250 nm) ausgedehnt
werden.

Die Messung der Abnahme des elektrischen Widerstandes als Folge einer Anregung der im Kristall gebundenen Träger bei Belich-
tung (innerer Photoeffekt) wurde erstmals am Selen von Smith
im Jahre 1873 beobachtet [1.11] und von W. v. Siemens im Jahre 1875 in einem Selenphotometer als erstem objektivem Licht-
stärkemeßgerät ausgenutzt. Demgegenüber wurde die folglich als
Photoleitung bezeichnete Widerstandsabnahme eines Festkörpers
bei Lichteinstrahlung an Cu_2O (Kupferoxidul) erst 1915 von
Pfund gefunden [1.12]. Für die Detektion von Strahlung im
sichtbaren Spektralbereich haben vor allem die II-VI-Verbin-
dungen ZnS und CdS Bedeutung erlangt, die erstmals von Gudden und Pohl Anfang der 20er Jahre untersucht wurden [1.13].
Eine ausführliche Darstellung der Eigenschaften von mehr als
20 photoleitenden Substanzen wie der Iodide, Oxide, Sulfide
und Selenide des Cu, Ag, Cd, Hg, Ti, Pb, Sb, Bi und Mo wurde
von Bergmann und Hänsler im Jahre 1936 veröffentlicht [1.14] .
Diese Substanzen sind teilweise auch Bestandteil des photoleitenden, mittels Elektronenstrahl abgetasteten Targets von
Bildaufnahmeröhren, deren erste 1950 realisiert wurden. Der
erste Photoleitungsdetektor für den IR-Spektralbereich aus
Thalliumsulfid wurde im Jahre 1917 von Case [1.15] vorgestellt
und in den 40er Jahren von Cashman realisiert. Dieser Detektor hatte eine maximale Empfindlichkeit bei 0,95 µm, eine

Grenzwellenlänge von 1,45 μm und war etwa 1000 mal empfindlicher als ein Thermoelementdetektor [1.16] . Bereits im Jahre 1933 hat Krutzscher an der Universität Berlin festgestellt,
daß Bleisulfid bis zu Wellenlängen von 3 μm empfindlich ist
[1.17]. Hierbei wurde auch gefunden, daß mit Trockeneisküh-
lung eine gegenüber Raumtemperatur etwa 100 mal größere Empfindlichkeit erzielt werden kann.

Das System der Bleichalkogenide wurde vor allem für den Bereich des zweiten (3 bis 5 μm) und dritten atmosphärischen
Fensters (8 bis 13 μm) weiter untersucht. Hierfür haben neben diesen auch InAs und InSb, sowie Ge und Si als Störstel-
lenphotoleiter und in den letzten 10 Jahren vor allem HgCdTe
an Bedeutung gewonnen.

Sperrschichtphotoeffekte, d.h. das Auftreten einer Photo-EMK
als Folge der örtlichen Trennung von durch Lichteinstrahlung
angeregten Trägern in einem inneren elektrischen Feld wurde
erstmals von Adams und Day [1.18] bereits 1876 ebenfalls am
Selen gefunden. 1928 fanden unabhängig voneinander Schottky
in den Forschungslaboratorien des Siemenskonzerns und Lange
am Kaiser-Wilhelm-Institut den Sperrschichtphotoeffekt am
Cu_2O und haben systematische theoretische und experimentelle
Untersuchungen dieser sog. Photoelemente durchgeführt. Die
Realisierung des Sperrschichtphotoeffektes am Ge und Si führte dann konsequenterweise zur Entwicklung der Solarzelle für
die direkte Umwandlung der Sonnenstrahlung in elektrische Energie. Erste Si-Solarzellen mit hinreichend hohem Wirkungsgrad
wurden Anfang der 50er Jahre entwickelt und erstmals 1958 für
die Energieversorgung des Satelliten Vanguard I eingesetzt.
Wesentliche Weiterentwicklungen fanden hier erst in den 70er
Jahren statt: Sie betreffen eine Verbilligung der Herstellung
des Si-Ausgangsmaterials, neue Materialien, neue Kristall-
ziehverfahren und neue Solarzellenstrukturen, um eine wirt-
schaftliche Nutzung im terrestrischen Bereich zur Versorgung
von Kleingeräten und von Inselnetzen zu ermöglichen. Diese Arbeiten sind noch in vollem Gange.

Sperrschichten in Halbleitern können aber nicht nur zur Erzeugung einer Photo-EMK herangezogen werden, sondern stellen auch - bei entsprechender Vorspannung - hochempfindliche Detektoren mit Ansprechzeiten im Nano- und Subnanosekundenbereich dar. Sonderformen dieser Bauelemente sind die sog. pin- und Avalanchephotodioden, die aus Si und Ge in den 50er und 60er Jahren erstmals realisiert wurden. Für den Bereich bis etwa 1,1 µm werden fast ausnahmslos Si-Sperrschichtdetektoren eingesetzt. Diese besitzen vor allem auch den Vorteil der Integrierbarkeit, was in den 70er Jahren zur Entwicklung von selbstauslesenden Halbleiterbildsensoren geführt hat. Gegenüber Bildaufnahmeröhren zeichnen sich diese Bildsensoren durch Kompaktheit, Stabilität und geringen Leistungsverbrauch aus und sind im Begriff, erstere aus vielen Anwendungen zu verdrängen.

Die Erfordernisse moderner optischer Nachrichtenübertragungssysteme über Glasfasern führte zur Entwicklung von Detektoren für den Spektralbereich zwischen 1,3 und 1,6 µm, wobei hier vornehmlich die auch für Lumineszenz- und Laserdioden sowie Photokathoden eingesetzten III-V-Halbleitermaterialien untersucht werden. Als Sperrschichtphotodetektoren für den längerwelligen Spektralbereich hingegen wurden nicht nur die auch bei Photoleitungsdetektoren eingesetzten Materialien PbTe und HgCdTe, sondern zusätzlich auch PbSnTe und PbSnSe untersucht.

Eine gewisse Sonderstellung haben Sperrschichtdetektoren für hochenergetische elektromagnetische und korpuskulare Strahlung eingenommen (Strahlungsdetektoren). Obwohl im Prinzip ähnlich aufgebaut wie Sperrschichtdetektoren für niederenergetische Strahlung, besitzen sie in Hinblick auf ein möglichst großes Absorptionsvermögen im allgemeinen wesentlich größere Kristallvolumina. Solche Detektoren wurden erstmals als sog. Festkörperionisationskammern in den frühen 60er Jahren eingesetzt und wurden seither erheblich verfeinert. Ihr Energieauflösungsvermögen für Strahlung ist, wenn gekühlt betrieben, wesentlich höher als das von Gasionisationsdetektoren.

1.2 Überblick über die verschiedenen Funktionsprinzipien von Strahlungs- und Teilchendetektoren

1.2.1 Thermische Detektoren

Die wesentlichen Vorteile von den hauptsächlich für den IR-Bereich verwendeten thermischen Detektoren gegenüber Photonendetektoren sind die Möglichkeit des Betriebes bei Raumtemperatur auch im langwelligen Spektralbereich und ihre wellenlängenunabhängige Empfindlichkeit. Diese Breitbandigkeit geht allerdings, wie in Kapitel 2 näher ausgeführt, zu Lasten des Nachweisvermögens.

In einem einfachen Bild kann ein thermischer Detektor durch seine Wärmekapazität C_{th} und den Wärmewiderstand R_{th} gegenüber einer Wärmesenke, die sich auf der Temperatur T befindet, beschrieben werden [1.19]. Fällt eine Strahlungsleistung P auf den Detektor, dann wird sich seine Temperatur T_D erhöhen, wobei die zeitliche Temperaturerhöhung $\theta = T_D - T$ gegeben ist durch

$$\eta_{ex}P = C_{th} \frac{d\theta}{dt} + \frac{\theta}{R_{th}}. \tag{1.1}$$

Hierbei beschreibt $\eta_{ex}P$ den Anteil der tatsächlich absorbierten Strahlung, d.h. die Verluste durch Reflexion und Transmission betragen $(1-\eta_{ex})P$. Im stationären Fall $(\theta/P = \eta_{ex}R_{th})$ müssen für eine maximale Temperaturerhöhung und damit Signalgröße, η_{ex} und R_{th} möglichst groß gemacht werden. Ersteres wird durch Schwärzung der Detektoroberfläche und Vermeidung von Reflexionsverlusten erreicht. Der maximal erreichbare Wärmewiderstand liegt vor, wenn der Detektor an die Wärmesenke, d.h. seine Umgebung, Energie nur in Form von Wärmestrahlung abgibt. Unter diesen Voraussetzungen und mit $\eta_{ex} = 1$ ergibt sich für einen sog. idealen thermischen Detektor als kleinste detektierbare effektive Strahlungsleistung $P_{min} = 5 \cdot 10^{-4}$ W bei einer Detektor- und Umgebungstemperatur von 290 K (sog. Background limit) [1.19]. Eine Verringerung von P_{min} läßt sich nicht durch Kühlen des Detektors allein, sondern nur von Detektor und Umge-

bung erreichen. Unter Weltraumbedingungen (T $\approx$ 3 K) beispiels-
weise beträgt $P_{min} \approx 6 \cdot 10^{-16}$ W. Trotzdem hat die Kühlung des
Detektors allein auch Bedeutung erlangt, da die thermische
Ansprechzeit τ_{th}, die sich nach (1.1) zu

$$\tau_{th} = C_{th}R_{th} \tag{1.2}$$

ergibt, durch die zu kleinen Temperaturen abnehmende spezifische Wärme des Detektors kleiner gemacht werden kann. Aus
(1.2) ist auch ersichtlich, daß bei Vergrößerung des Wärme-
widerstandes für eine hohe Empfindlichkeit eine entsprechend
hohe Zeitkonstante des Detektors in Kauf genommen werden muß.

Thermoelemente und Thermosäulen

Thermoelemente beruhen auf dem Seebeck-Effekt, der Ausbildung
einer elektromotorischen Kraft als Folge einer unterschiedlichen Temperatur der beiden Kontaktstellen zweier Materialien
mit unterschiedlicher Austrittarbeit der Elektronen. Thermoelemente zeichnen sich durch Robustheit, Stabilität und große
Reproduzierbarkeit aus, erreichen aber keine hohen Empfindlichkeiten. Als Materialkombination werden Cu-Konstantan, Mn-
Konstantan, Ag-Bi und Legierungen aus Ni, Sb,Bi und Te eingesetzt. Im allgemeinen wird eine hohe Thermokraft gewünscht
bei kleiner Wärmeleitfähigkeit und hoher elektrischer Leitfähigkeit. Leider weisen Materialien mit hoher elektrischer
Leitfähigkeit eine relativ kleine Thermokraft auf. Durch Serienschaltung von mehreren Thermoelementen erhält man sog.
Thermosäulen, die heute meistens in Dünnfilmtechnik hergestellt werden. Thermosäulen, die halbleitende Materialien
enthalten, sind zwar empfindlicher als solche aus Metallen,
auf der anderen Seite aber fragiler. Thermosäulenwerden bis
zu Wellenlängen von 30 µm eingesetzt und haben typische Ansprechzeiten von 10 ms. Eine Zusammenstellung ihrer Eigenschaften befindet sich beispielsweise in [1.19].

Bolometer

Bolometer sind Widerstandselemente aus einem Material mit
möglichst hohem Temperaturkoeffizienten der elektrischen
Leitfähigkeit. Bolometer benötigen eine genaue Stromeinprä-
gung. Ihre Empfindlichkeit ist um so größer, je höher der ein-
geprägte Strom, ihr Widerstand und der Temperaturkoeffizient
des spezifischen Widerstandes sind [1.19]. Hierbei sind allerdings Grenzen gesetzt durch das mit dem Strom ansteigende
Rauschen und durch die mit dem Widerstand ansteigende Ansprechzeit, die unterhalb der thermischen Ansprechzeit liegen sollte.
Metallbolometer werden heutzutage üblicherweise in Dünnschicht-
technik auf geeigneten Substraten hergestellt. Dadurch erreicht
man kleine Wärmekapazitäten und Ansprechzeiten von etwa 1 ms.
Größere Empfindlichkeiten werden mit Thermistorbolometern erreicht, die aus Mn-, Co- oder Ni-Oxiden mit negativem Temperaturkoeffizienten bestehen. Die elektrische Verlustleistung
spielt bei diesen insofern eine Rolle, als Selbstaufheizen bei
Fehlen eines in Serie geschalteten Schutzwiderstandes zu einer
Zerstörung des Bauelementes führen kann [1.20]. Sehr hohe Empfindlichkeiten besitzen supraleitende Bolometer, die knapp unterhalb der Sprungtemperatur betrieben werden, und bei denen
eine durch Absorption von Strahlung verursachte kleine Temperaturerhöhung zu einem drastischen Ansteigen des Widerstandes führt [1.7]. Supraleitende Bolometer sind aber wegen der
genauen Temperaturstabilisierung kompliziert im Aufbau und
wurden deshalb in ihrer Bedeutung vom Kryo-Bolometer verdrängt,
bei dem der hohe Temperaturkoeffizient des Widerstandes und
die geringe spezifische Wärme bei niedrigen Temperaturen ausgenützt werden [1.21]. Kryo-Bolometer können aus Kohlenstoff,
aber auch aus Halbleitern wie Ge, Si, InSb und TeSe hergestellt
werden. Die Detektoren werden bei etwa 4 K betrieben und vor
allem für astronomische Untersuchungen im fernen IR-Bereich
eingesetzt. Ein Vergleich ihrer Eigenschaften befindet sich
in [1.19] und [1.22].

Pyroelektrische Detektoren

Pyroelektrische Detektoren beruhen auf dem pyroelektrischen
Effekt, der Änderung der spontanen elektrischen Polarisation
bei Temperaturerhöhung [1.23]. Dieser Detektor ist ein Kondensator, bestehend aus einem ferroelektrischen Material wie TGS
(Triglyzinsulfat), SBN ($Sr_{1-x}Ba_xNb_2O_6$), PLZT (Lanthandodier-
tes Bleizirkonattitanat) und Lithiumniobat ($LiNbO_3$) oder -tan-
talat($LiTaO_3$) zwischen zwei aufgedampften Metallelektroden.
Diese Detektoren reagieren nur auf Änderungen der Temperatur,
da im stationären Fall die erzeugten Polarisationsladungen
durch freie Elektronen und Oberflächenladungen kompensiert
werden. Für die optimale Materialauswahl sind der pyroelektrische Koeffizient (möglichst groß), die komplexe Dielektrizitätskonstante und die Wärmekapazität (beide möglichst klein)
ausschlaggebend. Die Eigenschaften pyroelektrischer Detektoren sind in [1.24] verglichen. Ihre Vorteile sind Robustheit
und geringe Herstellkosten. Sie werden vor allem für die Detektion großer Strahlungsleistungen von impulsbetriebenen
Hochleistungslasern und als Detektoren in Sicherheitseinrich-
tungen eingesetzt. Neuerdings werden auch pyroelektrische
Detektoren aus Kunststoffen wie PVDF (Polyvinilindifluorid),
die hinsichtlich Herstellkosten weitere Vorteile bieten,
entwickelt. Pyroelektrische Detektoren eignen sich auch
für bildaufnehmende Systeme (pyroelektrisches Vidikon).

Pneumatische Detektoren

Pneumatische Detektoren bestehen prinzipiell aus einer kleinen Gaskammer mit einem für die nachzuweisende Strahlung trans-
parentem Fenster, einer Stelle, wo die Strahlung absorbiert
wird und einer Vorrichtung, die die aus der Temperaturerhöhung
resultierende Druckerhöhung und damit Ausdehnung der Kammer in
ein meßbares Signal umwandelt. Der bekannteste pneumatische
Detektor ist die Golay-Zelle [1.25]. Die Zelle ist wegen seiner geringen Wärmeleitfähigkeit mit Xe gefüllt. Die Gasausdeh-
nung wird über einen gegenüber dem Eintrittsfenster liegenden,
auf einer flexiblen Membran montierten Spiegel gemessen, der

einen Lichtstrahl ablenkt. Die Golay-Zelle ist heute noch einer
der empfindlichsten Detektoren für den Betrieb bei Raumtemperatur. Ihre Unhandlichkeit, Fragilität und Vibrationsempfind-
lichkeit, zusammen mit einer relativ hohen Ansprechzeit von
über 10 ms hat jedoch ihren Einsatz mehr oder minder auf Anwendungen im Laboratorium beschränkt. Sie eignet sich zum
Nachweis von Strahlung vom sichtbaren bis in den mm-Wellen-
längenbereich. Von den vielen Modifizierungen der Golay-Zelle
sei hier noch eine in [1.26] beschriebene Zelle erwähnt, bei
der die Membranauslenkung kapazitiv gemessen wird.

Andere thermische Detektoren

Das zum pyroelektrischen Detektor magnetische Analogon ist
der pyromagnetische Detektor [1.27]. Bei diesem wird die durch
die amplitudenmodulierte Strahlung verursachte Änderung der
Temperatur und damit der spontanen Magnetisierung bestimmter
Materialien induktiv gemessen. Thermomagnetische Detektoren
nützen den Nernst-Ettinghausen-Effekt aus, d.h. das Auftreten
einer transversalen Spannungsdifferenz bei einer von einem
durch Absorption von Strahlung verursachten thermischen Strom
durchflossenen Probe im transversalen Magnetfeld [1.28]. Andere thermische Detektoren basieren auf der temperaturbeding-
ten Verschiebung der Absorptionskante eines Halbleiters [1.29]
oder der spektralen Änderung des Reflexionsvermögens chol-
esternischer Flüssigkristallschichten [1.30].

1.2.2 Photonendetektoren

Photonendetektoren basieren auf der Erzeugung bzw. Anregung
freier Ladungsträger durch direkte Umwandlung von in einem
Festkörper absorbierten Photonen. Diese Träger führen zu meß-
baren Änderungen eines elektrischen Stromes oder einer Spannung. Die mit dieser Direktanregung verknüpften Ansprechzeiten liegen um Größenordnungen unterhalb der von thermischen
Detektoren. Ein weiterer Unterschied betrifft die Detektoroberfläche: Anstelle der bei thermischen Detektoren üblichen
Schwärzung der Detektoroberfläche tritt für eine optimale

Ausnutzung der auffallenden Photonen eine optische Oberflächenvergütung in Form einer $\lambda/4$-Schicht.

Je nachdem, ob die erzeugten Träger aus dem Festkörper austreten oder ob sie im Kristallinneren verbleiben, unterscheidet man zwischen dem <u>äußeren</u> und <u>inneren Photoeffekt</u>. In beiden Fällen ist eine Mindestenergie E_{grenz} der Photonen nötig, um ein gebundenes Elektron in einen freien Zustand zu überführen, aus der sich eine Grenzwellenlänge

$$\lambda_{grenz} = \frac{hc}{E_{grenz}} = 1,24 \; E_{grenz}^{-1} \; [\mu m \cdot eV] \tag{1.3}$$

mit h als Planckschem Wirkungsquantum und c als Lichtgeschwindigkeit ableiten läßt. Da es sich um einen Quanteneffekt handelt, ist - wie bereits am Beginn des Kapitels erwähnt - die Zahl der erzeugten Träger zur Zahl der Photonen und im Gegensatz zu thermischen Detektoren nicht zur auffallenden Strahlungsenergie proportional. Photonendetektoren besitzen daher grundsätzlich nicht die Breitbandigkeit thermischer Detektoren, sie sind dafür aber oft um Größenordnungen empfindlicher und besitzen ein höheres Nachweisvermögen. Im Falle des inneren Photoeffektes kann die Grenzenergie in (1.3), wie in Ab. 1.1 schematisch dargestellt, der Bandabstand E_g des Halbleiters oder, wenn an Donatoren oder Akzeptoren gebundene Ladungsträger in das Leitungs- oder Valenzband angeregt werden, die Aktivierungsenergie der Störstelle E_D oder E_A sein. Im ersten Fall spricht man von <u>intrinsischen Photodetektoren,</u>

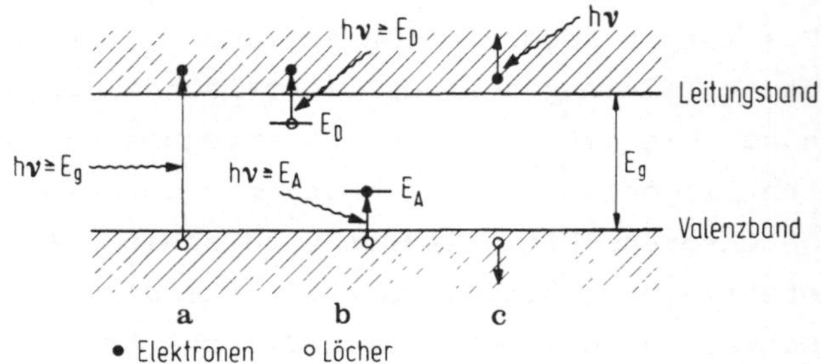

Abb. 1.1 Optische Anregungsprozesse in einem Halbleiter. a) intrinsische Absorption; b) extrinsische Absorption; c) Absorption durch freie Ladungsträger

da es sich um die Eigenschaften des reinen Grundmaterials handelt, im zweiten Fall, da durch Eingriff von außen diskrete Energieniveaus innerhalb der Bandlücke erzeugt wurden, von extrinsischen Photodetektoren.

Die in Abb. 1.1 c gezeigte Anregung freier Ladungsträger innerhalb des Leitungsbandes oder Valenzbandes hingegen besitzt keine derartige Grenzenergie. Einen weiteren Sonderfall stellt der Photoeffekt durch hochenergetische Quanten dar. Hier liegt die Teilchenenergie im allgemeinen um Größenordnungen oberhalb des Bandabstandes des Halbleiters, so daß auch Träger aus tieferen Bändern angeregt werden, die wiederum in einer Art Kettenreaktion weitere Träger erzeugen. Die dadurch letztlich durch Absorption eines Quantes mit der Energie E_Q entstehende Gesamtzahl angeregter Träger N kann angenähert werden durch

$$N \sim \frac{E_Q}{3E_g}, \qquad\qquad (1.4)$$

wobei E_g der Bandabstand des Halbleiters ist.

Photonendetektoren für den IR-Spektralbereich müssen wegen der mit abnehmender Übergangsenergie zunehmenden thermischen Generation von Ladungsträgern meist gekühlt betrieben werden. Als grobe Regel gilt, daß bis zu Wellenlängen von 3 µm keine Kühlung erforderlich ist, wohl aber durch sie eine Verbesserung der Empfindlichkeit erreicht werden kann, während bei größeren Wellenlängen bis 8 µm eine moderate (z.B. 77 K) und darüber eine starke Kühlung bis herab zu einigen Grad Kelvin notwendig wird.

Photonendetektoren mit innerem Photoeffekt
Photoleiterdetektoren

Ein Photoleiterdetektor besteht aus einem Photoleiter, der in Reihe mit einem Lastwiderstand R an eine Spannungsquelle angeschlossen ist (Abb. 1.2). Bei Auftreffen einer monochro-

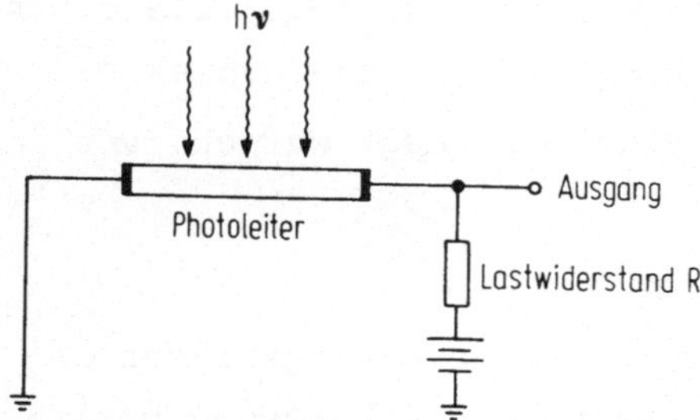

Abb. 1.2. Schaltung eines
Photoleiter-Detektors

matischen Strahlung mit der Frequenz ν, Leistung P und einer
(1.3) genügenden Grenzwellenlänge wird bei stationärer Anregung und R = O ein Kurzschlußphotostrom I_{sc}^{ph} (sc: short circuit) erzeugt, der bei örtlich homogener Bestrahlung durch

$$I_{sc}^{ph} = \frac{q}{h\nu} \, \eta_{ex} \, P \, g \qquad (1.5)$$

gegeben ist. η_{ex} ist der externe Quantenwirkungsgrad, d.h. die Zahl der pro auffallendes Photon erzeugten freien Ladungsträger (Abschnitt 2.1), q die Elementarladung und g das Verhältnis aus den im äußeren Kreis fließenden Elektronen und den im Photoleiter erzeugten Elektronen. Die Stromverstärkung g wird speziell bei Photoleitern häufig als Gewinn bezeichnet. Der Gewinn ist im einfachsten Fall (Kapitel 4) durch

$$g = \frac{\tau}{t_{tr}} \qquad (1.6)$$

gegeben, wobei τ die Lebensdauer der optisch generierten Ladungsträger und t_{tr} ihre von der angelegten Spannung abhängige Transitzeit zwischen den beiden Elektroden ist. Ist $t_{tr} < \tau$, muß zur Aufrechterhaltung der Neutralität bei Abfließen eines Elektrons über die eine Elektrode aus der anderen Elektrode ein neues Elektron injiziert werden und g wird größer als 1. Für $t_{tr} > \tau$ hingegen wird g < 1: im Falle des intrinsischen Photoleiters verschwinden die Träger durch Rekombination, bzw. werden bei einem extrinsischen Photoleiter vor Erreichen der Elektrode von einer Störstelle wieder eingefangen. Für g < 1 ist die Ansprechzeit τ_r (Abschnitt 2.2) ausschließlich durch die Lebensdauer der Träger gegeben. Aus (1.6) folgt, daß ein hoher Gewinn und damit Empfindlichkeit meist mit einer kleineren Ansprechgeschwindigkeit verbunden ist.

<u>Intrinsische Photoleiter</u> besitzen gegenüber extrinsischen
grundsätzlich den Vorteil der höheren optischen Absorption.
Im Falle der <u>extrinsischen Photoleiter</u> kommt zu dem Nachteil
des kleinen optischen Absorptionskoeffizienten (bezüglich
seiner Definition wird auf den Band "Optoelektronik I" verwiesen) und des damit benötigten größeren Detektorvolumens
noch der eines hohen Einfangquerschnittes der Träger durch
bereits ionisierte Störstellen hinzu, die als Fallen (Traps)
wirken und deren Dichte durch Abkühlen auf tiefe Temperaturen klein gemacht werden muß. Dieser Nachteil ist der wesentliche Grund für die verstärkten Aktivitäten auf dem Gebiet
der Halbleiter mit kleinem Bandabstand wie PbSnTe und HgCdTe,
die geringere Anforderungen bezüglich Kühlung stellen. Extrinsische Si-Photoleiter sind dennoch aufgrund der Integrierbarkeit mit bildverarbeitenden Si-Schaltungen für Bildaufnahme-
anwendungen weiterhin interessant. Als Detektor für den fernen IR-Bereich haben Photoleiter mit Intrabandabsorption, sog.
<u>Hot-Electron-Bolometer</u> oder <u>Putley-Detektor</u> [1.31], Bedeutung
erlangt, bei dem die Abhängigkeit bei Elektronenbeweglichkeit
von der Elektronentemperatur für die Messung ausgenützt wird.
Dieser Detektor, der bei etwa 4 K betrieben wird, weist wegen der kurzen Relaxationszeiten der Träger eine hohe Ansprechgeschwindigkeit auf. Ein Photoleiter, der keine äußere Spannungsquelle benötigt, ist der <u>photoelektromagnetische Detek-
tor</u>, bei dem die diffundierenden Träger - die Richtung des
Diffusionsstromes wird festgelegt durch eine unterschiedlich
hohe, technologisch einstellbare Oberflächenrekombinationsgeschwindigkeit auf Probenvorder- und -rückseite - im Feld
eines Permanentmagneten abgelenkt werden und ähnlich wie bei
einer Hallsonde über den Kurzschlußstrom oder die Leerlaufspannung nachgewiesen werden [1.32].

Sperrschichtphotodetektoren

Die Funktionsweise aller Sperrschichtdetektoren basiert auf
einem inneren elektrischen Feld, in dem die photogenerierten
Ladungsträger getrennt werden, und bei Kurzschluß im äußeren
Kreis (Außenwiderstand R = O) als Influenzstrom (sog. Kurzschlußstrom) bzw. im Leerlauf (R = ∞) als sog. Leerlaufspannung nachgewiesen werden.

Die Verhältnisse für den Fall eines einfachen pn-Überganges
sind in Abb. 1.3 gezeigt. Für eine Sammlung kommen die in
der Raumladungszone generierten Ladungsträger und die inner-

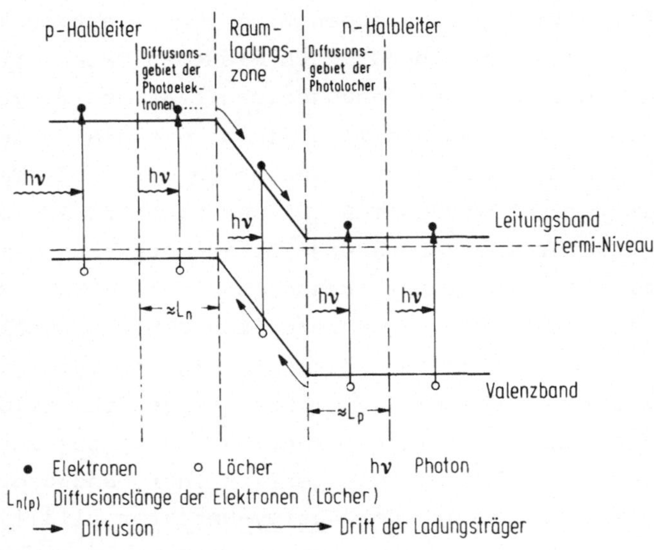

Abb. 1.3. Sperrschicht-Photoeffekt in einer pn-Diode im Kurzschlußfall

halb eines Gebietes von der Größenordnung der Diffusionslänge
von Elektronen und Löchern vom pn-Übergang, d.h. innerhalb des
sog. Diffusionsgebietes generierten Träger in Betracht. Während im ersten Fall die beiden generierten Träger durch das
elektrische Feld der Raumladungszone sofort getrennt werden,
und im Kurzschlußfall im äußeren Stromkreis als Ladungsimpuls
von der Größe einer Elementarladung und der Dauer der Träger-
laufzeit nachgewiesen werden können, müssen im zweiten Fall
die generierten Minoritätsträger zunächst zum pn-Übergang diffundieren, bevor sie durch das Feld der Raumladungszone abgesaugt und in das gegenüberliegende neutrale Halbleitergebiet
transportiert werden, wo sie zu Majoritätsträgern werden. Sie
werden im äußeren Stromkreis ebenfalls als Ladungsimpuls von
der Dauer der Flugzeit durch die Raumladungszone nachgewiesen,
wobei jedoch gegenüber dem Zeitpunkt der Generation im Mittel
eine zeitliche Verschiebung von der Größenordnung der Minoritätsträgerlebensdauer auftritt. Die Ansprechgeschwindigkeit

liegt im allgemeinen über der von Photoleiterdetektoren.
Träger, die außerhalb der Diffusionsgrenze generiert werden, verschwinden im wesentlichen durch Rekombination und
tragen daher nicht zum Photostrom bei, was eine Reduktion
des Umwandlungswirkungsgrades zur Folge hat.

Der Kurzschlußphotostrom ist gegeben durch

$$I_{sc}^{ph} = \frac{q}{h\nu} \, \eta_{ex} \, P \qquad (1.7)$$

und entspricht dem von Photoleiterdetektoren (1.5) mit $g = 1$.
Die Leerlaufspannung U_{oc} (oc: open circuit) ergibt sich bei
Vernachlässigung der Generation in der Raumladungszone aus
der Shockleyschen Diodengleichung (Band 1, S. 133) durch Hin-
zufügen des Photostromes

$$I_{ges} = I_s \, [\exp(qU_{oc}/kT) - 1] - I_{sc}^{ph} = 0 \qquad (1.8)$$

zu

$$U_{oc} = \frac{kT}{q} \, \ln \, (\frac{I_{sc}^{ph}}{I_s} + 1) \qquad (1.9)$$

mit I_{ges} als Gesamtdiodenstrom, I_s als Diodensättigungsstrom
und k als Boltzmannkonstante.

Photodioden können je nach Vorhandensein bzw. Höhe einer zusätzlichen äußeren Spannungsquelle auf verschiedene Arten betrieben werden (Abb. 1.4). Ohne äußere Spannungsquellen, d.h.
$U_B = 0$, werden <u>Photoelemente</u> (photovoltaischer Detektor) und
<u>Solarzellen</u> betrieben. Liegt der Arbeitspunkt AP im Sättigungs-
bereich der Diodenkennlinie ($U_B = U_B^{(1)}$), so kann die Kapazität
der Diode durch Vergrößerung der Weite der Raumladungszone verkleinert und, für den Fall, daß die Ansprechgeschwindigkeit
der Diode nicht durch die Laufzeit der Träger, sondern schal-
tungs-, d.h. RC-begrenzt ist, diese erhöht werden. In diesem
Bereich werden auch <u>Photo-pin-Dioden</u> mit einer durch die Breite der hochohmigen i-Zone eingestellten Weite der Raumladungszone betrieben, die kleinste Kapazitäten aufweisen und bei denen erreicht wird, daß alle Photonen in einer hochohmigen Feld-
zone (i-Zone) absorbiert werden und somit für das Zeitverhalten nur mehr die gegenüber der Trägerlebensdauer im allgemeinen kleineren Driftzeiten maßgeblich werden. Für ein möglichst

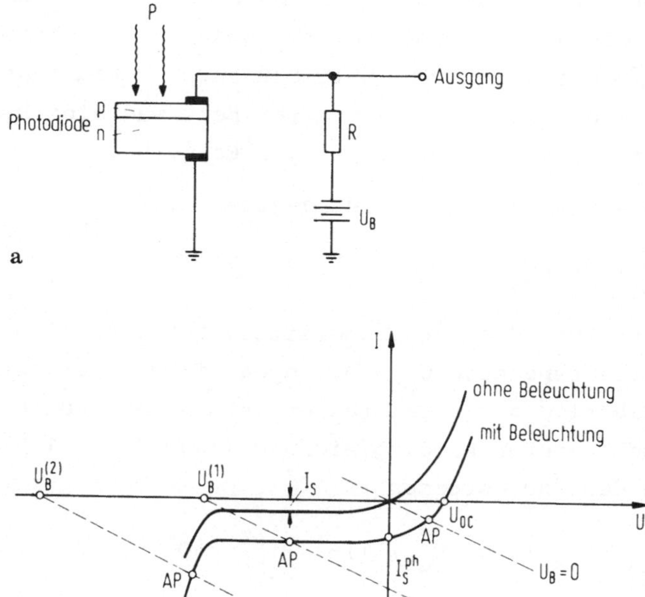

Abb. 1.4. Schaltung (a) und Betriebsweisen (b) von pn-Photodioden

hohes Spannungsausgangssignal sollte die Arbeitsgerade möglichst flach, d.h. R möglichst groß gewählt werden. Eine Begrenzung tritt zunächst jedoch durch die Durchbruchsspannung
der Diode und den Dynamikbereich der nachzuweisenden Strahlung
auf. Bei Betrieb im Lawinendurchbruch ($U_B = U_B^{(2)}$) wird der Prozeß der Trägermultiplikation als innerer Verstärkungsprozeß
bewußt ausgenützt (<u>Photolawinendiode</u>, <u>Avalanchephotodiode</u> (APD)).

<u>Heterostruktur-Photodioden</u> aus III-V-Halbleitern haben in dem
für die optische Nachrichtenübertragung wichtigen Wellenlängenbereich von 1,3 bis 1,6 μm Bedeutung erlangt. Durch den
zusätzlichen Freiheitsgrad können hierbei die Eigenschaften
der verwendeten Halbleitermaterialien optimal ausgenützt werden. Ein anderes Bauelement mit innerer Verstärkung ist der
<u>Phototransistor</u>, bei dem nicht die Trägermultiplikation, son-
dern der Transistoreffekt zur Photostromverstärkung ausgenutzt
wird.

Sperrschichtphotoeffekte treten auch in Metallhalbleiterüber-
gängen auf. Die entsprechenden Bauelemente werden Schottky-
Photodioden und, wenn zwischen Halbleiter und Metall sich eine
dünne Isolatorschicht befindet, MIS-Dioden (Metal Insulator
Semiconductor) genannt. Schottky-Photodioden sind vor allem
für Materialien interessant, in denen keine pn-Übergänge hergestellt werden können. Ihre Dunkelströme liegen aber wegen
der kleineren Potentialbarriere deutlich über denen von pn-
Dioden. MIS-Dioden hingegen eignen sich wegen der erzielbaren
höheren Leerlaufspannung auch für Solarzellen. MIS- bzw. MOS-
Strukturen (Metal Oxide Semiconductor) haben jedoch vornehmlich für selbstauslesende Halbleiterbildsensoren Bedeutung
erlangt, z.B. als sog. CCD-Strukturen (Charged Coupled
Devices), die photogenerierte Minoritätsträger sammeln, spei-
chern und zur Auslesung des Signals nach Anlegen geeigneter
Potentiale von einer MOS-Kapazität zur anderen transportie-
ren können.

Photonendetektoren mit äußerem Photoeffekt

Bei photoemissiven Detektoren werden durch Auftreffen von
Photonen aus einer Metall- oder Halbleiterelektrode (Photo-
kathode) Elektronen herausgelöst, die von einer Anode abgesaugt und gesammelt werden. Hauptanwendungsgebiet dieses Ef-
fekts sind Photoelektronenvervielfacher (Photomultiplier).
Die Eigenschaften des Photokathodenmaterials legen hierbei
die spektralen Eigenschaften des Photomultipliers fest. Kon-
ventionelle Photokathoden aus einem Metall- oder Halbleitermaterial besitzen wegen der durch die Austrittsarbeit Φ gegebenen Potentialbarriere an der Oberfläche (Abb. 1.5 a) eine
sog. positive Elektronenaffinität, wobei unter Elektronenaffinität der energetische Abstand von der Unterkante des Leitungsbandes zur Vakuumenergie verstanden wird. Bei einigen p-
Halbleitern, deren Oberfläche mit einem Material geringer Austrittsarbeit bedampft ist, kann die Elektronenaffinität negative Werte annehmen (Abb. 1.5 b) und die langwellige Grenze der
Empfindlichkeit ist nur mehr durch den Bandabstand des Halbleiters gegeben. Bei diesen Photokathoden mit negativer Elektronenaffinität (NEA-Photokathoden) hat sich jedoch gezeigt, daß

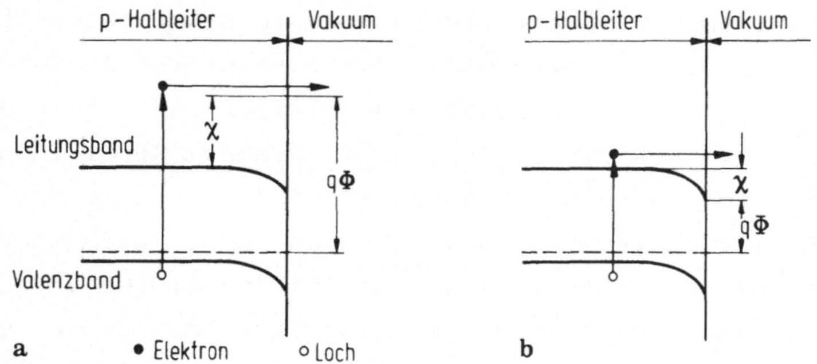

Abb. 1.5. Photokathoden mit positiver (a) und negativer (b) Elektronenaffinität

der Quantenwirkungsgrad mit Zunahme der langwelligen Empfindlichkeitskante abnimmt, so daß Photokathoden nur im Bereich oberhalb 1,25 eV für empfindliche Photodetektoren einsetzbar sind.

Literatur zu Kapitel 1

1.1 Hudson Jr., R.D. ; Hudson, J.W. (eds.), New York: Infrared detectors. Dowden, Hutchinson & Ross, Stroudsberg, Penn. Distributed by Halsted Press 1975

1.2 Bube, R.H.: Photoconductivity of solids. New York, London: Wiley 1960

1.3 Görlich, P.: Photoeffekte, Band 1. Leipzig: Akad. Verl.-Ges. 1962

1.4 dto., Band 2

1.5 Herschel, W.: Experiments on the refrangibility of the invisible rays of the sun. Philos. Trans. R. Soc. Lond., 9 (1800) 284-292

1.6 Barr, E.S.: The infrared pioneers - II. Macedoni Melloni. Infrared Phys. 2 (1962) 67-73

1.7 Barr, E.S.: The infrared pioneers - III. Samuel Pierpont Langley. Infrared Phys. 3 (1963) 195-206

1.8 Harris, L.; Johnson, E.A.: The technique of sputtering sensitive thermocouples. Rev. Sci. Instr. 5 (1934) 153-158

1.9 Wormser, E.M.: Properties of thermistor infrared detectors. J. Opt. Soc. Amer. 43 (1953) 15-21

1.10 Andrews, D.H.; Milton, R.M.; DeSorba, W.: A fast superconducting bolometer. J. Opt. Soc. Amer. 36 (1946) 518-524

1.11 Smith, W.: The action of light on Selenium. J. Sci. Tel. Engrs. 2 (1873) 31-

1.12 Pfund, A.H.: The light sensitiveness of copper oxide.
Phys. Rev. 7 (1916) 289-301

1.13 Gudden, B.; Pohl, R.: Zur lichtelektrischen Leitfähigkeit des Diamanten. Z. Physik 3 (1922) 199-201

1.14 Bergmann, L.; Hänsler, J.: Lichtelektrische Untersuchungen an Halbleitern. Z. Physik 100 (1936) 50-79

1.15 Case, T.W.: Thalofide cell - a new photoelectric. Phys.
Rev. 15 (1920) 289-292

1.16 Cashman, R.J.: New photo-conductive cells. J. Opt. Soc.
Amer. 36 (1946) 356

1.17 Krutzscher, E.W.: Letter to the editor. Electro-Opt.,
Syst. Design 5 (1973) 62

1.18 Adams, W.G.; Day, R.E.: The action of light on selenium.
Proc. R. Soc. 25 (1877) 113-117

1.19 Putley, E.H.: Thermal detectors. In: Keyes, R.J. (ed.):
Topics in applied physics: optical and infrared detectors. Berlin, Heidelberg, New York: Springer 1977, S. 71-
100

1.20 De Waard, R.; Wormser, E.M.: Description and properties
of various thermal detectors. Proc. IRE 47 (1959) 1508-
1513

1.21 Corsi, S.; Dall'Oglio, G.; Fantoni, G.; Melchiori, F.:
Recent advances in carbon bolometers as far infrared detectors. Infrared Phys. 13 (1973) 253-272

1.22 Dall'Oglio, G.; Melchiori, F.; Natale, V.: Comparison
between carbon, silicon and germanium bolometers and
Golay cell in the far infrared. Infrared Phys. 14 (1974)
347-350

1.23 Chynoweth, A.G.: Dynamic method for measuring the pyroelectric effect with special reference to barium titanat.
J. Appl. Phys. 27 (1956) 78-84

1.24 Putley, E.H.: in: Semiconductors and Semimetals 5, 259-
285. New York: Academic Press 1970

1.25 Golay, M.J.E.: A pneumatic infrared detector. Rev. Sci.
Instr. 18 (1947) 357-362

1.26 Chatanier, M.; Grauffre, G.: Infrared transducer for space
uses. IEEE Trans. Instr. and Meas. IM-22 (1973) 179-181

1.27 Walser, R.M.; Bené, R.W.; Camthers, R.E.: Radiation detection with the pyromagnetic effect. IEEE Trans. Electron Dev. ED-18 (1971) 309-315

1.28 Paul, B.; Weiss, H.: Anisotropic InSb-NiSb as an infrared
detector. Solid State Electron. 11 (1968) 979-981

1.29 Hilsum, C.; Harding, W.R.: The theory of thermal imaging,
and its application to the absorption-edge image tube.
Infrared Phys. 1 (1961) 67-93

1.30 Ennulat, R.D.; Fergason, J.L.: Thermal radiography util-
izing liquid crystals. Mol. Cryst. Lig. Cryst. 13 (1971)
149-164

1.31 Putley, E.H.: Impurity photoconductivity in n-type
     InSb. J. Phys. Chem. Solids 22 (1961) 241-247

1.32 Kruse, P.W.: Semiconductors and Semimetals, Vol. 5.
     In: Willardson and Beer (eds.). New York, London: Aca-
     demic Press 1970, S. 15-83

2 Empfindlichkeitscharakteristiken, Nachweisgrenzen und Betriebsarten von Strahlungsempfängern (C. Weyrich)

Das folgende Kapitel gibt einen Überblick über die zur Charakterisierung von Strahlungsempfängern verwendeten Größen. Neben der absoluten Größe der Empfindlichkeit interessieren ihr spektraler Verlauf und für Anwendungen, bei denen modulierte Strahlung gemessen werden soll, ihr Frequenzgang. In vielen Fällen ist die Kenntnis der gerade noch detektierbaren minimalen Strahlungsleistung als Maß für das Nachweisvermögen wichtig. Diese Strahlungsleistung wird durch die einzelnen Rauschquellen limitiert, wobei als Rauschquellen der Detektor selber, der nachfolgende Verstärker und die detektorunabhängigen statistischen Schwankungen des zu messenden Signals (Quantenrauschen) und der weitgehend unvermeidlichen Hintergrundstrahlung in Frage kommen. Für eine ausführliche Darstellung der einzelnen Rauschmechanismen wird auf den Band 15 dieser Buchreihe bzw. auf [2.1] verwiesen. Am Ende des Kapitels werden die beiden Betriebsarten von Detektoren, nämlich Direktempfang und optischer Heterodynempfang, behandelt. Letzterer gestattet es, an die Quantenrauschgrenze heranzukommen, die die absolute Grenze für das Nachweisvermögen eines Detektors darstellt.

2.1 Der Quantenwirkungsgrad

Der Quantenwirkungsgrad ist eine nur im Zusammenhang mit Photonendetektoren interessierende Größe. Als externen Quantenwirkungsgrad η_{ex} bezeichnet man das Verhältnis aus der Zahl der zeitlich erzeugten Ladungsträger und der Zahl der in der Zeiteinheit auf den Detektor auffallenden Photonen. Mit dem Photostrom I_{ph} und der Strahlungsleistung P erhält man

$$\eta_{ex} = \frac{I_{ph}/q}{P/h\nu} = \frac{h\nu}{q}\,\frac{I_{ph}}{P} \ . \tag{2.1}$$

Der Bruchteil von 1 - η_{ex} der auffallenden Photonen fällt
verschiedenen Verlustmechanismen zum Opfer, wie z.B. Reflexionsverluste an Schutzgläsern und an der Detektoroberfläche, Transmissionsverluste bei geringem Absorptionskoeffizienten, Absorptionsverluste durch Kontakte und Rekombinationsverluste an der Detektoroberfläche, im Detektorvolumen
und an Kontakten. Bezieht man die Zahl der erzeugten Ladungsträger auf die Zahl der im Detektor absorbierten Photonen, erhält man den inneren Quantenwirkungsgrad η_i, der also nur die
Rekombinationsverluste berücksichtigt. Die erwähnten Verluste
können durch optische Vergütung der Oberfläche und geeignetes Design des Bauelementes größtenteils vermieden oder unterdrückt werden. Bei den Detektoren für den optischen und
infraroten Spektralbereich beträgt der Quantenwirkungsgrad
maximal 1. Höhere Quantenwirkungsgrade werden bei den in Band
"Optoelektronik III" behandelten Röntgen- und Teilchendetek-
toren erreicht, wo wegen der im Vergleich zum Bandabstand hohen Teilchenenergien in einem mehrstufig ablaufenden Prozeß
mehrere 10^3 bis 10^4 Ladungsträger pro auffallendes Teilchen
erzeugt werden. Bei diesen Detektoren ist jedoch die Angabe
des Quantenwirkungsgrades nicht üblich.

2.2 Die Empfindlichkeit (engl. Responsivity)

Die Empfindlichkeit R_S eines Detektors gibt das Verhältnis
von (effektiver) Ausgangsgröße S und auffallender (effektiver) Strahlungsleistung an, besitzt also die Dimension Strom-
stärke oder Spannung pro Leistung:

$$R_S = \frac{S_{eff}}{P_{eff}} \quad (A/W \text{ oder } V/W). \tag{2.2}$$

Diese Angabe von R_S bezieht sich auf eine monochromatische
Strahlungsquelle mit konstanter Wellenlänge λ oder auf die
Strahlung eines auf der Temperatur T_{BB} (BB: Black Body) be-
findlichen schwarzen Körpers. Die Abhängigkeit R_S (λ) wird
als spektrale Empfindlichkeit (Spectral Responsivity) und
$R_S(T_{BB})$ als Schwarzkörperempfindlichkeit (Black Body Responsivity) bezeichnet. Für Detektoren im sichtbaren Bereich, insbesondere für Photonenmultiplier, wird auch die Einheit Ampère

pro Lumen bezogen auf eine monochromatische Strahlungsquelle oder auf die Strahlung eines schwarzen Strahlers - üblicherweise mit der Temperatur T_{BB} = 2870 K - verwendet.

Für die Messung einer modulierten Strahlungsquelle ist die Kenntnis des Frequenzganges der Empfindlichkeit R_S (λ, f) bzw. $R_S (T_{BB}$, f), notwendig. Diese Abhängigkeit läßt sich in guter Näherung durch ein Tiefpaßverhalten des Signals, d.h. durch

$$R_S = \frac{R_S^0}{[1+(2\pi f\tau_r)^2]^{1/2}} \qquad (2.3)$$

beschreiben, wobei R_S^0 die Empfindlichkeit bei der Frequenz f = 0 ist. Die Frequenz, bei der die Ausgangsleistung um 3 dB und damit Ausgangsspannung bzw. -strom um 1,5 dB abnehmen, wird als 3dB-Grenzfrequenz f_{3dB} bezeichnet. Durch sie wird die maximale Bandbreite des Empfängers festgelegt. Als Ansprechzeit τ_r des Empfängers wird die Größe

$$\tau_r = (2\pi f_{3dB})^{-1} \qquad (2.4)$$

bezeichnet. Diese hängt je nach vorliegendem Typ des Photonendetektors von der Trägerlebensdauer, den Trägerlaufzeiten, oder bei RC-Limitierung von der Detektorkapazität und der Summe aus Serienwiderstand und Lastwiderstand ab. Bei thermischen Detektoren ist die Ansprechzeit durch (1.2) gegeben.

Für den Vergleich von Detektoren hinsichtlich ihrer Empfindlichkeit ist noch die Temperatur des Detektors - diese beeinflußt beispielsweise die Trägerlebensdauer und damit in Photodioden und Photoleitern den Frequenzgang und in letzteren zusätzlich den Gewinn - und die Abhängigkeit der Empfindlichkeit von der Höhe der zu messenden Strahlungsleistung zu berücksichtigen. In diesem Zusammenhang interessiert auch die kleinste noch detektierbare Strahlungsleistung, die im folgenden diskutiert wird.

2.3 Das Nachweisvermögen

Wie schon am Anfang des Kapitels erwähnt, wird die kleinste noch detektierbare Strahlungsleistung durch Rauschen begrenzt.

Als Rauschquellen sind die aus der Photonenstatistik resultierenden Schwankungen des Signals (Signalrauschen) und der Hintergrundstrahlung (Hintergrundrauschen), der Detektor selber (Detektorrauschen) und der nachfolgende Verstärker (Verstärkerrauschen) zu betrachten. Durch das Vorhandensein von Feldeffekttransistoren mit hervorragenden Rauscheigenschaften kann man sich in der Praxis in vielen Fällen auf das Reduzieren des Detektorrauschens relativ zum Signalrauschen und Hintergrundrauschen beschränken. Trotzdem gibt es Anwendungen, beispielsweise die breitbandige optische Nachrichtenübertragung oder die Detektion mit gekühlten Detektoren vor "kaltem" Hintergrund (IR-Astronomie), bei denen Verstärkerrauschen dominieren kann.

2.3.1 Rauschquellen

Signalrauschen, Quantenrauschen

Für die Berechnung des Quantenrauschens einer monochromatischen Signalwelle kann das Schrotrauschen des Signalstroms in einer (nichtverstärkenden) Photodiode herangezogen werden, da im Idealfall ($\eta_{ex} = 1$) jedes auftreffende Photon ein Elektron-Loch-Paar erzeugt. Eine mit der Frequenz $f = \omega/2\pi$ sinusförmig modulierte Signalleistung einer monochromatischen Strahlungsquelle $P_s(t) = P_s^o + \hat{P}_s \sin \omega t$ erzeugt in der Diode einen Signalstrom $I_s(t) = I_s^o + \hat{i}_s \sin \omega t$, dessen Wechselstromamplitude nach (2.1) gegeben ist durch

$$\hat{i}_s = \frac{q}{h\nu} \, \eta_{ex} \, \hat{P}_s , \tag{2.5}$$

wodurch an einem Lastwiderstand R (Abb. 1.4) die elektrische Signalleistung

$$S = \frac{1}{2} \hat{i}_s^2 \, R = \frac{q^2 \eta_{ex}^2 \, \hat{P}_s^2 \, R}{2 (h\nu)^2} \tag{2.6}$$

erzeugt wird. Für Modulationsfrequenzen, die klein sind gegenüber dem Kehrwert der Trägerlebensdauer, d.h. typischerweise kleiner als 10^9 Hz, beträgt bei einer Bandbreite B der Effektivwert des Schrotrauschstromes (siehe 2.23)

$$I_{N,eff} = (2qI_s^o B)^{1/2} = \left(\frac{2q^2 \eta_{ex} P_s^o \, B}{h\nu}\right)^{1/2} \tag{2.7}$$

und damit die Rauschleistung am Lastwiderstand

$$N = I^2_{N,eff}\, R = \frac{2q^2\, \eta_{ex}\, P^O_s\, B\, R}{h\nu}. \tag{2.8}$$

Mit (2.6) ergibt sich daraus ein Signal-Geräusch-Verhältnis

$$\frac{S}{N} = \frac{\eta_{ex}\, \hat{P}^2_s}{4h\nu\, P^O_s\, B}. \tag{2.9}$$

Für 100% modulierte Strahlung ($\hat{P}_s = P^O_s$) erhält man für S/N = 1
als kleinste detektierbare Strahlungsleistung

$$P_{min} = \frac{4\, h\nu}{\eta_{ex}}\, B. \tag{2.10}$$

Diese Bezeichnung gilt auch für 100%ig rechteckförmig modulierte Strahlung. Für einen "idealen" Detektor (η_{ex} = 1) entspricht P_{min} in (2.10) der durch die Statistik der auffallenden Photonen bestimmten Rauschleistung (Quantenrauschen).
Für die Messung von Gleichstrahlung hat diese Leistung, wie
leicht gezeigt werden kann, den halben Wert; dieser entspricht
der durch die Unschärferelation gegebenen unteren Grenze für di
Meßgenauigkeit optischer Signale [2.2].

Bringt man diese Leistung nicht mit der Bandbreite, sondern
mit der für die Messung zur Verfügung stehenden Zeit Δt in Verbindung, so erhält man nach (2.1)

$$P_{min} = \frac{\overline{N}_{ph}\, h\nu}{\eta_{ex}\, \Delta t}, \tag{2.11}$$

wobei N_{ph} die mittlere Zahl der im Zeitintervall Δt auffallenden Photonen ist. Möchte man beispielsweise erreichen, daß
innerhalb Δt mit 99%iger Wahrscheinlichkeit mindestens ein
Photon detektiert wird, so ergibt sich aufgrund der Poisson-
Statistik [2.1, S. 49] mit η_{ex} = 1

$$P_{min} = \frac{4,61\, hc}{\lambda\, \Delta t}. \tag{2.12}$$

Für λ = 1 µm und Δt = 1 s ergibt sich hieraus beispielsweise
eine Grenzleistung von etwa 10^{-18} W.

Bei einem schwarzen Strahler mit der Temperatur T_{BB} als Signalquelle (Gleichstrahlung) ergibt sich nach [2.1, S. 50] für

S/N = 1 als kleinste detektierbare Strahlungsleistung, wenn η_{ex} unabhängig von der Wellenlänge ist,

$$P_{min}^{BB} = \frac{2\ B}{\eta_{ex}} \frac{\int\limits_{\nu_{grenz}}^{\infty} M(\nu,\ T_{BB})\ d\nu}{\int\limits_{\nu_{grenz}}^{\infty} [M(\nu,\ T_{BB})\ /\ h\nu]\ d\nu} \qquad (2.13)$$

mit der Planckschen Verteilungsfunktion

$$M(\nu,\ T_{BB}) = \frac{2\pi\ h\nu^3}{c^2[\exp(h\nu/kT_{BB})-1]} \qquad (2.14)$$

und $\nu_{grenz} = c/\lambda_{grenz}$ als langwellige Empfindlichkeitsgrenze des Detektors. Der zweite Faktor in (2.13) stellt das Verhältnis aus Gesamtstrahlungsleistung mit $\lambda \leq \lambda_{grenz}$ und gesamter Photonenzahl, also eine "mittlere" Photonenenergie dar, womit die Analogie zur monochromatischen Strahlungsquelle (siehe (2.10) für den Fall des Gleichlichtes) erkennbar wird.

Hintergrundrauschen

Detektoren, bei denen Hintergrundrauschen die dominierende Rauschquelle ist, was für die meisten Strahlungsempfänger für den IR-Spektralbereich oberhalb etwa 3 μm der Fall ist, werden als Background Limited Infrared Photodetector (BLIP) bezeichnet. Die durch Hintergrundrauschen begrenzte kleinste detektierbare Strahlungsleistung P_{min}^{bg} hängt von der Temperatur T_{bg} des die Signalquelle der Wellenlänge umgebenden Hintergrundes, der Detektortemperatur, der Empfangsfläche A, des Öffnungswinkels Ω und schließlich von der Art und Betriebsweise des Empfängers ab.

Im Falle einer Photodiode ist die kleinste durch Hintergrundrauschen limitierte detektierbare Strahlungsleistung (S/N = 1) einer Signalquelle mit der Wellenlänge λ bei einem Raumwinkel von $\Omega = 2\pi$ und bei einem unterhalb der langwelligen Empfindlichkeitskante λ_{grenz} wellenlängenunabhängigen η_{ex} nach [2.1, S. 51] gegeben durch

$$P_{min}^{bg} = \frac{hc}{\lambda} \left[\frac{2AB}{\eta_{ex}} \int\limits_{\nu_{grenz}}^{\infty} \frac{2\pi\nu^2 \exp(h\nu/kT_{bg})\,d\nu}{c^2[\exp(h\nu/kT_{bg})-1]^2} \right]^{1/2} . \qquad (2.15)$$

Bei Verwendung eines Filters ist die Integration nur bis zur
Filterkante zu erstrecken. Für $h\nu \gg kT_{bg}$, d.h. für Wellenlängen unterhalb 30 μm, läßt sich der Integrand und damit
(2.15) vereinfachen und man erhält

$$P_{min}^{bg} = \frac{hc}{\lambda} \, [2AB \, N_{bg}/\eta_{ex}]^{1/2} \, , \qquad\qquad (2.16)$$

wobei mit (2.14)

$$N_{bg} = \int_{\nu_{grenz}}^{\infty} \frac{2\pi \, h\nu^2 \, d\nu}{\exp(h\nu/kT_{bg})} \approx \int_{\nu_{grenz}}^{\infty} \frac{M(\nu, T_{bg})d\nu}{h\nu} \qquad (2.17)$$

die Gesamtzahl der in der Zeiteinheit auf die Detektorfläche A
aus dem Raumwinkel 2π auffallenden Photonen der Hintergrundstrahlung mit $\lambda \leq \lambda_{grenz}$ ist.

Für die Berechnung der durch Hintergrundrauschen begrenzten
kleinsten detektierbaren Strahlungsleistung von Photoleiterdetektoren sind zwei grundsätzliche Unterschiede gegenüber
Empfängern mit Photodioden zu berücksichtigen, von denen der
erste sich auch auf die Berechnung des Signalrauschens aus-
wirkt:

- Bei Photoleitern wird eine Änderung der Leitfähigkeit durch
  einfallende Strahlung gemessen. Die Schwankungen der Leitfähigkeit sind den Schwankungen der Trägerdichte proportional. Diese entstehen sowohl durch Schwankungen der Generationsrate durch die auffallende Strahlung, als auch - im
  Gegensatz zu Photodioden - durch Schwankungen der Rekombi-
  nationsrate. Da diese einander gleich groß sind, sind für
  Photoleiterdetektoren die die Grenzen durch Signalrauschen
  beschreibenden Gleichungen (2.8) bzw. (2.11), wie im Abschnitt
  über Detektorrauschen noch gezeigt wird, mit dem Faktor 2, und
  die das Hintergrundrauschen beschreibenden Gleichungen (2.13)
  bzw. (2.14) mit dem Faktor $\sqrt{2}$ zu multiplizieren.

- Photoleiterdetektoren besitzen im Gegensatz zu Photodioden
  eine im gesamten Volumen örtlich gleichhohe Empfindlichkeit.
  Bei Photodioden ist nur das Volumen innerhalb einiger Diffusionslängen vom pn-Übergang empfindlich, der deshalb im
  allgemeinen nahe der der zu messenden Strahlung zugewandten
  Oberfläche liegen muß. Aus diesem Grund muß bei Photoleiter-

detektoren auch der Beitrag der Detektorrückseite zum Hintergrundrauschen berücksichtigt werden, was im Falle gleichhoher Temperatur von Detektor und Hintergrund zu einem weiteren Faktor $\sqrt{2}$ in (2.13) bzw. (2.14) führt. Der Einsatz gekühlter Blenden zur Begrenzung des Öffnungswinkels ist hier deshalb immer nur dann sinnvoll, wenn zugleich eine Kühlung des Detektors selbst vorgenommen wird.

<u>Detektorrauschen</u>

In Halbleiterdetektoren selber treten im wesentlichen drei Rauschquellen auf und zwar thermisches Rauschen, Generations-Rekombinationsrauschen und Schrotrauschen.

Das <u>thermische Rauschen</u>, auch Johnson- oder Nyquist-Rauschen genannt, entsteht durch die statistische Bewegung der Ladungsträger in einem Festkörper ohne Anlegen einer äußeren Spannung. Beträgt sein Widerstand R und seine Temperatur T, dann ist der effektive Rauschstrom gegeben durch

$$I_{N,\,eff} = \left(\frac{4kT\ B}{R}\right)^{1/2}. \tag{2.18}$$

Die obere Frequenzgrenze des thermischen Rauschens liegt bei $hf \approx kT$, d.h. im IR-Spektralbereich.

Das <u>Generations-Rekombinationsrauschen</u> tritt wie das Schrotrauschen nur bei angelegter äußerer Spannung auf. Es entsteht durch die statistischen Schwankungen der Generations- und Rekombinationsprozesse und äußert sich in Schwankungen der mittleren Trägerdichte und damit der Leitfähigkeit. Generations-Rekombinationsrauschen ist vor allem bei Photoleiterdetektoren zu berücksichtigen. Ein allgemeiner Ausdruck für den effektiven Rauschstrom bzw. seine Frequenzabhängigkeit ist (Band 15 dieser Buchreihe, S. 65 und 190)

$$I_{N,eff} = 2qg\left[\frac{GB}{1+(2\pi f\tau_g)^2}\right]^{1/2}, \tag{2.19}$$

wobei g der nach (1.6) gegebene Gewinn des Photoleiters, G die Generationsrate und τ_g die für den Generations-Rekombinationsprozeß maßgebliche Zeitkonstante sind. Nach Band 15, S. 35 dieser Buchreihe liegt τ_g im Bereich der entsprechenden Ladungsträgerlebensdauern τ ($0,5\tau \leq \tau_g \leq \tau$). Im Falle des intrinsischen Photoleiterdetektors mit den Ladungsträgerdichten n_o und p_o ist die thermische Generationsrate bei einem Detektorvolumen V gegeben durch

$$G = \frac{V}{\tau_g} \frac{n_o p_o}{(n_o + p_o)} .$$

(2.20)

Bei einem extrinsischen Photoleiterdetektor mit der Donatordichte N_D und der Majoritätsträgerdichte n_o beträgt unter der Voraussetzung, daß die Minoritätsträgerdichte klein ist gegenüber der Dichte der ionisierten Donatoren, die Generationsrate

$$G = \frac{V}{\tau_g} \frac{n_o (N_D - n_o)}{(2N_D - n_o)} .$$

(2.21)

(2.19) läßt sich auch zur Berechnung des Signalrauschen bei Photoleiterdetektoren heranziehen. Bei überwiegend optischer Generation durch Strahlung mit der Leistung P beträgt

$$G = \eta_{ex} \frac{P}{h\nu} ,$$

(2.22)

woraus sich mit (2.19) für f = 0 (Gleichstrahlung) für einen idealen Photoleiter ($\eta_{ex} = 1$) mit S/N = 1, wie schon am Ende des Abschnitts über Hintergrundrauschen erwähnt, eine um den Faktor 2 höhere kleinste detektierbare Strahlungsleistung ergibt als bei einer Photodiode als Empfänger.

Als <u>Schrotrauschen</u> bezeichnet man das durch die Statistik des Übertritts von Trägern durch die Raumladungszone von Photodioden hervorgerufene Rauschen, das sich in Schwankungen des Influenzstromes äußert. Unabhängig von der Art der mittleren Stromkomponenten $\bar{I}$ gilt für den effektiven Rauschstrom

$$I_{N,eff} = (2q\bar{I}B)^{1/2} .$$

(2.23) ·

Bei einer in Sperrichtung gepolten pn-Diode ist für I der Sättigungsstrom I_S ((Band 1, S. 133) und Kapitel 3) und bei Berücksichtigung der thermischen Generation in der Raumladungszone zusätzlich der Generationsstrom

$$I_{gen} = \frac{q n_i V}{2\tau}$$

(2.24)

einzusetzen, wobei n_i die Eigenleitungsträgerdichte, τ die
Minoritätsträgerlebensdauer und V das Generationsvolumen als
Produkt aus Raumladungsweite und Fläche des pn-Überganges
ist (Abschnitt 3.1.1).

Bei niedrigen Meßfrequenzen f tritt zu den oben genannten
Rauschquellen eines Photodetektors noch das sog. 1/f-Rauschen
hinzu, welches vielfältige Ursachen hat. Beispielsweise hängt
es von der Beschaffenheit der Oberfläche, von Zwischenflächen
und von den Kontakten ab. Der effektive Rauschstrom läßt sich
angenähert durch ein Gesetz der Form

$$I_{N,eff} \propto \left(\frac{IB}{f}\right)^{1/2} \tag{2.25}$$

mit I als Detektorstrom beschreiben.

Bei Avalanchephotodioden tritt ein durch die Statistik des
Trägermultiplikationsprozesses bedingter Rauschmechanismus
auf, der als Zusatzrauschen bezeichnet wird und in Zusammenhang mit den Photolawinendioden in Abschnitt 3.4.6 behandelt
wird.

Verstärkerrauschen

Das Ausgangssignal eines Photoleiters oder einer Photodiode
wird, wie in Abb. 1.2 und 1.4 gezeigt, an einem Lastwiderstand R abgegriffen, dessen thermisches Rauschen ebenfalls
durch (2.18) gegeben ist. In vielen Fällen besteht der Vorverstärker eines optischen Empfängers aus einem Feldeffekt-
transistor. Bei diesem tritt thermisches Rauschen des Kanals
auf, wobei die parallel zur Source-Drain-Strecke liegende
Rauschquelle einen effektiven Rauschstrom (Band 15, S. 147)

$$I_{N,eff}^{Kanal} = \left(\frac{8}{3} kTg_m B\right)^{1/2} \tag{2.26}$$

erzeugt mit g_m als Steilheit des Transistors. Das Kanal-
rauschen entspricht demnach dem thermischen Rauschen eines
Widerstandes mit $R = 2g_m/3$. Bei mittleren Frequenzen ist bei
Feldeffekttransistoren im wesentlichen nur diese Rauschquelle zu berücksichtigen, die zum thermischen Rauschen des Lastwiderstandes hinzugezählt werden kann, indem seine Temperatur
auf den Wert

$$T_r = T(1 + \frac{2g_m}{3R}), \qquad\qquad\qquad (2.27)$$

der sog. Rauschtemperatur korrigiert wird.

Bei höheren Frequenzen, wenn Schwankungen des Kanalstromes
kapazitiv vom Kanal auf das Gate übertragen werden, müssen
Schwankungen des kapazitiven Gatestroms mitberücksichtigt
werden (induziertes Gate-Rauschen). Der effektive Gate-Rausch-
strom ist in einer für einfache Abschätzungen ausreichenden
Näherung (Band 15, S. 149) gegeben durch

$$I_{N,eff}^{Ind} = (\frac{kT}{2} \; B \; \frac{4\pi^2 f^2 C_G}{g_m})^{1/2} \qquad\qquad (2.28)$$

mit f als Modulationsfrequenz und C_G als wirksame Gate-Source-
Kapazität.

Bei Sperrschichtfeldeffekttransistoren fließt zusätzlich wegen der nicht idealen Sperrschicht wie bei den pn- oder Schottky-Dioden ein Gate-Sperrstrom I_{gate}, dessen Rauschstrom durch
$I_{N,eff}^{gate} = (2qI_{gate}B)^{1/2}$ gegeben ist. Das Rauschen von Bipolar-
transistoren als Vorverstärker kann, da er sich funktionsmäßig
aus zwei sich beeinflussenden pn-Dioden zusammensetzt, als
Schrotrauschen dieser beiden Dioden beschrieben werden. Für
eine nähere Betrachtung sei auf Band 15, S. 123 ff. verwiesen.

2.3.2 Die rauschäquivalente Leistung (Noise Equivalent Power: NEP)

Unter rauschäquivalenter Leistung versteht man jene auffallende effektive Wechselleistung einer 100%ig modulierten Strahlungsquelle, die im Photodetektor einen dem effektiven Rauschstrom entsprechenden effektiven Signalstrom erzeugt (S/N = 1).
Im Falle des Signalrauschens und des Hintergrundrauschens als
dominierender Rauschquelle gilt

$$NEP = \frac{P_{min}^{BB,bg}}{\sqrt{2}}, \qquad\qquad\qquad (2.29)$$

wobei für P_{min} der Ausdruck auf der rechten Seite von (2.10),
für P_{min}^{BB} von (2.13) und für P_{min}^{bg} der von (2.15) oder (2.16)
einzusetzen ist. Für den Fall, daß das Detektor- und Verstär-

kerrauschen dominieren, gilt nach (2.18), (2.19) und (2.23)
bis (2.27):

$$NEP = \frac{h\nu}{q\ \eta_{ex}}\ I_{N,eff}.$$ (2.30)

Bei Betrachtung mehrerer Rauschquellen, die nicht korreliert
sind, ist zu berücksichtigen, daß nicht die effektiven Rauschströme, sondern die einzelnen Rauschleistungen am Lastwiderstand aufsummiert werden müssen, d.h. der das Gesamtrauschen
beschreibende effektive Strom paralleler Rauschquellen durch
Aufsummieren der Quadrate der einzelnen effektiven Rauschströme und anschließender Wurzelbildung berechnet werden muß.

2.3.3 Die Detectivities D, D^*, D^{**}

Detectivity D gilt als Maß für das Nachweisvermögen von Strahlungsdetektoren. Sie ist definiert als der Kehrwert der NEP:

$$D = (NEP)^{-1}.$$ (2.31)

Die Detectivity D ist jedoch nur bedingt für den Vergleich
von Detektoren geeignet, da sie implizit die Bandbreite und
die Empfangsfläche des Detektors beinhaltet. Für die beiden
speziellen Fälle - nicht nur die Hintergrundstrahlung, sondern
auch die Signalstrahlung ruft eine auf der Detektoroberfläche
A gleichmäßige Bestrahlungsstärke hervor bzw. das Hintergrundrauschen dominiert - ist nach (2.15) und (2.28) die NEP$\propto(AB)^{1/2}$.
Als Detectivity D^* (D star) wird die Größe

$$D^* = D(AB)^{1/2}$$ (2.32)

bezeichnet. Sie hat die Dimension cm Hz$^{1/2}$W^{-1} und wird vor
allem zum Vergleich des Nachweisvermögens von Background
Limited Photodetectors (BLIP) herangezogen. Um bei Verglei-
chen auch noch von der Größe des Blickfeldes des Detektors
unabhängig zu sein, wurde als weitere Kenngröße für das Nachweisvermögen die Größe

$$D^{**} = D^*\sin\theta$$ (2.33)

(D double star) mit der Einheit cm Hz$^{1/2}$sr$^{1/2}$W^{-1} definiert,
wobei θ der halbe Öffnungswinkel der das Blickfeld einschrän-
kenden Blendenanordnung ist [2.3, S. 367 ff.].

2.4 Vergleich der Strahlungsdetektoren hinsichtlich Nachweisvermögen

Abb. 2.1 zeigt die mit verschiedenen Strahlungsempfängern im Wellenlängenbereich von 0,1 bis 1,2 µm erreichbaren Detectivities. Die gestrichelte Linie gibt die durch Signalrauschen begrenzte Detectivity $D = (2\sqrt{2}\ hc/\lambda)^{-1}$ nach (2.10), (2.29) und (2.31) wieder. Bei Photomultipliern ist der Zahlenwert von D^* wegen der typischen Photokathodenfläche von 1 cm^2 bei der angenommenen Bandbreite von 1 Hz mit dem Wert für D identisch. Für die anderen Detektoren ist D mit der Wurzel aus der (in Klammer angegebenen) Fläche zu multiplizieren, um den Wert für D^* zu erhalten.

Abb. 2.2 zeigt einen Vergleich der Detectivity D^{**} verschiedener thermischer und Photonendetektoren im Spektralbereich von 1 bis 1000 µm. Die gestrichelten Kurven geben die durch Hintergrundrauschen begrenzte Detectivity bei einem Raumwinkel von 2π wieder. Für thermische Detektoren ist diese unabhängig von der Wellenlänge. Bei Photonendetektoren wurde bei der Berechnung der Grenzkurve angenommen, daß ein spektral schmalbandiges Filter dem Detektor vorgeschaltet ist. Die Kurve für gekühlte Photoleiterdetektoren liegt, wie im Abschnitt (2.3.1) über Hintergrundrauschen begründet, um den Faktor $\sqrt{2}$ oberhalb der von Photodioden. Nähere Angaben zu den einzelnen Detektoren befinden sich - tabellarisch zusammengestellt - in [2.1, S. 61-63] bzw. in den angegebenen Originalarbeiten.

2.5 Betriebsarten von Strahlungsdetektoren

2.5.1 Direktempfang

Bei dieser Form der Detektion wird die mit einer Information behaftete (d.h. modulierte) optische Signalleistung nach Umwandlung durch den Detektor als modulierte Spannung an einem vom Photostrom durchflossenen Lastwiderstand R (Abb. 1.2 bzw. 1.4) abgegriffen. Die Größe des Lastwiderstandes ist nach oben einerseits durch den maximalen Photostrom und die Durchbruchspannung des Photoleiters bzw. der Photodiode, andererseits u.U. durch die notwendige RC-limitierte Grenzfrequenz der Anordnung begrenzt. In der Praxis wird das Signal-Geräusch-Verhältnis von (2.9) bzw. die minimale detektierbare

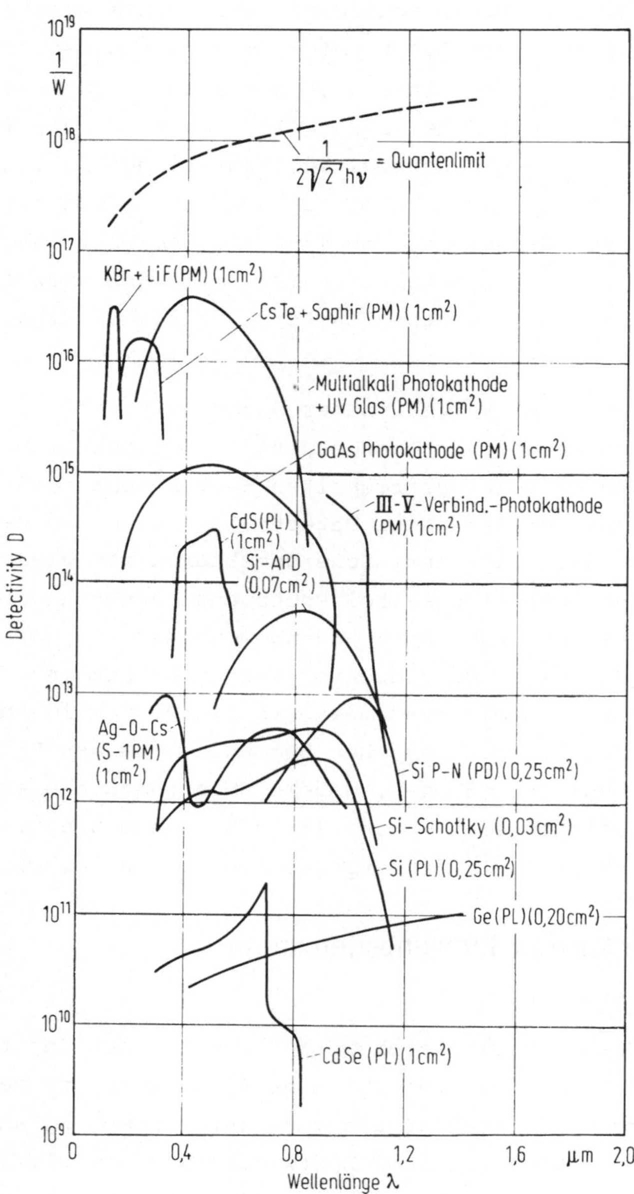

Abb. 2.1. Detectivity D von Photomultipliern (PM), Photoleitern (PL), Sperrschichtphotodioden (PD) und Lawinenphotodioden (APD) in Abhändigkeit von der Wellenlänge. Die Fläche der Detektoren ist in Klammern angegeben; nach [2.4]

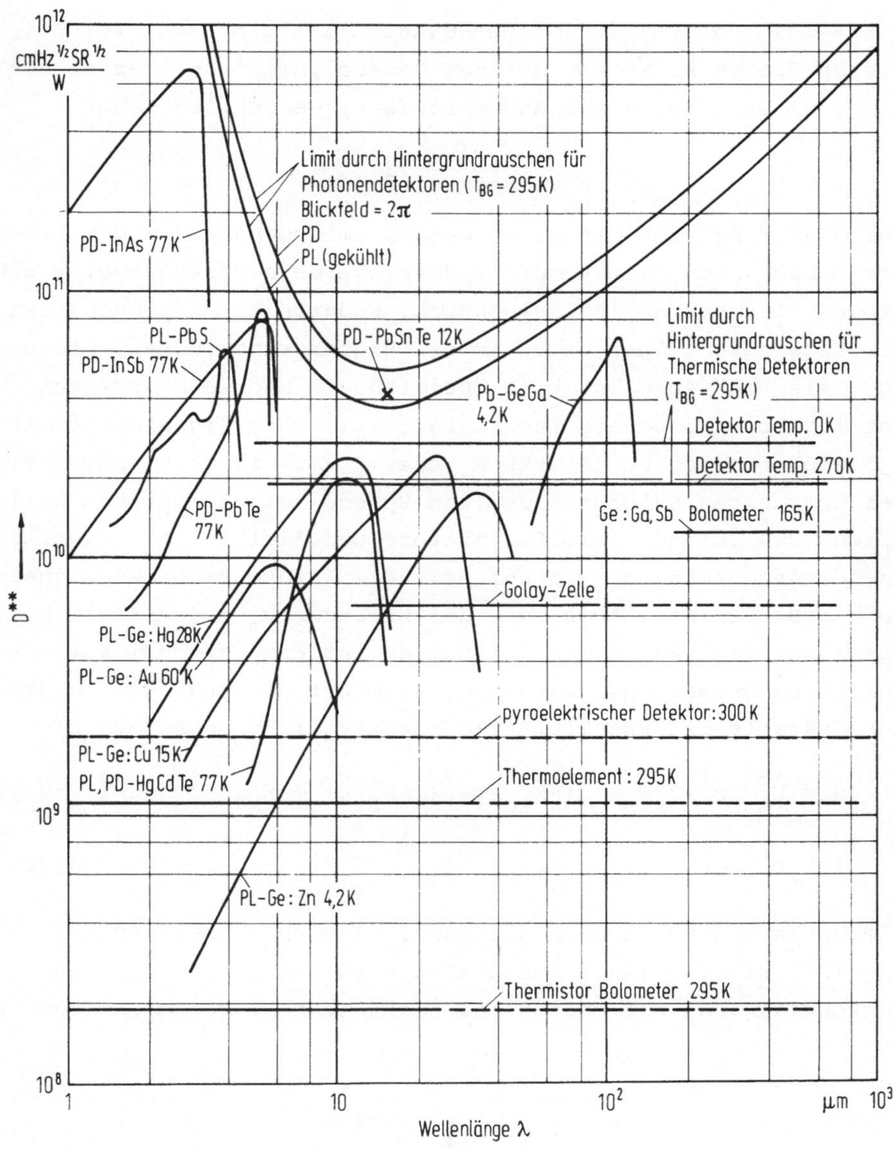

Abb. 2.2. Detectivity D** von thermischen Detektoren und Photonendetektoren (PL: Photoleiter, PD: Sperrschicht-Photodiode) in Abhängigkeit von der Wellenlänge und der Detektortemperatur nach [2.1], Grenzkurven nach [2.3, 2.5], Thermistor-Bolometer, Thermoelement und PD-InSb nach [2.6], PL-Ge: Hg, Au, Zn, Cu, Ga und PL, PD-HgCdTe nach [2.7], PD-PbTe nach [2.8], PL-PbS nach [2.9], PD-InAs nach [2.10], Pyroelektrischer Detektor nach [2.11], Golay-Zelle und PD-PbSnTe nach [2.12], Ge: Ga, Sb-Bolometer nach [2.13]

Signalleistung von (2.10) des Quantenlimits nicht erreicht.
Dieser Grenze kommt man mit dem Heterodynempfang, der allerdings einen höheren Aufwand erfordert, wesentlich näher.

2.5.2 Optischer Heterodynempfang [2.14]

Bei dieser Art der Detektion werden im Gegensatz zu dem bisher behandelten Direktempfang Überlagerungseffekte zweier elektromagnetischer Wellen ausgenützt, wodurch die Eigenschaften
des Detektors selber etwas in den Hintergrund rücken. Dieses
auch als kohärente Detektion bezeichnete Nachweisverfahren
ist in Abb. 2.3 schematisch dargestellt. Die Signalwelle mit
der elektrischen Feldstärke $\hat{E}_s \cos (2\pi\nu_s t)$ fällt zusammen mit
der über einen halbdurchlässigen Spiegel eingekoppelten Welle
$E_{LO}\cos(2\pi\nu_{LO}t)$ des Lokaloszillators parallel auf die Oberfläche eines Detektors (Photodiode). Die Information des Signals
kann z.B. der Amplitude oder der Frequenz ν_s aufgeprägt sein.
Das Ausgangssignal S der Photodiode ist proportional zur auffallenden Strahlungsleistung P, also proportional dem Quadrat
der Gesamtfeldstärke $E(t) = \hat{E}_s\cos(2\pi\nu_s t) + \hat{E}_{LO}\cos(2\pi\nu_{LO}t)$,

$$S \propto \hat{E}_s^2\cos^2(2\pi\nu_s t) + \hat{E}_{LO}^2\cos^2(2\pi\nu_{LO}t) + \hat{E}_s E_{LO}\cos\{2\pi(\nu_s-\nu_{LO})t\}$$

$$+ \hat{E}_s E_{LO}\cos\{2\pi(\nu_s+\nu_{LO})t\}. \tag{2.34}$$

Die optischen Frequenzen ν_{LO} und ν_s liegen im Bereich von
$3 \cdot 10^{14}$ Hz ($\lambda = 1$ μm) und dürfen sich nur geringfügig unterscheiden. Da die Photodiode nicht schnell genug ist, um

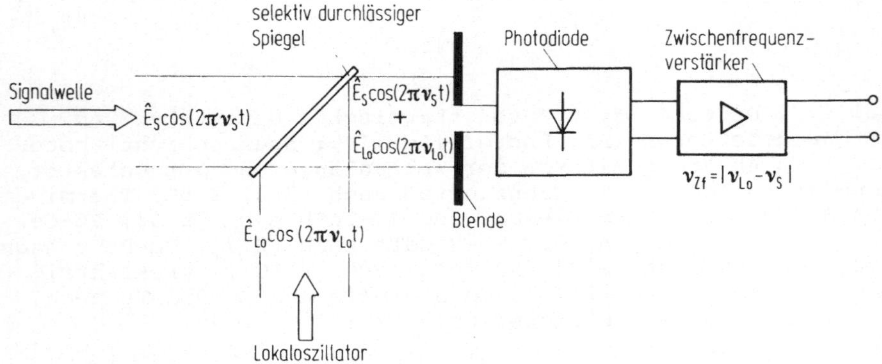

Abb. 2.3. Optischer Heterodynempfang

die Terme in $\cos(2\pi\nu_s t)$, $\cos(2\pi\nu_{LO}t)$ bzw. $\cos\{2\pi(\nu_{LO}+\nu_s)t\}$ zeitlich aufzulösen, wird sie nur die zeitlichen Mittelwerte, d.h. $\hat{E}_s^2/2$, $\hat{E}_{LO}^2/2$ bzw. O anzeigen. Hierzu kommt noch der dritte Term mit der Differenzfrequenz, die durch geeignete Wahl der Frequenz des Lokaloszillators so einzustellen ist, daß die Photodiode dem Signal zeitlich folgen kann; man erhält also einen Photostrom

$$I_{ph}(t) = \frac{q}{h\nu}\,\eta_{ex}\,\{P_s+P_{LO}+2(P_s\,P_{LO})^{1/2}\cos\{2\pi(\nu_s-\nu_{LO})t\}\},$$

$$(2.35)$$

wenn die Feldstärken durch die Leistung des Signals P_s und des Lokaloszillators P_{LO} ausgedrückt werden. Der Photostrom setzt sich also aus einem Gleichstromanteil

$$I_{ph}^{o} = \frac{q}{h\nu}\,\eta_{ex}(P_s+P_{LO}) \qquad (2.36)$$

und einem Wechselstromanteil

$$\hat{i}_{zf} = \frac{q}{h\nu}\,\eta_{ex}\,2(P_s P_{LO})^{1/2} \qquad (2.37)$$

bei der Zwischenfrequenz $\nu_{zf} = |\nu_s-\nu_{LO}|$ zusammen. Durch eine ausreichend große Leistung P_{LO} des Lokaloszillators kann man nun erreichen, daß gegenüber dem vom Gleichstrom I_{ph}^{o} (2.36) verursachten Schrotrauschen alle anderen oben diskutierten Rauschbeiträge zu vernachlässigen sind. Für den effektiven Rauschstrom erhält man also für $P_{LO} \gg P_s$:

$$I_{N,eff}^2 = 2q\left(\frac{q}{h\nu}\,\eta_{ex}P_{LO}\right) B\,. \qquad (2.38)$$

Das Verhältnis von effektiver Signalleistung und effektiver Rauschleistung an einem Arbeitswiderstand R ist jetzt

$$\frac{S}{N} = \frac{\hat{i}_{zf}^2/2}{I_{N,eff}^2} = \frac{\eta_{ex}}{h\nu}\frac{P_s}{B}\,. \qquad (2.39)$$

Die minimale Signalleistung für $S/N = 1$ lautet also

$$P_s^{min} = \frac{h\nu}{\eta_{ex}}\,B, \qquad (2.40)$$

welche für $\eta_{ex} = 1$ das Quantenlimit eines Photodetektors gemäß (2.11) mit $\overline{N}_{ph} = 1$ und $B = 1/\Delta t$ darstellt. Mit dieser

Art der Detektion ist die minimal detektierbare Strahlungsleistung der Signalwelle also nur mehr durch das Quantenrauschen begrenzt, was allerdings durch einen relativ hohen
Aufwand erkauft wird.

Voraussetzungen für Heterodynempfang sind:

- Signalwelle und Ortsüberlagerwelle müssen kohärent sein;
- die Oberfläche der Photodiode muß für beide Wellen eine
  Fläche konstanter Phase sein, woraus sich eine starke
  Richtwirkung der Anordnung ergibt;
- die Photodiode muß für beide Wellenlängen ($\lambda = c/\nu_{s,LO}$)
  empfindlich sein, was allerdings das geringste Problem
  darstellt. Denn, wie schon erwähnt, dürfen sich die Frequenzen ν_{LO} und ν_s nur wenig unterscheiden, damit die Zwi-
  schenfrequenz $\nu_{zf} = |\nu_{LO}-\nu_s|$ in einem Frequenzbereich
  ($\lesssim$ 1 GHz) liegt, der von der nachfolgenden Elektronik, u.a.
  dem Zwischenverstärker (Abb. 2.3), ohne zu hohen Aufwand
  noch verarbeitet werden kann.

An dieser Stelle sei noch auf eine zweite Art von Wellenüber-
lagerungseffekten hingewiesen, die sog. parametrischen Effekte.
Bei diesen handelt es sich im Grunde genommen um ein optisches
Analogon des Heterodynempfangs. Während bei letzterem das Mi-
schen zweier kohärenter Wellen in einer Photodiode erfolgt,
wobei gleichzeitig ein elektrisches Ausgangssignal erzeugt
wird, findet beim optisch parametrischen Effekt die Mischung
in einem nichtlinearen optischen Medium statt, so daß zusätzliche Wellen mit der Differenz- und Summenfrequenz erzeugt
werden. Bei Durchlaufen eines solchen Mediums durch eine einzige Welle entsteht folglich auch eine Welle mit der doppel-
ten Frequenz, wobei die Intensität der Oberwelle im allgemeinen um Größenordnungen kleiner ist als die der Grundwelle.
Eine Verbesserung der Ankopplung von Oberwelle an die Grundwelle wird erreicht, wenn beide Wellen über einen längeren
Weg in Phase sind, was gleichhohe Phasengeschwindigkeiten im-
pliziert. Die Phasenanpassung gelingt durch Ausnutzung der
Doppelbrechung, wenn der Brechungsindex des ordentlichen
Strahles für die Frequenz ν gleich dem Brechungsindex des
außerordentlichen Strahles für die Frequenz 2ν ist [2.15]

oder durch Ausnutzung der besonderen Dispersionseigenschaften ausgewählter Materialien, beispielsweise GaAs [2.16]. Die Bedeutung dieses Verfahrens besteht darin, daß es mit ihm möglich ist, die nachzuweisende Strahlung in einen Wellenlängenbereich zu "verschieben", für den empfindliche Detektoren zur Verfügung stehen (up-conversion).

Literatur zu Kapitel 2

2.1 Kruse, P.W.: The photon detection process. In: Keyes, R.J. (ed.): Topics in Applied Physics, Vol. 19: Optical and infrared detectors. Berlin, Heidelberg, New York: Springer 1977, S. 5-69

2.2 Grau, G.: Rauschen und Kohärenz im optischen Spektralbereich. In: Kleen, W.; Müller, R. (Hrsg.): Laser. Berlin, Heidelberg, New York: Springer 1969

2.3 Kruse, P.W.; Mc Glauchlin, L.D.; Mc Quistan, R.B.: Elements of infrared technology. New York: Wiley 1962, Kapt. 9

2.4 Seib, D.H.; Ankerman, L.W.: In: Manton, L. (ed.): Advances in electronics and electron physics, Vol. 34. New York: Academic Press 1973

2.5 Jacobs, S.F.; Sargent, M.: Letter to the editor. Infrared Phys. 10 (1970) 233-235

2.6 Hudson, R.: Infrared engineering. New York: Wiley 1969

2.7 Melchior, H.; Fischer, M.B.; Arams, F.R.: Photodetectors for optical communication systems. Proc. IEEE 58 (1970) 1466-1486

2.8 Donnelly, J.P.; Harman, T.C.; Foyt, A.G.: n-p junction photovoltaic detectors in PbTe produced by proton bombardement. Appl. Phys. Lett. 18 (1971) 259-261

2.9 Schoolar, R.B.: Epitaxial lead sulfide photovoltaic cells and photoconductive films. Appl. Phys. Lett. 16 (1970) 446-449

2.10 Manufacturer's data from Honeywell, Philco-Ford, Santa Barbara Research Center; Texas Instruments, and Raytheon

2.11 Loch, P.J.: Doped triglycine sulfate for pyroelectric applications. Appl. Phys. Lett. 19 (1971) 390-391

2.12 Beer, A.C.; Willardson, R.K. (eds.): Semiconductors and Semimetals 5, Infrared detectors. New York: Academic Press 1970

2.13 Zwerdling, S.; Smith, R.A.; Theriault, J.P.: A fast, high-responsivity bolometer detector for the very-far infrared. Infrared Phys. 8 (1968) 271-336

2.14 Teich, M.C.: Infrared heterodyn detection. Proc. IEEE 56 (1968) 37-46

2.15 Giordmain, I.A.: Intense light bursts in the stimulated raman effect. Appl. Phys. Lett. 17 (1970) 1275-1277

2.16 Hall, D.; Yariv, A.; Garmire, E.: Observation of propagation cutoff and its control in thin optical waveguides. Appl. Phys. Lett. 17 (1970) 127-129

3 Sperrschichtphotodetektoren (M. Plihal)

In diesem Kapitel werden Halbleiterphotodetektoren behandelt,
welche die Eigenschaften einer Sperrschicht (Raumladungszone)
zur Sammlung und Trennung der photogenerierten Ladungsträger
ausnutzen. Dies sind Photodioden ohne innere Verstärkung mit
pn-Übergang oder mit Schottky-Kontakt sowie Phototransistoren
und Avalanchephotodioden (APD) welche eine innere Verstärkung
des Photostromes ermöglichen.

Zunächst wird die prinzipielle Wirkungsweise dieser Detektor-
bauelemente erklärt und auf die wichtigsten Merkmale - Dunkelstrom, Quantenwirkungsgrad, Zeitverhalten sowie Verstärkung,
Rauscheigenschaften und Empfindlichkeit - eingegangen. Danach
werden die Ausführungsformen der Sperrschichtphotodetektoren
aus Silizium, Germanium sowie aus verschiedenen Verbindungs-
halbleitern beschrieben, die im Wellenlängenbereich zwischen
etwa 0,3 bis 13 µm eingesetzt werden können.

3.1 pn- und pin-Photodioden

Zuerst werden die Eigenschaften von Photodioden mit pn-Übergang, deren prinzipielle Wirkungsweise bereits in Kapitel 1
beschrieben wurde, im einzelnen behandelt. Dabei sind einige
der in diesem Abschnitt gewonnenen Ergebnisse auch für die
Photoleiter und integrierten Detektorschaltungen des Kapitels
4 und 5 von Bedeutung.

Der in Abb. 3.1 skizzierte Aufbau einer pn-Photodiode bildet
den Ausgangspunkt für eine quantitative Beschreibung ihrer
Eigenschaften. Die dort aufgeführten, den pn-Übergang charak-
terisierenden Größen können [3.1] oder anderen Lehrbüchern
[3.2-3.4] entnommen werden. Sie werden hier für die folgenden
Betrachtungen zusammengestellt.

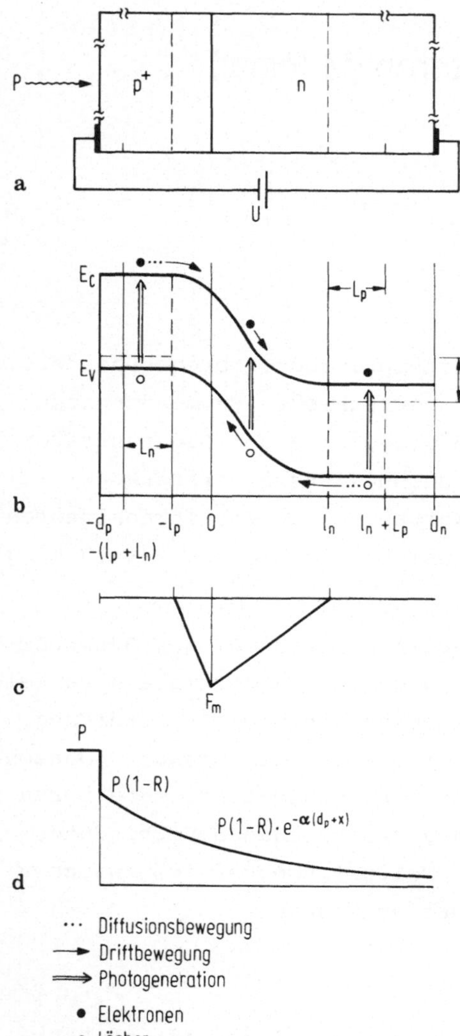

Abb. 3.1. p$^+$n-Photodiode.
a) Schematischer Aufbau
mit p$^+$- und n-dotiertem
Gebiet; b) Bandschema,
$E_{C,V}$: Leitungs-, Valenzbandkante, $L_{p,n}$: Diffusionslänge von Löchern,
Elektronen, $l_{p,n}$: Weite
der Raumladungszone im
p,n-Gebiet, $d_{p,n}$: Dicke
des p,n-Gebietes, U: Sperrspannung; c) Verlauf der
elektrischen Feldstärke,
F_m: maximale Feldstärke;
d) Verlauf der Strahlungsleistung P, R: Reflexions-
koeffizient, α: Absorp-
tionskoeffizient

Das p-Gebiet (p$^+$) soll höher dotiert sein als das n-Gebiet.
Außerdem wird vereinfachend angenommen, daß die Dotierungen
im p$^+$- und n-Gebiet konstant sind. Im Bereich des metallurgi-
schen pn-Überganges, der in Abb. 3.1 als Nullpunkt des Koor-
dinatensystems gewählt ist, bildet sich bei angelegter äußerer
Sperrspannung U eine Raumladungszone der Weite $w = l_p + l_n$ aus.
Die Weiten l_p und l_n der Raumladungszone im p$^+$ bzw. n-Gebiet
der Photodiode, der Verlauf der Energiebänder (Abb. 3.1 b) und
der Verlauf der elektrischen Feldstärke F (Abb. 3.1 c) folgen

aus der Lösung der eindimensionalen Poisson-Gleichung

$$\frac{dF}{dx} = \frac{q}{\varepsilon\varepsilon_o}\,(N_D - N_A + p - n).\tag{3.1}$$

Dabei ist q die Elementarladung, ε die relative Dielektrizitätskonstante des Halbleiters, ε_o die absolute Dielektrizitätskonstante, N_D und N_A die Dichte der (vollständig ionisierten) Donatoren und Akzeptoren sowie p und n die Dichte der Löcher und Elektronen.

Nach (3.1) ist der Gradient des elektrischen Feldes in der Raumladungszone (p = n = 0) zur Dichte der Dotierungen N_A bzw. N_D proportional. Das Feld selbst ist beim hier betrachteten abrupten pn-Übergang eine lineare Funktion des Ortes. Die maximale Feldstärke

$$F_m = 2\,(U_D + U)^{1/2}\left(\frac{q}{2\varepsilon\varepsilon_o}\right)^{1/2}\left(\frac{N_D N_A}{N_D + N_A}\right)^{1/2} = \frac{2}{w}\,(U_D + U)\tag{3.2}$$

tritt am pn-Übergang auf. U_D bedeutet die Diffusionsspannung, die sich bei U = 0 zwischen neutralem p- und n-Gebiet einstellt. Es gilt [3.1]:

$$U_D = \frac{kT}{q}\,\ln\frac{p_{p_o}}{p_{n_o}} = \frac{kT}{q}\,\ln\frac{n_{n_o}}{n_{p_o}} = \frac{kT}{q}\,\ln\frac{N_A N_D}{n_i^2}\tag{3.3}$$

für einen nichtentarteten Halbleiter.

T ist die absolute Temperatur, k die Boltzmannkonstante; p_{p_o}, n_{p_o} usw. bezeichnen die Majoritäts- und Minoritätsträgerdichten für das p- und n-Gebiet im thermischen Gleichgewicht und n_i ist die Eigenleitungsdichte des Halbleiters.

Für die Raumladungsweiten gilt

$$l_p = (U_D + U)^{1/2}\left(\frac{2\varepsilon\varepsilon_o}{q}\right)^{1/2}\left(\frac{N_D}{N_A(N_A + N_D)}\right)^{1/2}\tag{3.4}$$

$$l_n = (U_D + U)^{1/2}\left(\frac{2\varepsilon\varepsilon_o}{q}\right)^{1/2}\left(\frac{N_A}{N_D(N_A + N_D)}\right)^{1/2},\tag{3.5}$$

woraus für die Gesamtweite w folgt

$$w = (U_D + U)^{1/2} \left(\frac{2\varepsilon\varepsilon_o}{q}\right)^{1/2} \left(\frac{N_D + N_A}{N_D N_A}\right)^{1/2} . \tag{3.6}$$

Die Raumladungszone der Weite w führt zu einer differentiel-
len Kapazität der Photodiode

$$C_D = \varepsilon\varepsilon_o \frac{A}{w} = \left(\frac{\varepsilon\varepsilon_o}{2} q\right)^{1/2} \left(\frac{N_A N_D}{N_A + N_D}\right)^{1/2} \left(\frac{1}{U_D + U}\right)^{1/2} A . \tag{3.7}$$

A ist die Fläche der Photodiode.

Von der pn- kommt man zur pin-Photodiode, wenn zwischen dem
dann meist hochdotierten p- und n-Gebiet eine intrinsische
(i) oder in der Praxis meist eine genügend niedrig dotierte
p-Zone (π) bzw. n-Zone (ν) eingefügt wird. Wegen der niedrigen Dotierung erstreckt sich nach (3.6) schon bei relativ kleinen Sperrspannungen U die Raumladungsweite w über die gesamte
i-Zone. Die elektrische Feldstärke ist aus dem gleichen Grund
nahezu ortsunabhängig. Große i-Zonen und damit große Raumladungsweiten w sind außerdem nach (3.7) mit kleinen Kapazitäten
verknüpft.

3.1.1 Dunkelstrom

Im weiteren wird die Photodiode zunächst ohne äußere Einstrahlung betrachtet. Beim Anliegen einer Sperrspannung U fließt
dann im äußeren Stromkreis (Abb. 3.1) ein Kurzschlußdunkelstrom,
wenn der Spannungsabfall am Serienwiderstand der Photodiode
vernachlässigt wird und kein Lastwiderstand vorhanden ist. Der
Dunkelstrom hat mehrere Anteile, die gemäß ihrer Ursache in
Diffusions-, Generations- und Tunneldunkelstrom sowie Oberflächenleckstrom unterteilt werden. Diese Ströme sind als Sperr-
ströme ebenfalls aus der allgemeinen Behandlung des pn-Überganges bekannt [3.1-3.4]. Für die Photodioden haben sie eine
wesentlich größere Bedeutung als für in Durchlaßrichtung be-
triebene Bauelemente wie Leucht- und Laserdioden [3.5], da
sie die in Kapitel 2 behandelten Rauschströme (Schrot- und
Generations-Rekombinationsrauschen) verursachen und wesentlich
zur Begrenzung des Nachweisvermögens der Dioden beitragen.

Für Photodioden wird deshalb eine Minimierung dieser Ströme
angestrebt. Dies ist in gewissen Grenzen durch die Wahl der
Geometrie und der Halbleiterparameter der Photodiode möglich. Im folgenden werden die einzelnen Dunkelstromanteile
in Hinblick auf die Photodioden zusammengestellt.

Diffusionsdunkelstrom

Der Diffusionsdunkelstrom entsteht durch Diffusion der Minoritätsladungsträger in den feldfreien p- und n-Gebieten zu
den Rändern der Raumladungszone. Für Elektronen im p-Gebiet
(Abb. 3.1) ist er durch

$$I_{n_{diff}} = AqD_n \frac{\partial n_p}{\partial x} \Big|_{x=-l_p} \tag{3.8}$$

gegeben. D_n ist die Diffusionskonstante der Elektronen. Die
Elektronendichte n_p im p-Gebiet bei stationären Bedingungen
berechnet sich aus der Differentialgleichung

$$D_n \frac{\partial^2 n_p}{\partial x^2} - \frac{n_p'}{\tau_n} = 0. \tag{3.9}$$

$n_p' = n_p - n_{p_o}$ gibt die Abweichung der Elektronenkonzentration
vom Wert im thermischen Gleichgewicht n_{p_o} an. τ_n ist die Lebensdauer der Elektronen. Für Photodioden mit langem p-Gebiet
($d_p \gg L_n$) gelten die Randbedingungen

$$n_p'(-l_p) = n_{p_o} (e^{-qU/kT} - 1) \tag{3.10}$$

und

$$n_p'(-\infty) = 0. \tag{3.11}$$

Dies führt zu dem bekannten Dunkelstromanteil [3.1]

$$I_{n_{diff}} = I_{n_o} (e^{-qU/kT} - 1) \tag{3.12}$$

mit dem Sättigungsstrom für Elektronen

$$I_{n_o} = Aq \frac{D_n n_i^2}{L_n N_A} = Aq \frac{L_n n_i^2}{\tau_n N_A}, \tag{3.13}$$

der bei hohen Sperrspannungen U erreicht wird. Einen entsprechenden Ausdruck für den Diffusionsdunkelstrom der Löcher aus dem feldfreien n-Gebiet erhält man, wenn in (3.12) und (3.13) der Index n durch p und N_A durch N_D ersetzt wird. Der gesamte Diffusionsdunkelstrom der Photodiode ist die Summe von $I_{n_{diff}}$ und $I_{p_{diff}}$. Insbesondere gilt für den Sättigungswert des Diffusionsdunkelstromes

$$I_{S_{diff}} = A \left(q \; \frac{L_n n_i^2}{\tau_n N_A} + q \; \frac{L_p n_i^2}{\tau_p N_D} \right) \qquad (3.14)$$

Wegen des Faktors [3.1]

$$n_i^2 = N_c N_v \; e^{-E_g/kT} \qquad (3.15)$$

steigt der Diffusionsdunkelstrom exponentiell mit abnehmendem Bandabstand E_g des Halbleitermaterials. Da außerdem das Produkt der äquivalenten Zustandsdichte an der Leitungsbandkante N_C und an der Valenzbandkante N_V proportional zu $(m_p^* m_n^*)^{3/2}$ ist, haben Halbleiter mit gleichem Bandabstand, aber mit größeren effektiven Löcher- bzw. Elektronenmassen m_p^*, m_n^*, einen höheren Diffusionsdunkelstrom. Bezüglich anderer Halbleiterparameter hängt der Diffusionsdunkelstrom allein von der Höhe der Dotierung des p- bzw. n-Gebietes sowie den Diffusionslängen und der Lebensdauer der Minoritätsladungsträger ab. Für Dotierungen $N_A \gg N_D$ oder $N_D \gg N_A$ ist der Diffusionsdunkelstromanteil der Elektronen bzw. Löcher zu vernachlässigen (p^+n- bzw. pn^+-Diode). Eine Verkleinerung der Fläche A des pn-Überganges verringert den Diffusionsdunkelstrom.

In einer mehr indirekten Weise kann eine ungünstige Geometrie der Photodiode den Diffusionsdunkelstrom zusätzlich erhöhen. Dies ist dann der Fall, wenn die Längen der feldfreien Gebiete $w_p = d_p - l_p$ und $w_n = d_n - l_n$ (Abb. 3.1) der Photodiode nicht wesentlich von den Diffusionslängen der Minoritätsladungsträger verschieden sind ("kurze Diode"). Noch ungünstiger ist es, wenn zusätzlich an den Halbleiterendflächen eine merkliche Generation von Minoritätsladungsträgern auftritt.

Für den oben behandelten Fall des Diffusionsdunkelstromes der Elektronen aus dem p-Gebiet ist die Randbedingung (3.11) für die "kurze Diode" durch [3.1]

$$n_p'(-d_p) = 0 \qquad (3.16)$$

und bei zusätzlicher Oberflächengeneration mit der Geschwindigkeit s_n [3.2] durch

$$qD_n \frac{\partial n_p}{\partial x}\Big|_{x=-d_p} = s_n\left(n_p(-d_p)-n_{p_0}\right) \qquad (3.17)$$

zu ersetzen. Der Diffusionsdunkelstrom nach (3.8) lautet jetzt

$$I_{n_{diff}} = I_{n_0} F_n(d_p,s_n,L_n)\left(e^{-qU/kT}-1\right) \qquad (3.18)$$

mit dem Zusatzfaktor

$$F_n(d_p,s_n,L_n) = \coth\ (w_p/L_n) \qquad (3.19)$$

für die "kurze Diode" und

$$F_n(d_p,s_n,L_n) = \frac{\sinh\ (w_p/L_n)\ +\ (s_n L_n/D_n)\cosh\ (w_p/L_n)}{\cosh\ (w_p/L_n)\ +\ (s_n L_n/D_n)\sinh\ (w_p/L_n)}$$

$$(3.20)$$

bei Oberflächengeneration von Ladungsträgern. Für große s_n geht diese Gleichung in (3.19) über. Analoge Formeln für den Diffusionsdunkelstrom der Löcher aus dem n-Gebiet ergeben sich wieder durch Vertauschen der Indizes n und p, so daß man für den Sättigungswert des Diffusionsdunkelstromes

$$I_{s_{diff}} = I_{n_0} F_n(d_p,s_n,L_n) + I_{p_0} F_p(d_n,s_p,L_p) \qquad (3.21)$$

erhält.

Der Einfluß der Geometrie auf den Diffusionsdunkelstrom, z.B. für eine p^+n-Photodiode, wird besonders im Falle $w_p \ll L_n$ deutlich. Für die "kurze Diode" folgt dann nach Entwicklung von (3.19)

$$F_n(d_p,s_n,L_n) = \frac{L_n}{w_p} \gg 1. \qquad (3.22)$$

Der Elektronendiffusionsstrom steigt also erheblich gegenüber der langen Diode (3.13) an. Bei Oberflächengeneration erhält man aus (3.20)

$$F_n(d_p, s_n, L_n) = \frac{s_n L_n}{D_n} \tag{3.23}$$

und für den Sättigungswert gilt in diesem Falle mit (3.13)

$$I_{s_{diff}} = Aqs_n \frac{n_i^2}{N_A}. \tag{3.24}$$

Die Generationsgeschwindigkeit s_n wird zur bestimmenden Größe für den Diffusionsdunkelstrom.

Generationsdunkelstrom

In der Raumladungszone der Photodiode tritt vorwiegend thermische Generation von Elektron-Loch-Paaren auf, deren Generationsrate pro Volumeneinheit nach dem Shockley-Hall-Read-Mechanismus [3.2] durch

$$G_n = G_p = \frac{n_i}{\tau_{eff}} \tag{3.25}$$

gegeben ist. τ_{eff} ist eine effektive Lebensdauer der Ladungsträger, für die als Näherung gilt

$$\tau_{eff} = 2\tau \cosh\left((E_i - E_t)/kT\right), \tag{3.26}$$

wenn die durch das Rekombinationszentrum mit der Energie E_t bestimmte Lebensdauer für Elektronen und Löcher gleich ist ($\tau_n = \tau_p = \tau$). τ ist umgekehrt proportional zum Produkt aus der thermischen Geschwindigkeit der Ladungsträger und der Konzentration sowie dem Einfangsquerschnitt des Rekombinationszentrums. E_i ist das Fermi-Niveau des Halbleiters bei Eigenleitung. Für Zentren mit einer Energie in der Mitte der Energielücke $E_t = E_i$ gilt im besonderen

$$\tau_{eff} = 2\tau, \tag{3.27}$$

eine Näherung, die häufig benutzt wird (Abschnitt 2.3.1).

Die Rekombination der Ladungsträger in der Raumladungszone kann vernachlässigt werden, da normalerweise ihre Driftzeit durch die Raumladungszone viel kürzer als ihre Lebensdauer τ_{eff} ist. Außerdem ist das elektrische Feld so groß, daß der

Feldstrom wesentlich größer als der Diffusionsstrom ist. Im
stationären Zustand folgt aus der eindimensionalen Kontinuitätsgleichung für die Dichte j_n des Elektronenstromes [3.1]

$$\frac{dj_n}{dx} = -q\,\frac{n_i}{\tau_{eff}}.$$
(3.28)

Integration über die Raumladungszone liefert, da an deren Rändern der Gesamtstrom von Elektronen oder Löchern getragen
wird $\left(j_n(l_n)=j,\ j_n(-l_p)=0\right)$, für den gesamten Generationsdunkelstrom

$$I_{s_{gen}} = Aq\,\frac{n_i}{\tau_{eff}}\,w.$$
(3.29)

Eine große Eigenleitungsträgerdichte und eine kleine effektive Lebensdauer bedingen also einen hohen Generationsdunkelstrom. Der Generationsdunkelstrom ist außerdem proportional
zur Raumladungsweite w. Nach (3.6) wird w um so größer, je
niedriger die Dotierungen N_A und N_D sind. Bei p^+n- oder n^+p-
Photodioden bestimmt entsprechend der niedriger dotierte Bereich die Raumladungsweite. Da w mit wachsender Sperrspannung
steigt ($w \sim U^{1/2}$), geht der Generationsdunkelstrom auch bei
hohen Sperrspannungen nicht in die Sättigung.

Wegen ihrer linearen bzw. quadratischen Abhängigkeit von der
Eigenleitungsträgerdichte ergeben sich für den Generations-
und Diffusionsdunkelstrom unterschiedliche Exponentialgesetze
der Form

$$I_{s_{gen}} \sim n_i \sim \exp\{-E_g/2kT\}$$
(3.30)

bzw.

$$I_{s_{diff}} \sim n_i^2 \sim \exp\{-E_g/kT\},$$
(3.31)

welche eine experimentelle Unterscheidung beider Dunkelstromanteile ermöglicht.

Der Diffusionsdunkelstrom wächst mit steigender Temperatur wesentlich stärker als der Generationsdunkelstrom. Aus den abgeleiteten Gesetzmäßigkeiten folgt außerdem als Faustregel: Bei
tiefen Temperaturen bzw. in Halbleitermaterial mit großem Band-

abstand überwiegt der Generationsdunkelstrom. Bei hohen Temperaturen bzw. in Halbleitern mit kleinem Bandabstand dominiert der Diffusionsdunkelstrom.

Tunneldunkelstrom

Bei ausreichend hohen Sperrspannungen treten zusätzliche Effekte auf, die den Dunkelstrom in einer Photodiode erhöhen. Einmal können die Ladungsträger des Diffusions- und Generationsdunkelstromes in der Raumladungszone durch Stoßionisation eine Ladungsträgerlawine auslösen (Avalanchedurchbruch). Hierzu muß allerdings die elektrische Feldstärke in einem ausreichend langen Bereich der Raumladungszone einen bestimmten Schwellenwert überschreiten. Dieser Effekt wird in Abschnitt 3.4 bei den Avalanchephotodioden eingehend behandelt. Zum anderen können unter Umständen schon bei einer niedrigeren Schwellenfeldstärke Ladungsträger durch "Tunneln" (Zenerdurchbruch) vom p- in das n-Gebiet der Photodiode gelangen und einen Tunneldunkelstrom hervorrufen. Wie Abb. 3.2 zeigt, liegen bei hohen Sperrspannungen Valenzelektronen auf gleicher energetischer Höhe wie die freien Plätze im räumlich entfernten Leitungsband. Um auf diese freien Plätze zu gelangen, müssen die Valenzelektronen jeweils die gleiche dreiecksförmige, in Abb. 3.2 schraffiert eingezeichnete, Potentialbarriere mit der Höhe des Bandabstandes E_g des Halbleiters und der Basisdicke d durchtunneln. Die Tunnelwahrscheinlichkeit wächst stark mit abnehmender Dicke und Höhe der Barriere. Tunneldunkelstrom tritt deshalb in Halbleitern mit kleinem Bandabstand bereits bei relativ niedrigen Sperrspannungen auf. Im Extremfall kann der pn-Übergang wegen

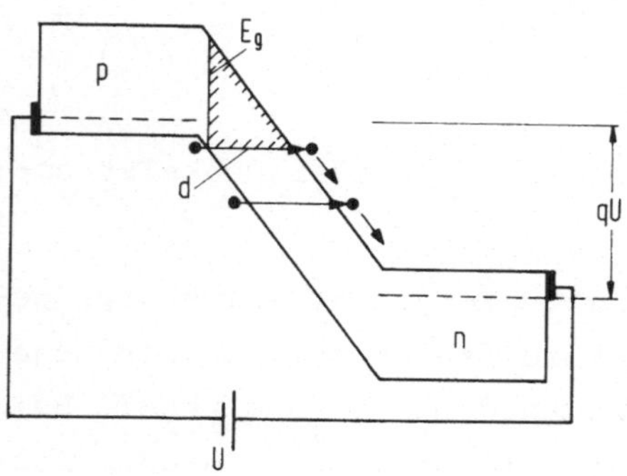

Abb. 3.2. Tunneldunkelstrom (Zenerdurchbruch). Die Valenzelektronen ● durchtunneln jeweils die dreiecksförmige Potentialbarriere der Höhe des Bandabstandes E_g und der Basisdicke d

zu hohen Tunneldunkelstromes nur als Photoelement (ohne Sperrspannung) betrieben werden.

Für den Tunneldunkelstrom eines direkten Halbleiters mit ab-
ruptem pn-Übergang liefert die Theorie [3.3] für Sperrspannungen $U_D + U \geq E_g/q$

$$I_{tun} = A\gamma\exp\left(-\left(\frac{\Theta\,(2m_{eff})^{1/2}E_g^{3/2}}{q\hbar F_m}\right)\right) \qquad (3.32)$$

$\hbar$ ist das durch 2π dividierte Plancksche Wirkungsquantum,
m_{eff} die mittlere effektive Masse von Löchern und Elektronen
mit

$$m_{eff} = \frac{m_n^* m_p^*}{(m_n^* + m_p^*)} \qquad (3.33)$$

und F_m die maximale elektrische Feldstärke gemäß (3.2). Θ ist
eine dimensionslose Konstante, die von dem speziellen örtlichen Verlauf der Potentialbarriere abhängt. Für Band-Band-
Tunnelprozesse durch eine dreiecksförmige Potentialbarriere,
wie in Abb. 3.2, gilt $\Theta = 4/3$. Der Vorfaktor γ hängt vom An-
fangs- und Endzustand des tunnelnden Ladungsträgers ab und
ist für Band-Band-Tunnelprozesse durch

$$\gamma = \left(\frac{2m_{eff}}{E_g}\right)^{1/2} \frac{q^3 F_m U}{4\pi\hbar^2} \qquad (3.34)$$

gegeben. Formal beschreibt (3.32) auch den Dunkelstrom, der
durch Tunneln von Ladungsträgern über tiefe Störstellen in
der Energielücke des Halbleiters entsteht, wenn man E_g durch
das Energieniveau der Störstelle ersetzt und Θ und γ modifi-
ziert.

Setzt man unter Vernachlässigung der Diffusionsspannung U_D
den Ausdruck für F_m aus (3.2) mit (3.34) in den Ausdruck für
den Tunneldunkelstrom ein, liefert dies

$$I_{tun} = C_1 U^{3/2} \exp\left(-C_2 U^{-1/2}\right), \qquad (3.35)$$

womit der überwiegend exponentielle Anstieg des Tunneldunkelstromes mit der Sperrspannung verdeutlicht wird.

Oberflächenleckstrom

Neben den bisher diskutierten Dunkelströmen können weitere Effekte an der Oberfläche der Diode, z.B. Belegung mit Ionenladungen, zur Ausbildung von leitenden Kanälen an der Oberfläche und damit zu Oberflächenleckströmen I_{ol} führen. Die Ströme hängen stark von der Halbleiter-Präparationstechnik, dem Halbleitermaterial und der die Diode umgebenden Atmosphäre ab und können durch geeignete Oberflächenpassivierungen beeinfluß werden. Die Oberflächenleckströme bilden in jedem Falle dann eine untere Grenze für den Dunkelstrom, wenn durch Reduktion der Fläche A des pn-Überganges die zu dieser Fläche porportionalen Dunkelstromanteile minimiert worden sind.

3.1.2 Strahlungsabsorption

Auf die p^+-Seite der Photodiode in Abb. 3.1 falle monochromatische Strahlung mit der Vakuumwellenlänge λ und der Leistung P. In den Halbleiter dringt dann die Lichtleistung P(1-R) ein (Abb. 3.1 d), wenn RP den an der Oberfläche der Photodiode reflektierten Anteil beschreibt. Bei nahezu senkrechter Inzidenz der Strahlung gilt für das Reflexionsvermögen des Halbleiters in einem Medium mit dem Brechungsindex n_1 [3.6]

$$R = \frac{(n-n_1)^2 + \varkappa^2}{(n+n_1)^2 + \varkappa^2} \tag{3.36}$$

mit

$$\varkappa = \frac{\alpha \lambda}{4\pi}. \tag{3.37}$$

n ist der Real- und $\varkappa$ der Imaginärteil des Brechungsindexes und α der Absorptionskoeffizient des Halbleiters. Für z.B. n = 3, $\varkappa$ = 0 werden in Luft (n_1=1) etwa 30% der Lichtleistung reflektiert. Dieser erhebliche Reflexionsverlust kann im einfachsten Fall durch eine auf die Halbleiteroberfläche aufgebrachte Antireflexionsschicht vermieden werden, wenn die Schichtdicke ein ungeradzahliges Vielfaches einer Viertelwellenlänge des Lichtes in der Antireflexionsschicht beträgt und ihr Brechungsindex n_a der Bedingung

$$n_a = (nn_1)^{1/2} \tag{3.38}$$

genügt. Dies gilt allerdings streng nur für eine Wellenlänge.
Für Reflexionsverminderung in einem breiten Wellenlängenbereich benötigt man angepaßte Mehrfachbeschichtungen [3.6].

Im Innern des Halbleiters werden die Strahlungsquanten absorbiert, wenn der Absorptionskoeffizient α für die Wellenlänge der Strahlung ungleich Null ist. Von den im Halbleiter
möglichen Absorptionsprozessen (Abb. 1.1) spielt bei den
Sperrschichtphotodetektoren hauptsächlich der durch Photonen-
absorption verursachte direkte oder indirekte Übergang von
Elektronen aus dem Valenzband in das Leitungsband eine Rolle
(Interbandübergang, innerer Photoeffekt). Wie in Abschnitt
1.2.2 ausgeführt wurde, sind diese intrinsischen Absorptionsprozesse dann möglich, wenn die Wellenlänge der Photonen kleiner als die Grenzwellenlänge

$$\lambda_{grenz} = \frac{hc}{E_g} \quad \text{bzw.} \quad \frac{\lambda_{grenz}}{\mu m} = \frac{1,24}{(E_g/eV)} \tag{3.39}$$

ist.

Für Wellenlängen $\lambda \lesssim \lambda_{grenz}$ tritt abhängig vom Energieband-
schema des Halbleiters ein mehr oder weniger steiler Anstieg
des Absorptionskoeffizienten auf (Abb. 3.3). Bei direkten Halbleitern (z.B. GaAs), wo das Minimum des Valenzbandes und des
Leitungsbandes beim gleichen Impulsvektor (Wellenvektor) der
Elektronen liegt (Abb. 3.4 a), sind direkte Absorptionsprozesse sehr wahrscheinlich. Der Absorptionskoeffizient α steigt
in einem sehr kleinen Wellenlängenintervall steil auf Werte
um 10^4 cm^{-1} an (Abb. 3.3). Bei indirekten Halbleitern (Si, Ge)
liegt das Minimum des Valenzbandes und des Leitungsbandes bei
verschiedenen Impulsvektoren (Abb. 3.4 b, c). Hier muß die Änderung des Impulsvektors des Elektrons durch den Impuls eines
erzeugten oder vernichteten Phonons [3.5] kompensiert werden.
Dieser indirekte Absorptionsprozeß ist deshalb weniger wahrscheinlich und der Absorptionskoeffizient steigt zunächst wesentlich flacher an (Abb. 3.3). Ein steiler Anstieg erfolgt
erst bei kürzeren Wellenlängen, wenn direkte Übergänge möglich werden.

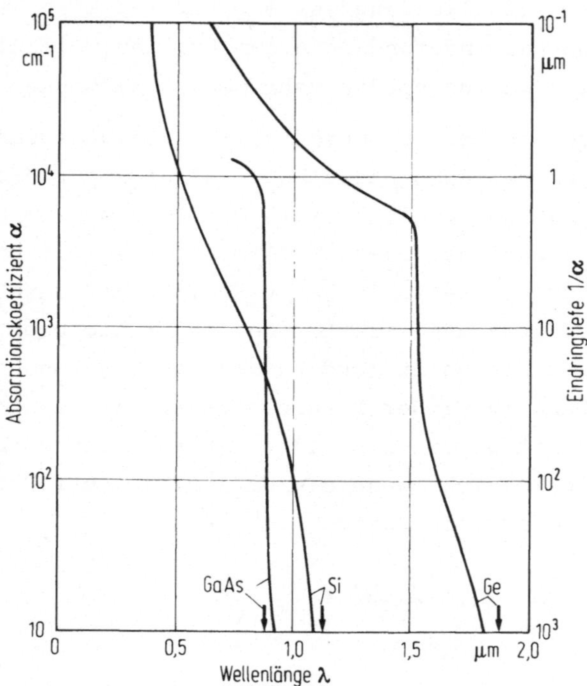

Abb. 3.3. Verlauf des Absorptionskoeffizienten α bzw. der Eindringtiefe der Strahlung 1/α von GaAs, Si, und Ge als Funktion der Wellenlänge λ im Bereich der Grenzwellenlänge λ_{grenz}, welche durch einen Pfeil gekennzeichnet ist

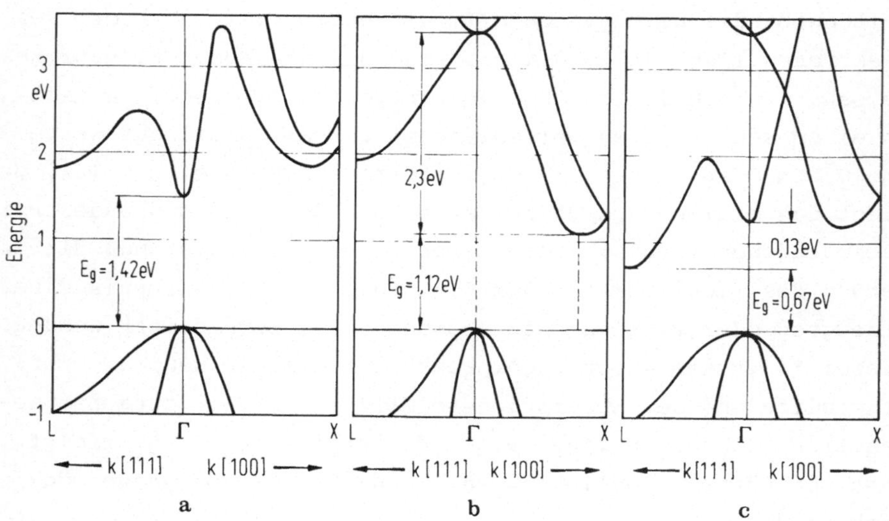

Abb. 3.4. Bandschema für zwei Richtungen des Wellenvektors $\vec{k}$ für a) GaAs; b) Si; c) Ge

Einige Effekte, die einen Einfluß auf den Absorptionskoeffizienten haben und für Sperrschichtphotodetektoren von Bedeutung sind, sollen noch erwähnt werden:

- Höhe und Art der Dotierung des Halbleiters beeinflussen die Grenzwellenlänge der Absorption [3.7]

Ist die Dotierung so hoch, daß das Fermi-Niveau im Leitungs- oder Valenzband liegt (Entartung), dann sind die möglichen Energieniveaus nahe dem Bandminimum des Leitungsbandes im n-Halbleiter bzw. des Valenzbandes im p-Halbleiter besetzt. Für die Lichtabsorption sind entsprechend nur Übergänge mit größerer Energiedifferenz als der des Bandabstandes möglich. Die Grenzwellenlänge der Absorption wird zu kürzeren Wellenlängen verschoben (Burstein-Moss-shift).

Liegt das Energieniveau des Dotierstoffes sehr nahe an der Bandkante, können sich bei hohen Dotierungskonzentrationen Bandausläufer bilden, die zu einer Abnahme des effektiven Bandabstandes führen und die Grenzwellenlänge der Absorption zu längeren Wellen verschieben.

Eine hohe Dotierung des Halbleitermaterials erhöht auch die Absorption durch freie Ladungsträger (Abb. 1.1). Bei der Elektronendichte n_o lautet der Absorptionskoeffizient für Wellenlängen, die kürzer als die der Plasmafrequenz entsprechenden sind,

$$\alpha = \frac{q^3}{4\pi^2 c^3 \sqrt{\varepsilon}\ \varepsilon_o m^{*2}}\ \frac{n_o \lambda^2}{\mu}. \tag{3.40}$$

Dabei ist μ die Beweglichkeit der Elektronen bei der Frequenz (ν) der Strahlung. Für einen Halbleiter mit der Löcherdichte p_o gilt eine sinngemäße Formel. Die Absorption durch freie Ladungsträger ist bei Wellenlängen oberhalb λ_{grenz} von Bedeutung. Sie führt bei Sperrschichtphotodetektoren mit einer Fensterschicht vor der eigentlichen Absorptionsschicht (Abschnitt 3.5.2) wie die Reflexion zu einem Strahlungsleistungsverlust in der Fensterschicht. Bei Intraband-Photoleitern (Kapitel 4) wird dagegen dieser Absorptionsprozeß ausgenutzt.

- Auch durch äußere Einflüsse kann die Absorption beeinflußt
  werden.

Der Bandabstand E_g eines Halbleiters verkleinert sich normalerweise bei steigender Temperatur, was nach (3.39) eine
Vergrößerung der Grenzwellenlänge der Absorption zur Folge
hat.

Andere äußere Parameter wie Magnetfeld oder Druck spielen
für den praktischen Einsatz von Sperrschichtphotodetektoren
eine untergeordnete Rolle. Dagegen hat die effektive Verkleinerung des Bandabstandes durch elektrische Felder eine
gewisse Bedeutung erlangt, weil dadurch die Möglichkeit gegeben ist, die Grenzwellenlänge zu erhöhen (Franz-Keldysh-
Effekt [3.7]).

Bei der Strahlungsleistung P treffen N_{ph} Photonen der Energie
$h\nu$ pro Zeit- und Flächeneinheit auf die Stirnfläche A der Photodiode (Abb. 3.1 d). Damit herrscht dort eine Photonenstromdichte

$$s_{ph} = \frac{N_{ph}}{At} = \frac{P}{h\nu A} \,. \tag{3.41}$$

Durch Absorption nimmt die Strahlungsleistung im Innern des
Halbleiters exponentiell ab. In dem in Abb. 3.1 gewählten Koordinatensystem gilt deshalb für die Photonenstromdichte an
der Stelle x im Innern des Halbleiters

$$s_{ph}(x) = \frac{P}{h\nu A}(1-R)\,e^{-\alpha(d_p+x)} \,. \tag{3.42}$$

Die Generationsrate von Elektron-Loch-Paaren $G_{ph}(x)$ am Ort x
ist gleich der Abnahme der Photonenstromdichte zwischen x und
$x + dx$:

$$G_{ph}(x) = -\frac{ds_{ph}(x)}{dx} = \frac{P}{h\nu A}(1-R)\,\alpha\,e^{-\alpha(d_p+x)} \,. \tag{3.43}$$

Dies führt zu einer örtlich unterschiedlichen Konzentration
von photonengenerierten Ladungsträgern, auf die in den einzelnen Teilbereichen der Photodiode (feldfreies p- und n-Gebiet
sowie Raumladungszone) unterschiedliche Transportmechanismen
wirken. Entstehen die beweglichen Ladungsträger in der Raumladungszone (Abb. 3.1 c), werden sie durch deren elektrisches

Feld getrennt. Entstehen die beweglichen Ladungsträger in dem
an die Raumladungszone angrenzendem feldfreien p- oder n-Gebiet
etwa innerhalb einer Diffusionslänge L_n bzw. L_p, so können
die jeweiligen Minoritätsladungsträger zu einem erheblichen
Teil zu den Rändern der Raumladungszone diffundieren, wo sie
vom Feld der Raumladungszone abgesaugt werden. Diese beiden
Effekte verursachen in einem äußeren Stromkreis einen Photostrom. Bei Leerlauf wird die Raumladungszone durch die photogenerierten Ladungsträger neutralisiert, wodurch die in (1.9)
angegebene Leerlaufphotospannung an der Photodiode auftritt.
Dagegen rekombinieren Ladungsträger, die weiter als eine Diffusionslänge vom Rand der Raumladungszone entfernt in dem p-
oder n-Gebiet generiert werden, im Innern oder an den Oberflächen des Halbleiters und tragen nicht zum Photostrom bzw.
zur Photospannung bei.

3.1.3 Photostrom und Quantenwirkungsgrad

Diffusionsphotostrom

Wir betrachten nun zuerst den Fall, daß die auf die p^+n-Schicht
der Photodiode fallende Strahlung monochromatisch ist und zeitlich konstante Leistung P_0 besitzt. Für die Elektronendichte
im p-Gebiet gilt dann die Differentialgleichung

$$D_n \frac{\partial^2 n_p^0}{\partial x^2} - \frac{n'^0}{\tau_n} + G_n^0 = 0. \qquad (3.44)$$

Der Index (o) an den einzelnen Größen soll auf den Fall der
Gleichleistung hinweisen. Für die Generationsrate G_n^0 ist der
Ausdruck (3.43) mit P_0 einzusetzen. Die allgemeine Lösung von
(3.44) lautet für $\alpha L_n \neq 1$ [3.8]

$$n'^0_p = A_1 e^{x/L_n} + A_2 e^{-x/L_n} + A_3 e^{-\alpha(d_p + x)} \qquad (3.45)$$

mit

$$A_3 = \frac{P_0}{Ah\nu} (1-R) \frac{1}{D_n \alpha \left(1/(L_n^2 \alpha^2) - 1 \right)}. \qquad (3.46)$$

Wir diskutieren den Fall einer Photodiode mit thermischer Generation und
Rekombination von Ladungsträgern an der Oberfläche des p^+-Ge-

bietes. Die Konstanten A_1 und A_2 werden dann durch die Randbedingungen (3.10) und (3.17) festgelegt. Der Diffusionsstrom
der Elektronen aus dem p-Gebiet gemäß Gleichung (3.8) ist
jetzt die Summe aus dem bereits bekannten Diffusionsdunkelstrom (3.18) und aus dem Diffusionsphotostrom

$$I^{ph}_{n_{diff}} = \frac{q}{h\nu} P_o (1-R) F^{ph}_n \tag{3.47}$$

mit

$$F^{ph}_n = \frac{1}{(1-\frac{1}{L_n^2\alpha^2})} \; \frac{1+\frac{s_n}{\alpha D_n}-e^{-\alpha w_p}\left((1+\frac{s_n}{\alpha D_n})\cosh(\frac{w_p}{L_n})+(\frac{1}{\alpha L_n}+\frac{s_n L_n}{D_n})\sinh(\frac{w_p}{L_n})\right)}{\cosh(\frac{w_p}{L_n}) + \frac{s_n L_n}{D_n}\sinh(\frac{w_p}{L_n})} \tag{3.48}$$

Für den externen Quantenwirkungsgrad (2.1) gilt dann

$$\eta_{ex} = \frac{h\nu}{q} \frac{I^{ph}_{n_{diff}}}{P_o} = (1-R) F^{ph}_n . \tag{3.49}$$

Die Gleichung verdeutlicht, daß immer $F^{ph}_n \ll 1$ sein muß, da die
Anzahl der pro Zeiteinheit photogenerierten Ladungsträger
$I^{ph}_{n_{diff}}/q$ höchstens gleich der in den Halbleiter fließenden Photonenzahl $P_o(1-R)/h\nu$ sein kann.

Zur Veranschaulichung von (3.49) betrachten wir den Fall $s_n=0$,
$\alpha L_n \gg 1$. Ist außerdem das feldfreie p-Gebiet klein gegenüber
der Diffusionslänge der Elektronen $w_p/L_n < 1$, erhält man

$$\eta_{ex} = (1-R)(1-e^{-\alpha w_p}) . \tag{3.50}$$

Für Längen $w_p \gtrsim 3/\alpha$ der Absorptionszone erreicht der Quantenwirkungsgrad (für Photodioden ohne Antireflexionsschicht) praktisch seinen Maximalwert 1-R. Gilt andererseits zu $s_n=0$, $\alpha L_n \gg 1$
noch $\alpha w_p \gg 1$, erhält man

$$F^{ph}_n = \frac{1}{\cosh(w_p/L_n)} \tag{3.51}$$

ein Ausdruck, der bei der Ableitung des Zeitverhaltens des
Photostromes in 3.1.4 verwendet wird.

Für den Diffusionsphotostrom aus dem n-Gebiet gilt eine zu (3.47) analoge Gleichung. Allerdings geht der Faktor F_p^{ph} wegen der Einstrahlungsrichtung nicht einfach durch entsprechende Vertauschung der Indizes aus F_n^{ph} hervor, wie es beim Diffusionsdunkelstrom der Fall ist.

Driftphotostrom

Der Photostrom, der durch Absorption von Strahlung in der Raumladungszone (Driftzone) der Photodiode zustande kommt, wird unter den gleichen Bedingungen wie der Generationsdunkelstrom berechnet, wobei in (3.28) anstelle von n_i/τ_{eff} die Photogenerationsrate (3.43) einzusetzen ist. Für den Photostrom erhält man dann

$$I_{drift}^{ph} = \frac{q}{h\nu} P_o (1-R) e^{-\alpha w_p}\left(1-e^{-\alpha w}\right). \qquad (3.52)$$

Der Quantenwirkungsgrad von Photodioden mit überwiegender Photogeneration in der Raumladungszone lautet damit

$$\eta_{ex} = (1-R) e^{-\alpha w_p}\left(1-e^{-\alpha w}\right). \qquad (3.53)$$

Für die p^+n-Photodiode nach Abb. 3.1 ist das der Fall, wenn $\alpha w_p \ll 1$ ist. Der externe Quantenwirkungsgrad geht dann in den Ausdruck (3.50) über, wobei jetzt die Weite der Absorptionszone durch die Weite der Raumladungszone w gegeben ist. Diese Weite kann nach (3.6) durch die Höhe der Dotierungen des p- und n-Gebietes und über die Sperrspannung eingestellt werden. Für $w \gtrsim 3/\alpha$ wird praktisch die gesamte in den Halbleiter eindringende Strahlung in der Raumladungszone absorbiert ($\eta_{ex} = 1 - R$) und die generierten Elektron-Loch-Paare im Feld der Raumladungszone getrennt. Wie wir im nächsten Abschnitt sehen, liefert diese Geometrie im allgemeinen auch die Photodioden mit dem günstigsten Zeitverhalten.

3.1.4 Zeitverhalten

Zur Untersuchung des Zeitverhaltens der p^+n-Photodiode wird nun angenommen, daß auf die p^+-Seite der Photodiode monochromatische Strahlung mit zeitlich sinusförmig variierender Leistung (Kreisfrequenz $\omega = 2\pi f$) fällt:

$$P(-d_p,t) = P_o + \hat{p}e^{j\omega t} = P_o(1+me^{j\omega t}). \tag{3.54}$$

P_o ist wieder die auf die Diodenoberfläche fallende Gleichleistung, $\hat{p}$ die Amplitude der Wechselleistung und m der Modulationsgrad. Im folgenden sollen das Zeitverhalten, welches aus der Photogeneration von Ladungsträgern in den feldfreien Gebieten und in der Raumladungszone resultiert, getrennt betrachtet werden.

Photogeneration im feldfreien p^+-Gebiet

Für das feldfreie p^+-Gebiet der Photodiode der Weite w_p gilt für die zeitliche Änderung der Elektronendichte [3.1]

$$\frac{\partial n_p}{\partial t} = G_n - \frac{n'_p}{\tau_n} + D_n \frac{\partial^2 n_p}{\partial x^2}. \tag{3.55}$$

Entsprechend (3.54) werden für die Photogenerationsrate von Elektronen und für die Elektronendichte im p^+-Gebiet die (zeitabhängigen) Ansätze gemacht

$$G_n(x,t) = G_n^o(x) + \hat{g}_n(x)\, e^{j\omega t} \tag{3.56}$$

mit

$$\hat{g}_n(x) = \frac{\hat{p}}{Ah\nu}(1 - R)\alpha e^{-\alpha(d_p+x)} \tag{3.57}$$

und

$$n_p(x,t) = n_p^o(x) + \hat{n}_p(x)e^{j\omega t}. \tag{3.58}$$

Einsetzen dieser Lösungsansätze in (3.55) sowie in die Randbedingungen (3.10) und (3.17) liefert für die Amplitude der Elektronendichte $\hat{n}_p$ die Differentialgleichung

$$D_n\frac{\partial^2 \hat{n}_p}{\partial x^2} - \frac{\hat{n}_p}{\tau_n^*} - \hat{g}_n = 0 \tag{3.59}$$

mit der komplexen Diffusionslänge L_n^*:

$$(L_n^*)^2 = D_n\tau_n^* = \frac{L_n^2}{(1+j\omega\tau_n)}. \tag{3.60}$$

Die Randbedingungen fordern

$$D_n \frac{\partial \hat{n}_p}{\partial x}\Big|_{x=-d_p} = s_n \hat{n}_p(-d_p), \tag{3.61}$$

$$\hat{n}_p(-l_p) = 0. \tag{3.62}$$

Damit ist für $\hat{n}_p$ formal die gleiche Differentialgleichung zu lösen wie für n_p^o bei konstanter Bestrahlung.

Die Amplitude des Photowechselstromes $\hat{i}^{ph}_{n_{diff}}$ lautet damit entsprechend zu (3.47)

$$\hat{i}^{ph}_{n_{diff}} = \frac{q}{h\nu}\, \hat{p}(1 - R) F_n^{ph}(\omega, L_n^*). \tag{3.63}$$

$F_n^{ph}(\omega, L_n^*)$ entspricht dabei dem Ausdruck (3.48), nur muß dort für L_n die komplexe Diffusionslänge L_n^* eingesetzt werden.

Zur Analyse des Zeitverhaltens muß Betrag und Phase des Photostromes berechnet werden. Dies ist bei dem komplizierten Ausdruck von $F_n^{ph}(\omega, L_n^*)$, der das Zeitverhalten beschreibt, nur numerisch möglich [3.8]. Anhand der Photodiode mit überwiegender Photogeneration im p^+-Gebiet und zu vernachlässigender Oberflächenrekombination, welche schon im vorigen Abschnitt behandelt wurde und zum Ausdruck (3.51) für $F_n^{ph}(\omega, L_n^*)$ führt, kann das Zeitverhalten veranschaulicht werden. Vernachlässigt man den Verschiebestromanteil $\varepsilon\varepsilon_o(\partial F/\partial t)$ am Gesamtstrom, dann entspricht die Amplitude des Wechselstromes (3.63) auch der Amplitude des Wechselstromes im äußeren Stromkreis $\hat{i}^{ph}$. Es ist nach (3.51)

$$|\hat{i}^{ph}| \sim \frac{1}{|\cosh(w_p/L_n^*)|}. \tag{3.64}$$

Setzt man L_n^* in (3.64) ein und entwickelt den Ausdruck unter der Annahme $\omega\tau_n < 1$, erhält man

$$|\hat{i}^{ph}| \sim \frac{1}{\left(1+\omega^2[(w_p/L_n)^2\, \tau_n/2]^2\right)^{1/2}}. \tag{3.65}$$

Das Zeitverhalten entspricht also dem eines Tiefpasses mit
der Zeitkonstanten

$$\tau_r = \left(\frac{w_p}{L_n}\right)^2 \frac{\tau_n}{2} = \frac{w_p^{\,2}}{2D_n} \tag{3.66}$$

bzw. mit einer 3dB-Grenzfrequenz

$$f_{3dB} = \frac{D_n}{\pi w_p^{\,2}}. \tag{3.67}$$

Entwickelt man (3.64) unter der Bedingung $\omega\tau_n \gg 1$, folgt annähernd der gleiche Wert [3.4]

$$f_{3dB} = 1,23\frac{D_n}{\pi w_p^{\,2}}. \tag{3.68}$$

Das Zeitverhalten wird daraus auch anschaulich verständlich.
Die photogenerierten Elektronen benötigen die Zeit τ_r, um zum
Rand der Raumladungszone zu gelangen, wo sie abgesaugt werden.
Wechselt die Einstrahlung und damit die Photogeneration mit
einer höheren Frequenz als $1/(2\pi\tau_r)$, dann können die photogenerierten Elektronen diesem Wechsel nicht mehr folgen und die
Amplitude des Wechselphotostromes sinkt. Eine Vergrößerung
der 3dB-Grenzfrequenz der Photodiode ist also durch eine Verkleinerung der Länge der Absorptionszone w_p zu erreichen. Diese Maßnahme verkleinert aber den externen Quantenwirkungsgrad
(3.50). Auch sollte - wie in diesem Falle - eine p^+n-Struktur
für die Photodiode gewählt werden, damit die photogenerierten
Ladungsträger mit der höheren Beweglichkeit μ_n ($D_n = \mu_n kT/q$)
zum pn-Übergang diffundieren.

Photogeneration am Rand oder in der Raumladungszone

Das Zeitverhalten der Photodiode, welches durch die endliche
Driftzeit der photogenerierten Ladungsträger durch die Raumladungszone bedingt ist, wird unter sehr idealisierten Bedingungen betrachtet. So soll das elektrische Feld in der Raumladungszone konstant sein. Dies ist bei p^+n-Dioden (Abb. 3.1)
nicht der Fall. Dagegen erfüllen diese Voraussetzungen annähernd p^+in^+-Dioden. Die Raumladungszone liegt ganz im i-Gebiet
($l_p \approx l_n \approx 0$) und erstreckt sich bei genügend hohen Sperrspannungen

über dessen gesamte Länge. Die Ladungsträger driften dann mit konstanter Geschwindigkeit durch die Raumladungszone. Die Driftgeschwindigkeit für Löcher bzw. Elektronen ist durch

$$
v_{p,n} = \begin{cases} \mu_{p,n} F & F < F^s_{p,n} \\ v^s_{p,n} & F \gtrsim F^s_{p,n} \end{cases} \tag{3.69}
$$

gegeben, wobei μ_p und μ_n die Beweglichkeit der Löcher bzw. Elektronen bedeutet. Für Feldstärken F oberhalb der Sättigungsfeldstärke $F^s_{p,n}$ [3.2] erreichen die Ladungsträger eine feldstärkeunabhängige Sättigungsgeschwindigkeit $v^s_{p,n}$. Ladungsträger, die an den Rändern der Raumladungszone generiert werden, benötigen also die Zeit

$$
t_{p,n} = \frac{w_i}{v_{p,n}} \tag{3.70}
$$

zum Durchqueren der Raumladungszone mit der Weite w_i.

Zur Berechnung des Photostromes nehmen wir weiter den einfachen Fall an, daß nur am p^+-Rand der i-Zone ($x = 0$) wiederum durch eine zeitlich sinusförmige Einstrahlung eine zeitliche Elektronendichteschwankung entsteht. Für die daraus durch Injektion in der i-Zone entstehende Amplitude der Elektronendichte $\hat{n}$ gilt nach der Kontinuitätsgleichung [3.1]

$$
j\omega q \hat{n} = \frac{dj^{ph}_n}{dx} , \tag{3.71}
$$

wenn innerhalb der i-Zone keine Generation ($G = 0$) stattfindet und die Diffusion und Rekombination vernachlässigt wird. Dabei ist die Amplitude der Photostromdichte durch

$$
\hat{j}^{ph}_n = q v_n \hat{n} \tag{3.72}
$$

gegeben. Gleichung (3.71) ist leicht zu lösen, wenn man die Elektronendichte $\hat{n}$ durch (3.72) ausdrückt. Für die Photostromdichte am Ort x in der i-Zone erhält man

$$
\hat{j}^{ph}_n (x) = \hat{j}^{ph}_n (0) e^{j\omega x / v_n} . \tag{3.73}
$$

Der Betrag der Stromdichte der Elektronen ist also innerhalb der i-Zone konstant und gleich seinem Anfangswert $\hat{j}^{ph}_n (0)$ am

p^+-Rand. Die Stromdichte erfährt aber wegen der endlichen
Laufzeit der Elektronen durch die i-Zone $t_n = w_i/v_n$ eine
ortsabhängige Phasenverschiebung gegenüber der Einstrahlung.
In [3.9] wird gezeigt, (siehe auch Abschnitt 3.4.3), daß
die Amplitude der Wechselstromdichte $\hat{\jmath}^{ph}$ im Außenkreis der
Photodiode bei Kurzschluß durch

$$\hat{\jmath}^{ph} = \frac{1}{w_i} \int\limits_{0}^{w_i} \{\hat{\jmath}_n^{ph}(x) + \hat{\jmath}_p^{ph}(x)\} dx \qquad (3.74)$$

gegeben ist. Da unter den gemachten Annahmen für den Löcherstrom $\hat{\jmath}_p^{ph}(x) = 0$ gilt, erhält man mit (3.73) für das Zeitverhalten des Photostromes

$$FR = \left|\frac{\hat{\jmath}^{ph}}{\hat{\jmath}_n^{ph}(0)}\right| = \left|\frac{\exp(j\omega t_n)-1}{j\omega t_n}\right| = \left|\frac{\sin(\omega t_n/2)}{\omega t_n/2}\right|. \qquad (3.75)$$

Die Amplitude des äußeren Kurzschlußstromes sinkt demnach
auf $1/\sqrt{2}$, wenn $\omega t_n \gtrsim 2,78$ ist. Daraus folgt die 3dB-Grenz-
frequenz

$$f_{3dB} = 0,44/t_n. \qquad (3.76)$$

Für eine hohe 3dB-Grenzfrequenz ist also die Transitzeit t_n
möglichst klein zu machen. Dies wird nach (3.70) bei kleinen
Weiten für die i-Zone und bei hohen Feldstärken (möglichst
der Sättigungsfeldstärke) erreicht. Allerdings darf für einen
hohen Quantenwirkungsgrad w_i nicht unter $3/\alpha$ liegen. Da die
Driftgeschwindigkeit der Ladungsträger im allgemeinen größer
als die Diffusionsgeschwindigkeit ist, wählt man für Photodioden mit gleichzeitig hohem Quantenwirkungsgrad und hoher Grenzfrequenz eine Geometrie, welche sicherstellt, daß die gesamte
Strahlungsleistung in der Raumladungszone (i-Zone) absorbiert
wird. Restabsorption in feldfreien Gebieten der Photodiode
führt zu unerwünschten "Diffusionsschwänzen" im Zeitverhalten
des Photostromes.

In [3.10] wird auch das Zeitverhalten einer Photodiode berechnet, wenn die Photogenerationsraten über der i-Zone $g_n = g_p =$
const sind. Dann ist

$$FR = \left|\frac{1-\exp(-j\omega t_n)}{(\omega t_n)^2} + \frac{1-\exp(-j\omega t_p)}{(\omega t_p)^2} + \frac{1}{j\omega t_n} + \frac{1}{j\omega t_p}\right|. \qquad (3.77)$$

Sind die Transitzeiten für Elektronen und Löcher gleich $(t_n = t_p)$, folgt daraus

$$f_{3dB} = \frac{0{,}55}{t_n} \cdot \qquad (3.78).$$

Die 3dB-Grenzfrequenz ist höher als im Fall der Elektronen-
generation am Rand der Raumladungszone, weil die Ladungsträger im Mittel eine kürzere Strecke zurücklegen müssen. Ist
die Transitzeit für die eine Ladungsträgersorte geringfügig
größer (z.B. $t_n = 0{,}5\,t_p$), folgt:

$$f_{3dB} = \frac{0{,}34}{t_n} \cdot \qquad (3.79).$$

Die 3dB-Grenzfrequenz sinkt gegenüber (3.78) wegen der lang-
sameren Löcher.

3.1.5 Rauschen

Die minimale optische Leistung, welche mit einer Photodiode
im direkten Empfang nachgewiesen werden kann, wird durch verschiedene Rauschquellen limitiert, die im Kapitel 2 bereits
behandelt wurden. Sie sollen hier im Hinblick auf die Photodioden nochmals im Zusammenhang betrachtet werden.

Abb. 3.5 a zeigt das Prinzip einer Empfängerschaltung mit
einer Photodiode unter der äußeren Spannung U, mit ohmschen
Lastwiderstand R_L und Verstärker V. Die Strahlungsleistung
des Signals P_s und des Hintergrundes P_{bg} werden von der Photodiode absorbiert und in Photostrom umgesetzt. Wir betrachten wie im Kapitel 2 ein Signal mit sinusförmig modulierter
Leistung und 100%iger Modulation

$$P_s(t) = P_s^o(1+\sin \omega t), \qquad (3.80)$$

welche nach (2.1) zu einem Signalstrom

$$I_s(t) = I_s^o(1+\sin \omega t) = \frac{q}{h\nu}\,\eta_{ex}P_s(t) \qquad (3.81)$$

führt. Zeiteffekte, die intrinsisch mit der Photodiode verknüpft sind (Abschnitt 3.1.4) und abhängig von der Modulationsfrequenz der Signalleistung Betrag und Phase des Signalphotostromes ändern, werden hier nicht betrachtet. Der

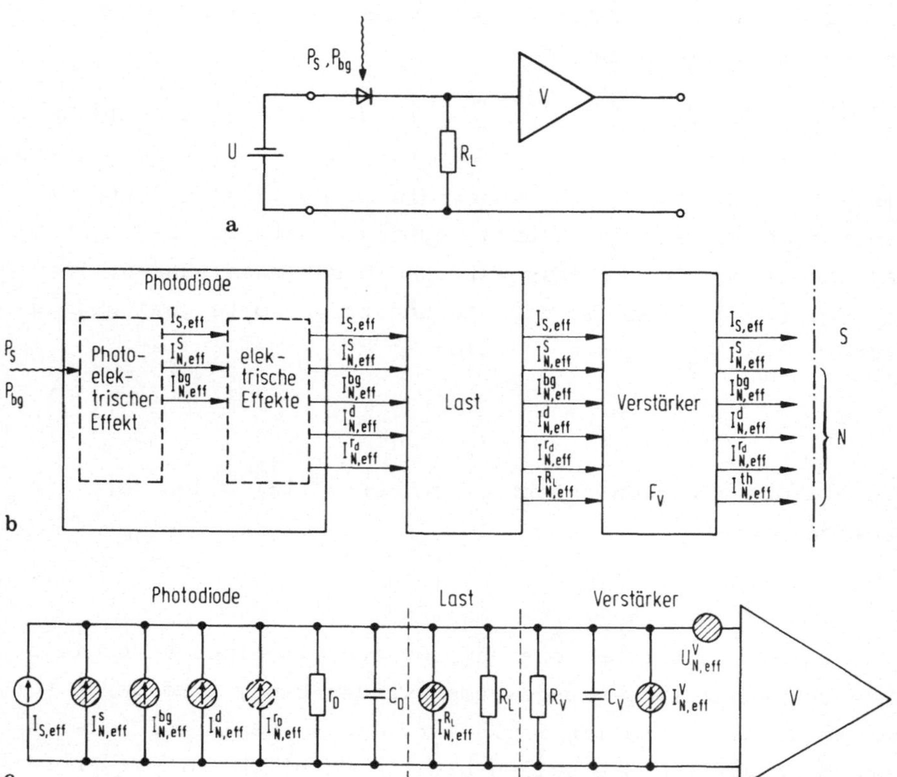

Abb. 3.5. Signal (S) und Rauschquellen (N) eines Empfängers.
a) Prinzip der Empfängerschaltung; b) Blockdiagramm für
Signalstrom und Rauschströme; c) Ersatzschaltbild. Rausch-
strom- und Rauschspannungsquellen sind schraffiert

zeitliche Mittelwert der Signalleistung ist $\bar{P}_s = P_s^O$ und der
Effektivwert $P_{s,eff} = (\bar{P_s^2} - \bar{P_s}^2)^{1/2} = P_s^O/\sqrt{2}$. Entsprechende
Gleichungen gelten für den Signalstrom. Also folgt aus (3.81)

$$I_s^O = \bar{I}_s = \sqrt{2}\, I_{s,eff} = \frac{q}{h\nu}\eta_{ex}P_s^O. \tag{3.82}$$

Der Mittelwert des Signalstromes führt zu einem Schrotrauschstrom wie in (2.7):

$$I_{N,eff}^s = (2q\bar{I}_s B)^{1/2} = \left(2q(\frac{q}{h\nu}\eta_{ex}P_s^O)\,B\right)^{1/2}, \tag{3.83}$$

wobei B die Bandbreite der Empfängerschaltung ist. Die Strahlung des Hintergrundes soll in der Photodiode einen Rauschstrom $I_{N,eff}^{bg}$ verursachen.

Die Dunkelströme der Photodiode geben ebenfalls zu Rausch-
strömen Anlaß. Unabhängig von der Ursache der Dunkelströme
wie Diffusion, Generation-Rekombination, Tunneln oder Oberflächenleckströme (Abschnitt 3.1.1) und der dadurch beding-
ten verschiedenen Ausdrücke für die Rauschströme [3.11], sollen diese vereinfacht hier als Schrotrauschstrom

$$I_{N,eff}^{d} = (2q\overline{I}_d B)^{1/2} \tag{3.84}$$

behandelt werden. Im allgemeinen ist der mittlere Dunkelstrom $\overline{I}_d$ dann die Summe aus den einzelnen Dunkelstromantei-
len

$$\overline{I}_d = I_{diff} + I_{gen} + I_{tun} + I_{ol}, \tag{3.85}$$

die im Abschnitt 3.1.1 abgeleitet wurden.

Ohmsche Widerstände verursachen thermisches Rauschen. Bezüglich der Photodiode berücksichtigen wir nur einen Widerstand
r_D, der bei einer Diode mit reinem Diffusionsstrom bei $U = 0$
durch

$$r_D = \frac{kT}{q} \frac{1}{I_{s_{diff}}} \tag{3.86}$$

gegeben ist. Der Rauschstrom lautet dann nach (2.18)

$$I_{N,eff}^{r_D} = (\frac{4kT}{r_D} B)^{1/2} = (4q\, I_{s_{diff}} B)^{1/2}. \tag{3.87}$$

Der Lastwiderstand R_L liefert einen Rauschstrom

$$I_{N,eff}^{R_L} = (\frac{4kT}{R_L} B)^{1/2}. \tag{3.88}$$

Das Rauschen des Verstärkers wird durch eine Stromrausch-
quelle $I_{N,eff}^{v}$ und eine Spannungsrauschquelle $U_{N,eff}^{v}$ am Eingang des dann rauschfreien Verstärkers beschrieben [3.11,
3.12]. Vereinfachend ist dabei angenommen, daß die beiden
Rauschquellen nicht korreliert sind. Verstärkerrauschen und
thermisches Rauschen des Lastwiderstandes R_L werden mittels
der Verstärkerrauschzahl F_v formal zu einer thermischen
Rauschquelle zusammengefaßt:

$$I^{th}_{N,eff} = (\frac{4kT}{R_L} F_v B)^{1/2} \ . \tag{3.89}$$

Bild 3.5 b,c gibt die Rauschbeiträge in einem Blockdiagramm und im Ersatzschaltbild der Empfängerschaltung wieder.

Wir betrachten zunächst den Fall der Photodiode unter Sperrspannung und nehmen an, daß der Diodenwiderstand r_D so groß ist, daß sein Rauschbeitrag vernachlässigt werden kann. Das Signal-Geräusch-Verhältnis als Quotient von elektrischer Signalleistung und mittlerer Rauschleistung am Gesamtwiderstand $R_{eq} = R_L R_v / (R_v + R_L)$ der Parallelschaltung aus Lastwiderstand und Verstärkereingangswiderstand R_v ist

$$\frac{S}{N} = \frac{I^2_{s,eff} R_{eq}}{I^2_{N,eff} R_{eq}} \tag{3.90}$$

mit

$$I^2_{N,eff} = I^{s^2}_{N,eff} + I^{d^2}_{N,eff} + I^{bg^2}_{N,eff} + I^{th^2}_{N,eff} . \tag{3.91}$$

Nach Einsetzen der oben angegebenen Ausdrücke für die Ströme erhält man

$$\frac{S}{N} = \frac{\frac{1}{2}(\frac{q}{h\nu} \eta_{ex} P^O_s)^2}{2q\left(\frac{q}{h\nu} \eta_{ex} P^O_s + \overline{I}_d\right)B + I^{bg^2}_{N,eff} + \frac{4kT}{R_L} F_v B} \ . \tag{3.92}$$

Auflösen von (3.92) nach P^O_s liefert die mittlere Strahlungsleistung bzw. deren Amplitude, welche man für ein vorgegebenes Signal-Geräusch-Verhältnis S/N benötigt:

$$\overline{P}_s = P^O_s = \frac{2h\nu B}{\eta_{ex}} \frac{S}{N} \left(1 + [1 + \frac{I_{eq}}{qB(S/N)}]^{1/2}\right), \tag{3.93}$$

$$I_{eq} = \frac{I^{bg^2}_{N,eff}}{2qB} + \overline{I}_d + \frac{2kT}{qR_L} F_v \ . \tag{3.94}$$

Für S/N=1 und im Grenzfall $I_{eq}/(qB) < 1$ wird die detektierbare Strahlungsleistung P^O_s durch das Quantenrauschen $4h\nu B/\eta_{ex}$ (Kapitel 2), welches mit dem Signal selbst verknüpft ist, limitiert. Um diesen Grenzfall zu erreichen, müssen bei fester

Bandbreite Hintergrundphotostrom, Dunkelstrom der Photodiode
und thermisches Rauschen sowie Verstärkerrauschen entsprechend klein sein. Überwiegen diese Größen den Signalrausch-
strom, dann liegt der zweite Grenzfall $I_{eq}/(qB(S/N)) \gg 1$ vor.
Dies gilt in jedem Fall für hohe Bandbreiten, wenn F_v über-
linear mit B steigt und R_L so klein gewählt werden muß, daß
durch die Zeitkonstante $R_{eq}(C_D + C_V)$ der Empfängerschaltung
(Abb. 3.5 c) keine Bandbegrenzung eintritt. In diesem Grenzfall gilt

$$P_s^o = \frac{2h\nu}{q\eta_{ex}} \sqrt{B} \; (\tfrac{S}{N})^{1/2} \left(q\bar{I}_d + \frac{I_{N,eff}^{bg2}}{2B} + \frac{2kT}{R_L}F_v \right)^{1/2}. \qquad (3.95)$$

Daraus folgt für die NEP als Effektivwert der optischen Leistung, welche $S/N = 1$ liefert (Abschnitt 2.3.2):

$$NEP = \frac{1}{\sqrt{2}}P_s^o \big|_{S/N=1} = \frac{h\nu\sqrt{B}}{q\eta_{ex}} \left(2q\bar{I}_d + \frac{I_{N,eff}^{bg2}}{B} + \frac{4kT}{R_L}F_v \right)^{1/2}.$$

$$(3.96)$$

Der NEP-Wert wird also klein, wenn der Quantenwirkungsgrad
groß und der Dunkelstrom der Photodiode niedrig ist. Außerdem muß dafür gesorgt werden, daß die Hintergrundstrahlung
begrenzt wird und daß durch ein hohes R_L bzw. kleines F_v das
thermische Rauschen und das Verstärkerrauschen nicht dominieren.

Abb. 3.6 a zeigt den Verlauf von $NEP/\sqrt{B}$ nach (3.96) als Funktion des Lastwiderstandes R_L. Man erkennt, daß hohe Werte für
den Lastwiderstand notwendig sind, um einen $NEP/\sqrt{B}$-Wert zu
erreichen, der durch den Hintergrundphotostrom oder den Dunkelstrom der Photodiode begrenzt wird. Dieser hohe Lastwiderstand kann eine Bandbreitenbegrenzung bewirken, die für viele
Anwendungen des optischen Empfängers nicht akzeptabel sind.
Die Parallelschaltung von R_{eq} und der Gesamtkapazität $C=C_D+C_V$
führt zu einer 3dB-Bandbreite der Schaltung

$$B_{3dB} = 1/(2\pi R_{eq}(C_D+C_V)), \qquad (3.97)$$

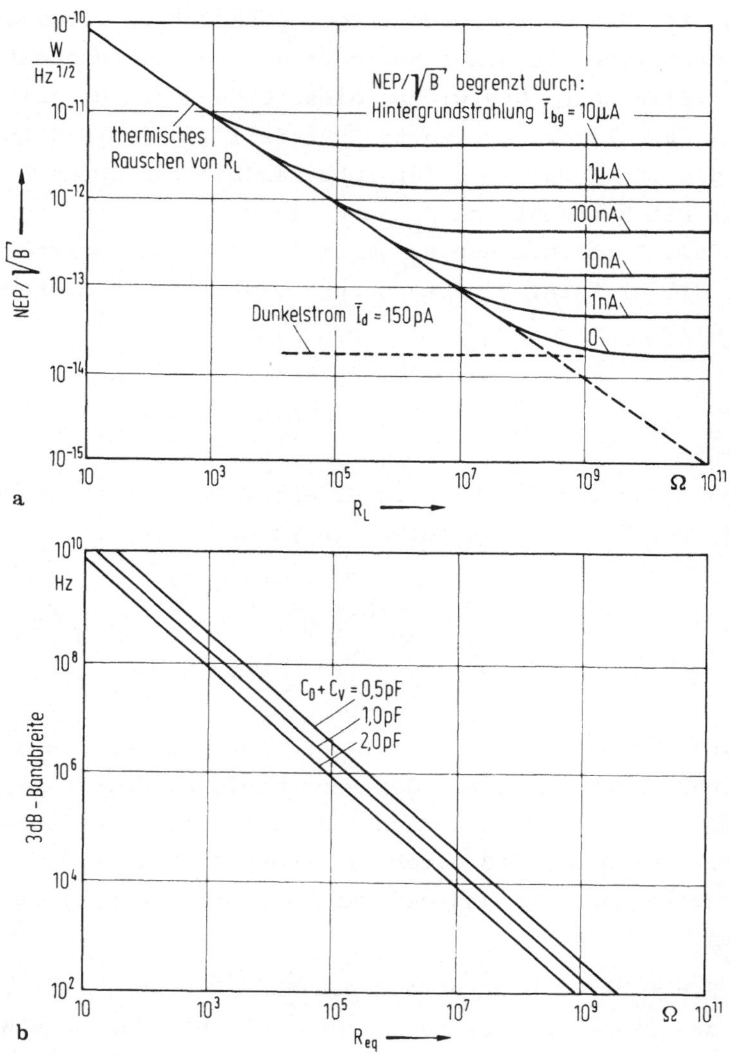

Abb. 3.6. a)Verlauf von NEP/$\sqrt{B}$ als Funktion des Lastwiderstan= des R_L nach Gleichung (3.96); $\eta_{ex} = 75\%$, $\lambda = 0{,}77$ μm, $\overline{I}_d = 150$ pA, $T = 300$ K, $F_V = 1$. Der Photostrom der Hintergrundstrahlung ist Parameter, $\overline{I}_{bg} = I_{bg}^2{}_{N,eff}/2qB$, $B = 1$ Hz; b) 3dB-Bandbreite $B_{3dB} = $ $B_{3dB} = 1/(2\pi R_{eq}(D_D+C_V)$ als Funktion von R_{eq}

welche in Abb. 3.6 b als Funktion von R_{eq} für drei Werte von $C_D + C_V$ dargestellt ist. Nehmen wir an, daß $R_L = R_{eq}$ $(R_V \gg R_L)$ gilt, dann muß nach Abb. 3.6 a sogar bei dem hohen Hintergrund- photostrom von $\overline{I}_{bg} = 10$ μA $R_L \approx 10^4 \Omega$ betragen, um die Photo- diode im BLIP-Bereich (Kapitel 2) zu betreiben. Bei $C_D+C_V=2$pF folgt aus Abb. 3.6 b dann eine 3dB-Bandbreite von etwa 10 MHz.

Beim Einsatz der Photodioden in Empfängern optischer Übertragungssysteme mit Glasfasern (Wellenlängenbereich 0,8 bis 1,6 µm) wird durch entsprechenden Aufbau unerwünschte Nebenstrahlung auf die Photodiode weitgehend vermieden. Außerdem ist bei diesen relativ kurzen Wellenlängen auch Rauschen, welches durch die Temperaturstrahlung des Hintergrundes (Schwarzer Strahler) in der Photodiode induziert wird, ohne Bedeutung. Die Empfindlichkeit der Photodiode bzw. des Empfängers wird dann vom Quanten-, Dunkelstrom- und Verstärkerrauschen bzw. thermischen Rauschen begrenzt. Oft überwiegen dabei die beiden letztgenannten Rauschquellen. Mit einem idealen Verstärker benötigt man in unserem Beispiel nach Abb. 3.6 a für $\overline{I}_{bg} = 0$ zum Erreichen des durch den Dunkelstrom von $\overline{I}_d = 150$ pA limitierten NEP/$\sqrt{B}$-Wertes $R_L \gtrsim 10^8$ Ω. Das limitiert die Bandbreite auf etwa 1 kHz.

Um niedrige NEP-Werte bei hohen Bandbreiten zu erreichen, ist eine interne Stromverstärkung im Photodetektor - wie z.B. in einer Avalanchephotodiode (Abschnitt 3.4) - von Vorteil, um den relativen Einfluß des thermischen bzw. Verstärkerrauschens zu beschränken. Daneben kann bei Verwendung von Photodioden oder Avalanchephotodioden durch elektronische Maßnahmen der Rauschbeitrag von Widerständen und Verstärker minimiert werden. In Abb. 3.7 sind drei übliche Verstärkerprinzipien für optische Empfänger dargestellt. Abb. 3.7 a zeigt nochmals den bereits besprochenen "low-impedance"-Verstärker, bei dem R nach (3.97) bei vorgegebener Kapazität (Photodiode, Verstärkereingang) nur so groß gewählt werden kann, daß die erforder liche Bandbreite B_{3dB} gewährleistet ist. Beim "high-impedance"-Verstärker (Abb. 3.7b) liegt die Größe von R über dem Wert nach (3.97) (niedriger Rauschbeitrag). Der Eingang (Tiefpaß) des Verstär kers integriert deshalb das Signal, welches nach ausreichender Verstärkung dann in einem Entzerrer (Hochpaß) wieder differenzier wird. Als Verstärker mit hohem Eingangswiderstand, ausreichender Verstärkung und niedrigem Verstärkerrauschen stehen Feldeffekttransistoren zur Verfügung. Der "transimpedance"-Verstärker (Abb. 3.7 c) enthält einen hochohmigen Rückkopplungswiderstand R, welcher entsprechend seinem Wert gemäß (3.88) einen thermischen Rauschbeitrag liefert. Da er aber, wenn V die Leer-

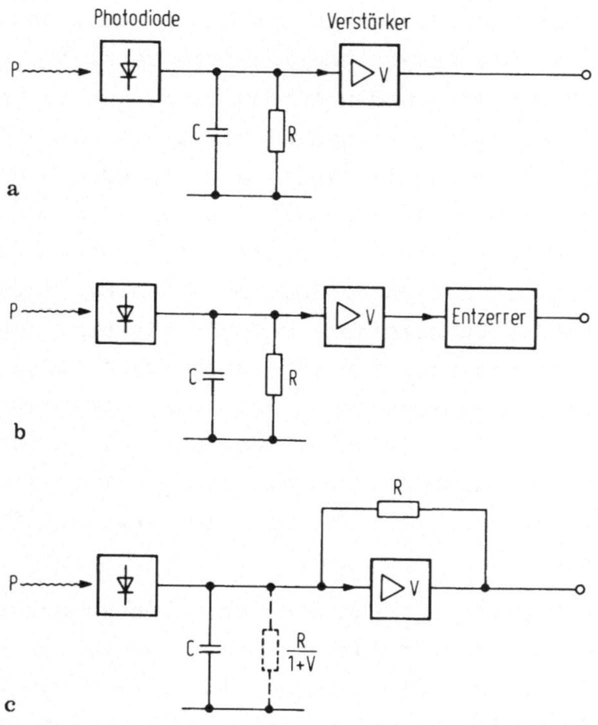

Abb. 3.7. Verstärkerprinzipien für optische Empfänger.
a) "low-impedance"-Verstärker $R < 1/(2\pi CB_{3dB})$; b) "high-impedance"-Verstärker $R \gg 1/(2\pi CB_{3dB})$; c) "transimpedance"-Verstärker $R/(1+V) < 1/(2\pi CB_{3dB})$

laufverstärkung ist, als $R/(1+V)$ am Eingang des Verstärkers wirksam wird, erhöht sich die Bandbreite dieser Schaltung auf

$$B_{3dB} = \frac{(V + 1)}{2\pi RC},$$

(3.98)

und eine nachfolgende Entzerrung des Signals ist im allgemeinen nicht notwendig.

Auf Einzelheiten der Empfängerschaltungen [3.13, 3.14] und deren Einsatz in optischen Nachrichtensystemen kann hier nicht eingegangen werden. Darüber hinaus erfordern Empfänger für digitale Systeme mit plusförmig modulierter Lichtleistung eine gesonderte Betrachtung der Rauschbeiträge [3.15, 3.16].

Photodioden zur Detektion von Strahlung oberhalb etwa 2 µm - typische Anwendungsgebiete liegen im Wellenlängenbereich 3 bis 5 µm und 8 bis 13 µm (Abschnitt 3.6) - weisen unter Sperr-

spannung auch bei Kühlung wegen ihres kleinen Bandabstandes
sehr hohe Dunkelströme auf, so daß sie bevorzugt als photovoltaische Detektoren (U = O) betrieben werden. In diesem
Falle ist formal in Abb. 3.5 c statt $\overline{I}_{N,eff}^{d}$ der Rauschstrom
$I_{N,eff}^{r_D}$ nach (3.87) zu berücksichtigen. Da außerdem im allgemeinen $r_D \ll R_L$ gilt, kann R_L und sein Rauschbeitrag vernachlässigt werden. Entsprechend (3.96) erhält man dann

$$NEP = \frac{h\nu\sqrt{B}}{q\eta_{ex}} \left(\frac{I_{N,eff}^{bg2}}{B} + \frac{4kT}{r_D} F_v \right)^{1/2} . \qquad (3.99)$$

Daraus folgt für die Detektivität (Kapitel 2)

$$D^* = \frac{(AB)^{1/2}}{NEP} = \frac{q\eta_{ex} A^{1/2}}{h\nu \left(\dfrac{I_{N,eff}^{bg2}}{B} + \dfrac{4kT}{r_D} F_v \right)^{1/2}} . \qquad (3.100)$$

Im Falle eines rauschfreien Verstärkers ($F_v = 1$) und $4kT/r_D \gg I_{N,eff}^{bg2}/B$ wird für eine ideale Diode mit (3.86)

$$D^* = \frac{q\eta_{ex} (Ar_D)^{1/2}}{2h\nu (kT)^{1/2}} = \frac{q\eta_{ex} A^{1/2}}{2h\nu q^{1/2} I_{s_{diff}}^{1/2}} . \qquad (3.101)$$

Der erste Quotient in (3.101) verdeutlicht, daß im photovoltaischen Betrieb für eine hohe Detektivität ein großes
Flächenwiderstandsprodukt Ar_D der Photodiode notwendig ist.
Berechnet man nach (3.96) D^* für eine ideale Photodiode unter Sperrspannung, deren NEP durch den Dunkelstrom $\overline{I}_d$ limitiert wird, erhält man ebenfalls den zweiten Quotienten von
(3.101) bis auf einen Faktor $\sqrt{2}$. In dieser Näherung ist also
die Detektivität einer Photodiode unter Sperrspannung $\sqrt{2}$-mal
höher als im photovoltaischen Betrieb. Der Zusammenhang der
Detektivität mit den Halbleiterparametern der Photodiode ergibt sich, wenn man den im Abschnitt 3.1.1 abgeleiteten Ausdrücke für $I_{s_{diff}}$ in (3.101) einsetzt.

Ist r_D ausreichend groß, $4kTF_v/r_D \ll I_{N,eff}^{bg2}/B$, dann wird D^*
durch die Hintergrundstrahlung limitiert (BLIP). Für einen
photovoltaischen Detektor der Temperatur T muß für $F_v = 1$
also $r_D > 4kT/(I_{N,eff}^{bg2}/B)$ sein.

Ein Ausdruck für $I_{N,eff}^{bg}{}^2/B$ ergibt sich nach [3.17]. Wird die Strahlung des Hintergrundes durch einen schwarzen Strahler der Temperatur T_{BB} verursacht, dann gilt für die pro Zeiteinheit auf die Fläche A der Photodiode auftreffende effektive Photonenstromdichte mit Frequenzen im Intervall $d\nu$ nach [3.17]:

$$\frac{N_{ph,eff}}{A\,t} = \frac{2\pi\nu^2}{c^2} \frac{\exp(h\nu/kT_{BB})}{[\exp(h\nu/kT_{BB})-1]^2}\,d\nu. \qquad (3.102)$$

Dies ruft in der Photodiode einen effektiven Rauschstrom in der Bandbreite B von

$$I_{N,eff}^{bg} = qAB \int\limits_{\nu_g}^{\infty} \eta(\nu)\,\frac{2\pi\nu^2}{c^2}\,\frac{\exp(h\nu/kT_{BB})}{[\exp(h\nu/kT_{BB})-1]^2}\,d\nu \qquad (3.103)$$

hervor, wenn alle Photonen mit Frequenzen bis herab zu der ν_g entsprechenden langwelligen Empfindlichkeitsgrenze gemäß (3.39) berücksichtigt werden. Einsetzen dieses Ausdruckes in (3.100) liefert die Detektivität einer Photodiode, die die monochromatische Strahlung der Frequenz ν nachweist und durch das Rauschen der Hintergrundstrahlung begrenzt wird. In Kapitel 2 wurden die entsprechenden Ausdrücke für die minimale Strahlungsleistung angegeben.

3.2 Schottky-Photodioden

Statt der Raumladungszone eines pn-Überganges kann auch die Raumladungszone eines Metallhalbleiterkontaktes (Schottky-Kontakt) zur Ladungstrennung in Photodetektoren ausgenutzt werden. Abb. 3.8 zeigt das Bandschema eines Metall-n-Halb-

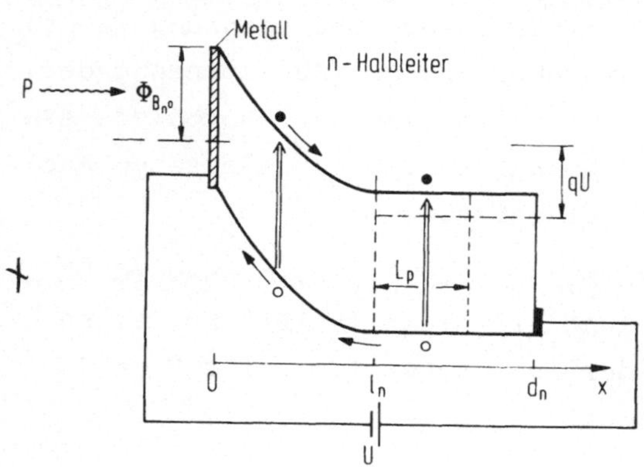

Abb. 3.8. Bandschema eines Metall-n-Halbleiter-Schottky-Kontaktes. Φ_{BO}: Barrierenhöhe; die anderen Bezeichnungen entsprechen denen in Abb. 3.1

leiters-Schottky-Kontaktes bei Anliegen einer äußeren Sperrspannung U. Für n-Halbleiter mit homogener Dotierung hat die
Schottky-Barriere die Eigenschaften eines idealen, einseitigen,
abrupten p^+n-Überganges. $\Phi_{B_n}^O$ ist die Barrierenhöhe, welche
idealerweise durch

$$\Phi_{B_n}^O = \Phi_M - \chi \tag{3.104}$$

gegeben ist. Φ_M bedeutet die Austrittsarbeit des Metalls und
χ die Elektronenaffinität des Halbleiters. Für Halbleiter mit
überwiegend kovalenter Bindung [3.2] findet man aber, daß die
Barrierenhöhe unabhängig vom Metall annähernd durch

$$\Phi_{B_n}^O = \frac{2}{3} E_g \tag{3.105}$$

gegeben ist. Der Stromtransport über die Schottky-Barriere
ist mit verschiedenen Modellen theoretisch beschrieben worden [3.2, 3.18]. Für den Dunkelstrom von Schottky-Photodioden bei der Sperrspannung U gilt

$$I = Aj_S(e^{-qU/kT} - 1). \tag{3.106}$$

Das einfachste Modell des Stromtransports, die thermische Emis-
sionstheorie nach Bethe, liefert für die Sättigungsstromdichte

$$j_S = A^*T^2 \exp\{-\frac{q\Phi_{B_n}^O}{kT}\}. \tag{3.107}$$

A^* ist die effektive Richardson-Konstante, die von den effektiven Massen des Halbleiters abhängt. Für freie Elektronen
gilt $A^* = 120$ A/(cmK)^2. Die Barrierenhöhe $\Phi_{B_n}^O$ ist eine
Funktion der Sperrspannung. Abhängig vom elektrischen Feld
an der Metall-Halbleitergrenzfläche wird die Schottky-Barriere durch die Influenzwirkung der freien Ladungsträger des
Halbleiters im Metallkontakt reduziert (Bildkraft) Es gilt
[3.2]:

$$-\Delta\Phi = (\frac{q}{4\pi\varepsilon\varepsilon_O})^{1/2} F_m^{1/2}. \tag{3.108}$$

Aus (3.2) folgt für die maximale Feldstärke $(N_A \gg N_D)$

$$F_m = (\frac{2qN_D}{\varepsilon\varepsilon_O}) (U_D + U)^{1/2}. \tag{3.109}$$

Dies liefert

$$-\Delta\Phi = \text{const} \ (U_D + U)^{1/2}. \tag{3.110}$$

Damit lautet für große Sperrspannungen der Dunkelstrom

$$I = -AA^*T^2\exp\{-\frac{q\Phi_{B_n}^{O}}{kT}\} \ \exp\{-\frac{q\Delta\Phi}{kT}\}, \tag{3.111}$$

wobei die Spannungsabhängigkeit von $\Delta\Phi$ durch (3.110) gegeben
ist. Dieser Anstieg des Dunkelstroms mit der Sperrspannung
überwiegt im allgemeinen. Weitere Dunkelstromanteile (Abschnitt
3.1.1) bilden der Generationsdunkelstrom der Raumladungszone,
der Diffusionsdunkelstrom aus dem feldfreien n-Gebiet des Halbleiters sowie ein etwaiger Tunneldunkelstrom und Oberflächenleckstrom.

Fällt auf den Metallkontakt der Schottky-Photodiode monochromatische Strahlung mit der Leistung P, werden bei Photonenenergien $E_g>h\nu>q\Phi_{B_n}o$ Elektronen aus dem Metall über die Barriere
angehoben und vom Feld der Raumladungszone abgesaugt. Dieser
Effekt wird wegen des niedrigen Quantenwirkungsgrades im allgemeinen nur für Meßzwecke (Bestimmung der Höhe der Schottky-
Barriere) ausgenutzt. Neuerdings gibt es aber auch IR-Flächensensoren mit Schottky-Dioden (Kapitel 5), die nach diesem
Prinzip arbeiten. Für Photonenenergien $h\nu>E_g$ liegt der eigent-
liche Betrieb als Photodiode vor, wie er im Abschnitt 3.1.3
im einzelnen für den Fall der Generation von Elektron-Loch-
Paaren in der Raumladungszone bzw. im feldfreien Gebiet des
Halbleiters am Rand der Raumladungszone behandelt wurde.

Schottky-Photodioden erlauben von ihrem Aufbau her hohe Quantenwirkungsgrade im kurzwelligen Spektralbereich um etwa
400 nm. Für diese Wellenlängen ist der Absorptionskoeffizient
der üblichen Halbleiter (Si, Ge, GaAs) sehr hoch (Abb. 3.3),
im Bereich $10^5 \ \text{cm}^{-1}$, so daß die Elektron-Loch-Paare in einem
Gebiet der Weite $1/\alpha\approx0,1$ µm generiert werden. Bei normalen
Photodioden müssen die Minoritätsladungsträger aus dieser Zone
zum pn-Übergang diffundieren. Ein großer Teil geht durch Oberflächenrekombination verloren. Bei Schottky-Photodioden reicht
die Raumladungszone bis an den Metallkontakt und die photoge-

nierten Ladungsträger (Elektronen) werden direkt vom Feld abgesaugt.

Besondere Aufmerksamkeit erfordert allerdings die Herstellung des Schottky-Kontaktes, den die auffallende Strahlung möglichst ohne Reflexionsverluste durchdringen soll. Die Dicke des Metallkontaktes darf deshalb nur wenige 10 nm betragen, und eine angepaßte Antireflexionsschicht auf dem Metallkontakt ist erforderlich.

Die physikalischen Vorgänge, welche Zeitverhalten und Rauscheigenschaften von Schottky-Photodioden bestimmen, entsprechen denen bei pn-Photodioden.

3.3 Phototransistoren

Der Phototransistor ist ein Sperrschichtphotodetektor, der den primär erzeugten Photostrom intern nach dem Transistorprinzip verstärkt. Abb. 3.9 zeigt schematisch einen pnp-Transistor und das Bandschema bei einer äußeren Spannung U_{ECO} zwischen Emitter

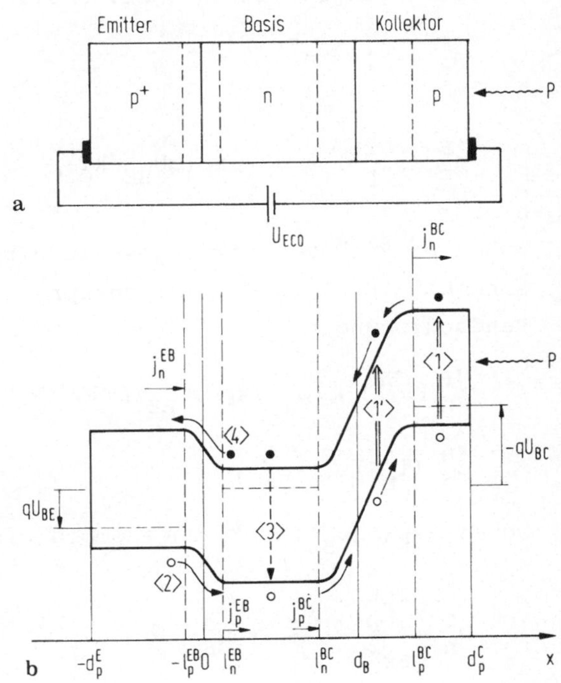

Abb. 3.9. a) Schematischer Aufbau eines pnp-Phototransistors; Einstrahlung erfolgt durch den Kollektor; b) Bandschema bei äußerer Spannung U_{ECO}

und Kollektor. Hierbei wird die Emitter-Basis-Diode um U_{BE} in Flußrichtung und die Kollektordiode um $-U_{BC}$ in Sperrrichtung vorgespannt.

3.3.1 Photostromverstärkung

Für unsere prinzipielle Modellbetrachtung soll die Einstrahlung kollektorseitig erfolgen und dort Photogeneration nur im feldfreien p-Gebiet stattfinden. Der primäre Photostrom ist dann ein reiner Elektronendiffusionsstrom. Thermische Generation in den Raumladungszonen und Oberflächenrekombination an den Emitter- und Kollektorendflächen werden vernachlässigt. Eine allgemeinere Betrachtung findet man in [3.19]. Die Minoritätsladungsträgerdichte im Emitter berechnet sich dann aus der Diffusionsgleichung

$$D_n^E \frac{\partial^2 n_p^E}{\partial x^2} - \frac{n_p^{'E}}{\tau_p^E} = 0. \tag{3.112}$$

Der Index E soll dabei das Emittergebiet kennzeichnen. Die Randbedingungen lauten (Abb. 3.9):

$$n_p^E (-\infty) = n_{p_O}^E, \tag{3.113}$$

$$n_p^{'E} (-1_p^{EB}) \approx n_{p_O} \exp(qU_{BE}/kT), \tag{3.114}$$

wobei $e^{qU_{BE}/kT} \gg 1$ vorausgesetzt wird. Für das Basisgebiet gilt sinngemäß eine zu (3.112) entsprechende Gleichung mit den Randbedingungen

$$p_n^{'B} (1_n^{EB}) \approx p_{n_O}^B \exp(qU_{BE}/kT), \tag{3.115}$$

$$p_n^{'B} (1_n^{BC}) \approx -p_{n_O}^B, \tag{3.116}$$

wobei $\exp(-qU_{BC}/kT) \approx O$ angenommen wird. Für den Kollektor gilt

$$D_n^C \frac{\partial^2 n_p^C}{\partial x^2} - \frac{n_p^{'C}}{\tau_p^C} + G_n^O = O \tag{3.117}$$

mit den Randbedingungen

$$n_p'^C(\infty) = G_n^O \tau_n^C \,,\qquad\qquad (3.118)$$

$$n_p'^C(l_p^{BC}) \approx -n_{p_o}^C \,.\qquad\qquad (3.119)$$

G_n^O beschreibt die Photogenerationsrate von Elektronen pro Volumeneinheit, die hier der Einfachheit halber als konstant betrachtet wird. $G_n^O \tau_n^C = n_{ph}^O$ ist die durch Photogeneration entstehende Elektronendichte im Kollektor. Die Lösung der Gleichungen (3.112) und (3.117) folgt der einfachen Transistortheorie [3.2]. Die in Abb. 3.9 eingezeichneten Diffusionsstromdichten erhält man aus den Minoritätsladungsträgerkonzentrationen durch Differentiation. Der Emitterstrom beträgt

$$I_E = A j_n^{EB} + A j_p^{EB}$$

$$= I_{n_o}^E e^{qU_{BE}/kT} + I_{p_o}^B \coth\left(\frac{w_B}{L_p^B}\right)\left(\frac{1}{\coth(w_B/L_p^B)} + e^{qU_{BE}/kT}\right)$$

$$(3.120)$$

und der Kollektorstrom

$$I_C = A j_p^{BC} + A j_n^{BC}$$

$$= I_{p_o}^B \frac{1}{\sinh(w_B/L_p^B)}\left(e^{qU_{BE}/kT} + \cosh(\frac{w_B}{L_p^B})\right) + (I_{n_o}^C + I^{ph})\,.$$

$$(3.121)$$

Dabei bedeutet $I_{n_o}^E = AqD_n^E n_{p_o}^E / L_n^E$. Sinngemäße Ausdrücke gelten für $I_{p_o}^B$ und $I_{n_o}^C$.
Außerdem ist $I^{ph} = AqD_n^C n_{ph}^O$ der primäre Photostrom und $w_B = l_n^{BC} - l_n^{EB}$ die effektive Basisweite.

Bevor wir die Verstärkung des primären Photostromes berechnen, sollen noch vier Kenngrößen des konventionellen Transistors ($I^{ph} = 0$) eingeführt werden. Der Emitter-Injektionswirkungsgrad $\eta_E = \Delta I_p^{EB}/\Delta I_E$ beschreibt die Änderung des Löcherdiffusionsstromes im Verhältnis zur Änderung des Gesamtdiffusionsstromes der Emitter-Basis-Diode (bei einer Variation von U_{BE}). Aus (3.120) und (3.121) folgt

$$\eta_E = \left(1 + \frac{I_{n_o}^E}{I_{p_o}^B} \tanh\left(\frac{w_B}{L_p^B}\right)\right)^{-1} = \left(1 + \frac{D_n^E}{D_p^B}\frac{L_p^B}{L_n^E}\frac{n_{p_o}^E}{p_{n_o}^B} \tanh\left(\frac{w_B}{L_p^B}\right)\right)^{-1}.$$

$$(3.122)$$

Der Transportfaktor der Basis $\eta_B = \Delta I_p^{BC}/\Delta I_p^{EB}$ ist der Quotient aus der Änderung der Löcherdiffusionsströme von Basis-Kollektor- und Emitter-Basis-Diode (bei Variation von U_{BE}). Hier liefert (3.120) und (3.121)

$$\eta_B = \frac{1}{\cosh(w_B/L_p^B)}.$$

$$(3.123)$$

Mit der Stromverstärkung in Basisschaltung α_o und der Stromverstärkung in Emitterschaltung β_o ergibt sich der Zusammenhang

$$\alpha_o = \eta_E\eta_B, \quad \beta_o = \frac{\alpha_o}{1-\alpha_o}.$$

$$(3.124)$$

Bei der hier betrachteten Betriebsweise des Phototransistors gilt $I_E = I_C$. Gleichsetzen von (3.120) und (3.121) verdeutlicht, daß der primäre Photostrom I^{ph} eine Änderung der Flußspannung U_{BE} der Emitter-Basis-Diode bewirkt. Setzt man $I_C^{ph} = I_C - I_C^d$ und $I_E^{ph} = I_E - I_E^d$, wobei der Index d die Dunkelströme bezeichnet, erhält man aus (3.210) und (3.121) mit der Abkürzung $\Delta = \exp(qU_{BE}/kT) - \exp(qU_{BE}^d/kT)$:

$$I_E^{ph} = \left(I_{n_o}^E + I_{p_o}^B \coth\left(\frac{w_B}{L_p^B}\right)\right)\Delta,$$

$$(3.125)$$

$$I_C^{ph} = \frac{I_{p_o}^B}{\sinh(w_B/L_p^B)}\Delta + I^{ph}.$$

$$(3.126)$$

Gleichsetzen von (3.125) und (3.126) liefert Δ und Einsetzen von Δ in (3.126) ergibt für die Photostromverstärkung $M^{ph} = I_C^{ph}/I^{ph}$ mit (3.124) schließlich

$$M^{ph} = I_C^{ph}/I^{ph} = \beta_o + 1.$$

$$(3.127)$$

Im Phototransistor wird also der primäre Photostrom I^{ph} um
den Faktor β_o+1 verstärkt.

Drückt man den primären Photostrom formal durch $I^{ph} = q\eta_{ex}^{BC}P/h\nu$
aus, wenn P die auf den Phototransistor fallende Strahlungsleistung und η_{ex}^{BC} den externen Quantenwirkungsgrad der Basis-
Kollektor-Diode kennzeichnet, liefert (3.127) für den verstärkten Photostrom

$$I_C^{ph} = \frac{q}{h\nu}\eta_{ex}^{BC}(\beta_o+1)P. \qquad (3.128)$$

Führt man eine entsprechende Rechnung für die Dunkelströme
des Transistors durch, erhält man

$$I_C^d = (\beta_o+1)(I_{n_o}^C + I_{p_o}^B). \qquad (3.129)$$

Der Dunkelstrom des Phototransistors entspricht dem um β_o+1
verstärkten Dunkelstrom der Basis-Kollektor-Diode. Bei Bestrahlung lautet damit der gesamte Kollektorstrom

$$I_C = (\beta_o+1)(I^{ph}+I_{n_o}^C + I_{p_o}^B). \qquad (3.130)$$

Um im Phototransistor hohe Photostromverstärkungen zu erreichen, muß also die Stromverstärkung in der Emitterschaltung
β_o groß sein. Für $w_B \ll L_p^B$ ist nach (3.123) $\eta_B \approx 1$ und nach (3.124)
wird $\beta_o+1 \approx 1/(1-\eta_E)$. Entwickelt man den Ausdruck von η_E in
(3.122), ergibt sich damit

$$M^{ph} = \beta_o + 1 \approx \frac{D_p^B}{D_n^E}\frac{L_n^E}{w_B}\frac{p_{n_o}^B}{n_{p_o}^E} +1 = \frac{D_p^B}{D_n^E}\frac{L_n^E}{w_B}\frac{N_A^E}{N_D^B} +1. \qquad (3.131)$$

Für eine hohe Stromverstärkung ist also neben einer kleinen
Basisweite vor allem im Emitter eine hohe und in der Basis
eine niedrige Dotierung erforderlich.

Durch das hier betrachtete einfache Transistormodell mit der
Beschränkung auf Diffusionsströme sind die Stromverstärkungen
α_o und β_o unabhängig von den Betriebsbedingungen. In realen
Transistoren zeigt sich eine merkliche Abhängigkeit der Stromverstärkung β_o von der Höhe des Emitterstromes bzw. beim Phototransistor entsprechend eine Abhängigkeit von der Höhe der

Strahlungsleistung. Dies liegt daran, daß bei kleinen Emitter-Basis-Spannungen zunächst der Generations-Rekombinationsstrom der in Flußrichtung gepolten Emitter-Basis-Diode den Löcher-diffusionsstrom überwiegt. Dadurch steigt β_o mit wachsender Spannung U_{BE}, bis der Diffusionsstromanteil dominiert.

Anschaulich kann das Ergebnis in folgender Weise interpretiert werden (Abb. 3.9). Die im feldfreien Teil des Kollektors photogenerierten Elektronen 1 -Photogeneration im Raumladungsgebiet der Basis-Kollektor-Diode kann auch eingeschlossen werden 1' - gelangen in die n-dotierte Basis, wo sie eine negative Überschußladung bilden. Dadurch wird die Flußspannung der Emitter-Basis-Diode erhöht und es werden vermehrt Löcher vom Emitter in die Basis injiziert 2 . Die Löcher besitzen in der Basis eine Diffusionslänge $L_p^B > w_B$, was Voraussetzung für den Transistoreffekt ist. Sie diffundieren deshalb größtenteils durch die Basis und werden vom Feld der Basis-Kollektor-Diode abgesaugt. Dadurch wird der primäre Photostrom durch einen zusätzlichen Löcherstrom verstärkt. Die Verstärkung ist geringer, wenn die Löcher in der Basis rekombinieren 3 oder wenn die Überschußelektronen das Basisgebiet über die Basis-Emitter-Barriere verlassen 4 (Injektion von der Basis in den Emitter). Der letztere Prozeß überwiegt in normalen Phototransistoren. Er kann aber bei Phototransistoren mit Heterostruktur (Abschnitt 3.5) unterdrückt werden.

Nach Gleichung (3.130) hat die Basis-Kollektor-Diode des Phototransistors die Wirkung einer Photodiode, die zwischen Basis und Kollektor eines konventionellen Transistors geschaltet ist (Abb. 3.10). Bei offener Basis (I_B=0) fließt im inneren Basisstromkreis der primäre Photostrom und der Dunkelstrom der Photodiode $\overset{\gamma}{I}_B = I^{ph} + (I_{n_o}^C + I_{p_o}^B)$. Der gesamte, aus der Anschlußklemme des Kollektors herausfließende Strom ist die Summe aus innerem Kollektorstrom $\overset{\gamma}{I}_C$ und $\overset{\gamma}{I}_B$. Mit β_o folgt damit wieder Gleichung (3.130).

3.3.2 Zeitverhalten

Das Zeitverhalten von Phototransistoren wird, abgesehen von der äußeren Beschaltung von intrinsischen Zeitkonstanten be-

$$\tilde{I}_B = I^{ph} + I^C_{no} + I^B_{po}$$

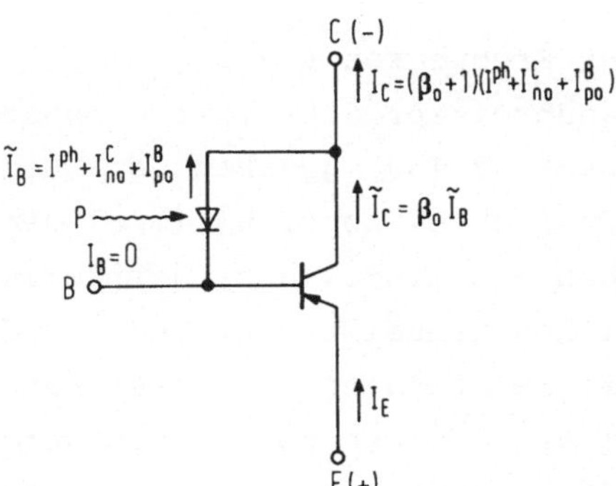

Abb. 3.10. Funktionsmodell
eines pnp-Phototransistors

stimmt, welche aus Widerstandskapazitätsprodukten bestehen
oder durch Laufzeiteffekte der Ladungsträger zustande kommen. Diese Effekte schlagen sich in der Frequenzabhängigkeit
der Kleinsignalstromverstärkung nieder [3.20, 3.21]:

$$\beta = \frac{\beta_O}{1 + jf/f_{3dB}} \; . \tag{3.132}$$

Für die 3dB-Grenzfrequenz gilt wie bei einem gewöhnlichen
Transistor [3.20]:

$$\beta_O f_{3dB} = (2\pi)^{-1} \{ \tau_B + \frac{kT}{qI_E} (C_E + C_C) \}^{-1} \; . \tag{3.133}$$

Dabei sind $r_E = kT/qI_E$ der Widerstand und C_E die Kapazität der
Emitter-Basis-Diode. C_C stellt die Kapazität der Kollektor-
Basis-Diode dar. Bahnwiderstände des Phototransistors, vor
allem der bei planaren Phototransistoren aus Silizium (Abschnitt 3.6.1) dominierende Bahnwiderstand des Kollektors,
sind hier vernachlässigt worden. τ_B definiert eine Zeitkonstante für die Diffusion der Minoritätsladungsträger durch
die Basis. Analog zu (3.64) erhält man τ_B aus der Frequenzabhängigkeit des Transportfaktors der Basis (3.123), wenn
man dort die komplexe Diffusionslänge $(L_p^{B*})^2 = (L_p^B)^2/(1 + j\omega\tau_B)$
einführt:

$$\tau_B = \frac{w_B^2}{2D_p^B} \; . \tag{3.134}$$

Eine weitere Zeitkonstante τ_C, welche die Driftzeit der Ladungsträger durch die Raumladungszone der Kollektor-Basis-
Diode beschreibt, wurde in (3.133) ebenfalls vernachlässigt.

Für Frequenzen $f > f_{3dB}$ folgt aus (3.132) ein Verstärkungs-
bandbreiteprodukt $|\beta| f = \text{const.} = \beta_o f_{3dB}$, dessen Konstante
durch (3.133) gegeben ist. Bei Phototransistoren benötigt man
zur Lichteinkopplung im allgemeinen wesentlich größere Flächen - zumindest bei der Kollektor-Basis-Diode - als in gewöhnlichen Transistoren. Dadurch dominieren im Ausdruck (3.133)
die Kapazitäten. Da diese Kapazitäten noch zusätzlich mit der
im allgemeinen hohen Stromverstärkung multipliziert in die
3dB-Grenzfrequenz eingehen, ergeben sich für Phototransistoren
meist relativ niedrige Werte. Wesentlich höhere 3dB-Grenzfre-
quenzen lassen sich deshalb mit der Kombination von diskreter
Photodiode und diskreten (kleinflächigen) Transistoren erreichen.

3.3.3 Signal-Geräusch-Verhältnis

Zur Berechnung des Signal-Geräusch-Verhältnisses eines Phototransistors gehen wir von einem vereinfachten π-Ersatzschalt-
bild [3.11, 3.22] eines Transistors in Emitterschaltung
(Abb. 3.11) aus. Der Rauschgenerator $I_{N,eff}^B$ zwischen Basis
und Emitter entsteht durch Fluktuationen des in die Basis
fließenden Stromes $I^{ph}+I_{n_o}^C+I_{p_o}^B$, der beim Phototransistor mit
offener Basis durch einen gleich großen Strom über die Emitter-Basis-Diode kompensiert wird.

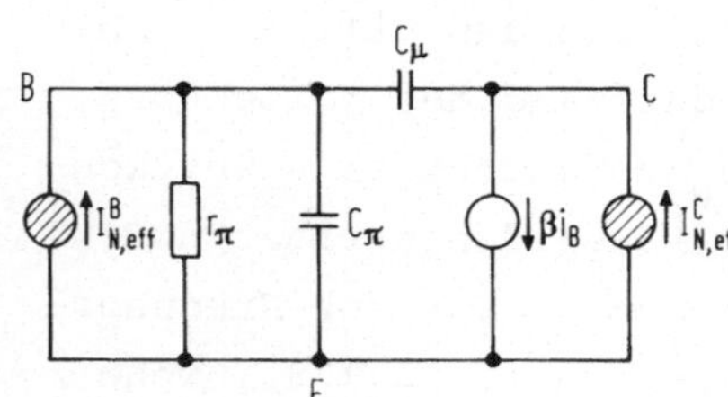

Abb. 3.11. Vereinfachtes π-Er-
satzschaltbild eines Transistors
in Emitterschaltung; nach [3.11,
3.22]

Das Schrotrauschen beider Ströme addiert sich zu

$$I_{N,eff}^{B^2} = 2q\{2(I^{ph} + I_{n_o}^C + I_{p_o}^B)\}B. \tag{3.135}$$

Der Rauschgenerator $I_{N,eff}^C$ zwischen Kollektor und Emitter ist
mit (3.130) durch

$$I_{N,eff}^{C^2} = 2qI_cB = 2q(\beta_o+1)(I^{ph}+I_{n_o}^C+I_{p_o}^B)B \tag{3.136}$$

gegeben. Für den ausgangsseitigen Kurzschluß-Rauschstrom gilt
nach Abb. 3.10 näherungsweise

$$I_{N,eff}^2 = |\beta|^2 I_{N,eff}^{B\,2} + I_{N,eff}^{C\,2}, \tag{3.137}$$

wenn die Korrelation zwischen $I_{N,eff}^{B\,2}$ und $I_{N,eff}^{C\,2}$ vernachlässigt wird. Einsetzen von (3.135) und (3.136) liefert dann
$(\beta_o \gg 1)$

$$I_{N,eff}^2 \approx 2\,q\,(I^{ph} + I_{n_o}^C + I_{p_o}^B)\,\beta_o \left(1 + \frac{2|\beta|^2}{\beta_o}\right) B. \tag{3.138}$$

Beim Phototransistor wird also Signal- und Dunkelstromrauschen
mit $\beta_o\{1+2|\beta|^2/\beta_o\}$ verstärkt. Im Gegensatz zur APD (Abschnitt
3.4) tritt kein von der Verstärkung abhängiger Zusatzrauschfaktor auf. Denkt man sich zu Abb. 3.11 zusätzlich zwischen Kollektor und Emitter einen Lastwiderstand R_L angebracht, folgt
analog zu den Überlegungen bei der Photodiode ein Signal-Geräusch-Verhältnis

$$\frac{S}{N} = \frac{\frac{1}{2}\left(\frac{q}{h\nu}\,\eta_{ex}^{BC}\,P_s^o\right)^2 \beta_o^2}{2q\left(\frac{q}{h\nu}\,\eta_{ex}^{BC}\,P_s^o + I_{n_o}^C + I_{p_o}^B\right)\beta_o\left(1 + \frac{2|\beta|^2}{\beta_o}\right)B + \frac{4kT}{R_L}\,B}. \tag{3.139}$$

überwiegt der thermische Rauschbeitrag des Widerstandes R_L,
kann durch Vergrößerung von β das Signal-Geräusch-Verhältnis
optimiert werden.

Eine genauere Analyse von Phototransistoren als Detektoren
mit innerer Verstärkung und ihre Einsatzmöglichkeit in Empfängern der optischen Nachrichtentechnik findet man in [3.23 bis
3.26].

3.4 Avalanchephotodioden

Avalanchephotodioden sind Photodetektoren mit pn-Übergang
oder Schottky-Kontakt, die bei hohen Sperrspannungen - nämlich im Bereich ihrer Durchbruchspannung - betrieben werden,
so daß die photogenerierten Ladungsträger durch Stoßionisation in der Hochfeldzone des Raumladungsgebietes eine Ladungs-

trägerlawine auslösen können. Das hat eine interne Verstärkung
des primären Photostromes zur Folge.

3.4.1 Stoßionisation und Ionsisationskoeffizienten

Das Prinzip der Stoßionisation zeigt Abb. 3.12 a. In einem
Halbleiterbereich, hier mit konstantem, elektrischem Feld F,
welches in die negative x-Richtung weist, wird ein Elektron-
Loch-Paar z.B. durch Strahlungsabsorption generiert. Das Elektron bewegt sich nach rechts und erhält nach einer Strecke
$1/\alpha_n$ ausreichende Energie, um bei Kollision mit einem gebundenen Elektron ein sekundäres Elektron-Loch-Paar zu generieren.
Entsprechend entsteht ein zweites, sekundäres Elektron-Loch-
Paar durch das nach links driftende Loch nach der Strecke $1/\alpha_p$.
Solange die primär oder sekundär usw. erzeugten Ladungsträger
die Hochfeldzone nicht verlassen, können sie durch Stoßionisation weitere Elektron-Loch-Paare erzeugen, wodurch dann die
freie Ladungsträgerdichte in diesem Gebiet lawinenartig ansteig

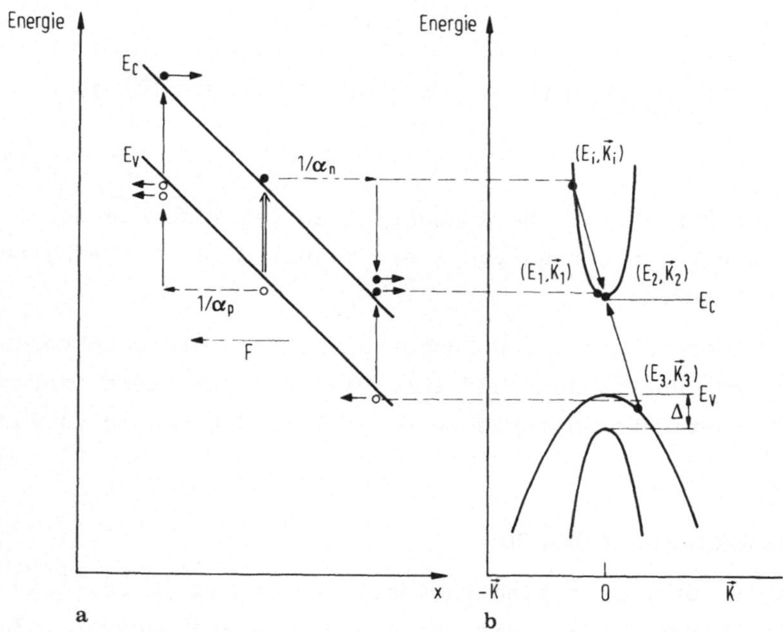

Abb. 3.12. a) Stoßionisation durch photogenerierte Ladungsträger in einer Raumladungszone mit konstantem elektrischen
Feld F. b) Stoßionisation im Bandschema eines hypothetischen
Halbleiters mit parabelförmigem Bandverlauf. Δ: Aufspaltung
des Valenzbandes

Die Stoßionisation ist der inverse Prozeß zur Auger-Rekombination [3.27]. Abb. 3.12 b zeigt die durch ein Elektron ausgelöste Stoßionisation im Bandschema des Halbleiters. Das Elektron hoher Energie E_i mit Impuls $\vec{k}_i$ macht bei der Stoßionisation einen Übergang in den Zustand mit der Energie E_1 und Impuls $\vec{k}_1$, indem ein Elektron aus dem Valenzband aus dem Zustand E_3, $\vec{k}_3$ in das Leitungsband in den Zustand E_2, $\vec{k}_2$ angehoben wird. Dieser Prozeß ist erlaubt, wenn die Gruppengeschwindigkeiten der Teilchen gleich sind sowie Energie und Impuls erhalten bleiben. Die niedrigste Energie E_i, bei der der Prozeß möglich wird, ist die Schwellenenergie. Sie hängt naturgemäß vom Bandabstand und dem Bandschema des Halbleiters ab. Die Schwellenenergie für stoßende Elektronen und Löcher ist dadurch im allgemeinen verschieden. Für parabolischen Verlauf von Leitungs- und Valenzband (effektive Massennäherung), wie in Abb. 3.12 b, hat der leichtere Ladungsträger mit der höheren Beweglichkeit die kleinere Schwellenenergie. Bei gleichen effektiven Massen für Elektronen und Löcher ergibt sich eine Schwellenenergie von $(3/2)E_g$. Für eine genauere Berechnung der Schwellenenergie von Elektronen und Löchern muß allerdings das reale Bandschema benutzt werden. Auch andere Stoßionisationsprozesse als das in Abb. 3.12 b gezeichnete Beispiel sind möglich [3.27]. Einen wesentlichen Einfluß hat auch die Größe der Aufspaltung des Valenzbandes Δ in schweres und leichtes Band (Abb. 3.12 b), was besonders an dem Mischhalbleitersystem GaAsSb deutlich wird [3.28]. Die Größe der Schwellenenergie spiegelt sich in der Größe der Ionisationskoeffizienten (Ionisationsraten) der Elektronen α_n und der Löcher α_p wieder. Sie bezeichnen die Anzahl der Stoßionisationen von Elektronen bzw. Löchern pro Längeneinheit. α_n und α_p sind als Mittelwerte zu verstehen, da die Stoßprozesse nur mit einer endlichen Wahrscheinlichkeit erfolgen. Die Ionisationskoeffizienten sind stark von der elektrischen Feldstärke abhängig. Die Feldstärkeabhängigkeit wird theoretisch in unterschiedlichen Modellen ([3.29] bis [3.31]) beschrieben. Empirisch lassen sich die Ionisationskoeffizienten in einem beschränkten Feldbereich durch

$$\alpha_n = \alpha_{n\infty}\exp(-F_n/F)^z, \qquad (3.140)$$

$$\alpha_p = \alpha_{p\infty} \exp(-F_p/F)^z \tag{3.141}$$

darstellen, wobei $\alpha_{n\infty}$, $\alpha_{p\infty}$, F_n, F_p und z durch Anpassung an experimentelle Daten bestimmt werden. Tabelle 3.1 enthält diese Werte für eine Reihe von Halbleitern. In [3.32] wird auf die Meßmethoden für α_n und α_p eingegangen.

3.4.2 Stromverstärkung und Verstärkungsfaktoren

Stromdichte bei Stoßionisation

Zur Berechnung der Ströme in einer Avalanchephotodiode gehen wir von einer $p^+\pi n^+$-Diodenstruktur (Abb. 3.13) aus. Bei genügend hohen Sperrspannungen und niedriger Dotierung des π-Gebietes ist das elektrische Feld über dem gesamten π-Bereich so hoch, daß Stoßionisationen durch die freien Ladungsträger erfolgen können. In der Raumladungszone entstehen primäre Elektron-Loch-Paare einmal durch Photogeneration und zum anderen durch thermische Generation. Die Generationsraten für diese beiden Prozesse werden in G(x) zusammengefaßt. Die Ge-

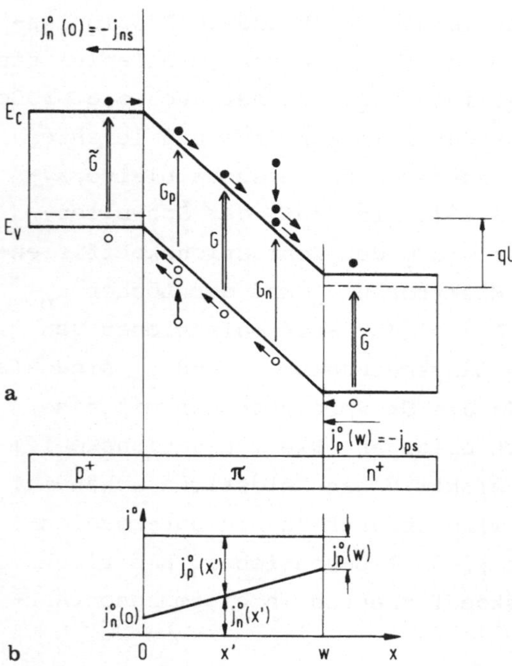

Abb. 3.13. a) Bandschema einer $p^+\pi n^+$-Diode mit thermischer Generation und Photogeneration in den neutralen p^+- und n^+-Gebieten ($\tilde{G}$) und in der Raumladungszone (G) sowie Ladungsträgergeneration durch Stoßionisation ($G_{p,n}$); b) Verlauf von $j_p^o(x)$ und $j_n^o(x)$ innerhalb der Raumladungszone, $j^o = j_p^o(x) + j_n^o(x) = $ const

Tabelle 3.1. Parameter zu den Gl. (3.140) und (3.141) für die Ionisationskoeffizienten nach [3.13]

Halbleiter	$\alpha_{n\infty}$	$\alpha_{n\infty}$	F_n	F_p	z
	cm^{-1}	cm^{-1}	V/cm	V/cm	
Si	$3,8 \cdot 10^6$	$2,25 \cdot 10^7$	$1,75 \cdot 10^6$	$1,75 \cdot 10^6$	1
Ge	$1,55 \cdot 10^7$	10^6	$1,56 \cdot 10^6$	$1,28 \cdot 10^6$	1
GaAs	$1,2 \cdot 10^7$	$3,6 \cdot 10^8$	$2,3 \cdot 10^6$	$2,9 \cdot 10^6$	1
GaSb	$3,2 \cdot 10^6$	$3 \cdot 10^8$	$3,6 \cdot 10^5$	$5,5 \cdot 10^5$	1
GaAlSb	$1,04 \cdot 10^5$	$1,9 \cdot 10^5$	$4,1 \cdot 10^5$	$4,1 \cdot 10^5$	2
GaInAs	10^9	$1,3 \cdot 10^8$	$3,6 \cdot 10^6$	$2,7 \cdot 10^6$	1
GaAsSb	$1,5 \cdot 10^5$	$1,1 \cdot 10^5$	$6,4 \cdot 10^5$	$7,2 \cdot 10^5$	1

nerationsrate der Elektron-Loch-Paare bei Stoßionisation ist auf Grund der Definition von α_n und α_p durch

$$G_{n,p} = \alpha_n n v_n + \alpha_p p v_p \qquad (3.142)$$

gegeben. Für die zeitliche Änderung der Elektronen- und Löcherdichte im π-Gebiet der Diode erhält man dann aus den Kontinuitätsgleichungen bei Vernachlässigung der Rekombination die Ausdrücke

$$\frac{\partial n}{\partial t} = G(x) + \alpha_n n v_n + \alpha_p p v_p + \frac{1}{q} \frac{\partial j_n}{\partial x}, \qquad (3.143)$$

$$\frac{\partial p}{\partial t} = G(x) + \alpha_n n v_n + \alpha_p p v_p - \frac{1}{q} \frac{\partial j_p}{\partial x}. \qquad (3.144)$$

In der Raumladungszone werden wiederum die Diffusionsströme gegenüber den Driftströmen

$$j_n = -q v_n n, \qquad (3.145)$$

$$j_p = -qv_p p \tag{3.146}$$

vernachlässigt. Das Minuszeichen in (3.145) und (3.146) bringt
zum Ausdruck, daß in dem gewählten Koordinatensystem der
Abb. 3.13 die elektrischen Ströme in negativer x-Richtung
fließen. Drückt man die Teilchendichten durch die Stromdichten aus, folgt

$$-\frac{1}{v_n} \frac{\partial j_n}{\partial t} = qG(x) - \alpha_n j_n - \alpha_p j_p + \frac{\partial j_n}{\partial x}, \tag{3.147}$$

$$-\frac{1}{v_p} \frac{\partial j_p}{\partial t} = qG(x) - \alpha_n j_n - \alpha_p j_p - \frac{\partial j_p}{\partial x}. \tag{3.148}$$

Demnach ist im stationären Fall ($\partial/\partial t = 0$) - darauf soll im
Folgenden wieder der obere Index (O) hinweisen - die Gesamtstromdichte unabhängig vom Ort:

$$j^O = j_n^O(x) + j_p^O(x) = \text{const.}, \tag{3.149}$$

und man erhält aus (3.147) und (3.148)

$$\frac{\partial j_n^O}{\partial x} - (\alpha_n - \alpha_p) j_n^O = -qG^O + \alpha_p j^O, \tag{3.150}$$

$$\frac{\partial j_p^O}{\partial x} - (\alpha_n - \alpha_p) j_p^O = qG^O - \alpha_n j^O. \tag{3.151}$$

Wir machen die nicht ganz zutreffende Annahme, daß neben
den Driftgeschwindigkeiten auch die Ionisationskoeffizienten unabhängig von den Stromdichten sind. Ein solcher Zusammenhang liegt implizit immer vor. Denn die Größe der Ionisationskoeffizienten hängt empfindlich von der elektrischen
Feldstärke ab. Diese wird über die Poisson-Gleichung (3.1)
auch von den freien Ladungsträgerdichten beeinflußt, welche
proportional zu den Driftstromdichten (3.145) und (3.146)

sind. In [3.1o, 3.33, 3.34] wird diese Frage ausführlicher
diskutiert.

Unter diesen Voraussetzungen haben die Gleichungen die Form

$$\frac{dy}{dx} + P(x)\,y = Q(x), \tag{3.152}$$

deren allgemeine Lösung durch

$$y(x) = \frac{\int\limits_{0}^{x} Q(x')\exp\{\int\limits_{0}^{x'} P(x'')dx''\}dx' + C}{\exp\{\int\limits_{0}^{x} P(x')\alpha x'\}} \tag{3.153}$$

gegeben ist.

Die Stromdichte für Elektronen $j_n^{O}(x)$ und Löcher $j_p^{O}(x)$ ändern
sich örtlich. $j_n^{O}(x)$ nimmt in positiver x-Richtung und $j_p^{O}(x)$
in negativer x-Richtung zu. Dies geschieht aber so, daß an
jedem Punkt x die Gesamtdichte j^{O} nach (3.149) konstant
bleibt (Abb. 3.13 b). Werden durch Photogeneration und thermische Generation nur in der Raumladungszone Ladungsträger
erzeugt und durch den Avalancheprozeß verstärkt, dann besteht
der Strom am Rand der Raumladungszone im neutralen n^{+}-Gebiet
nur aus Elektronen ($j_p^{O}(w) = O$) und im neutralen p^{+}-Gebiet nur
aus Löchern ($j_n^{O}(O) = O$). Erfolgt auch etwa eine Diffusionslänge von den Rändern der Raumladungszone entfernt in dem
neutralen p^{+}- und n^{+}-Gebiet Photogeneration von Ladungsträ-
gerh ($\tilde{G}$ in Abb. 3.13 a), dann werden die jeweiligen Minoritätsladungsträger - also Elektronen aus dem p^{+}-Gebiet und
Löcher aus dem n^{+}-Gebiet - in die Hochfeldzone injiziert und
dort verstärkt. Das gleiche gilt für die Ladungsträger der
Diffusionsdunkelströme aus diesen Gebieten. Die Stromdichte
der injizierten Ladungsträger dieser beiden Prozesse beträgt
an den entsprechenden Rändern der Raumladungszone (Abb. 3.13a)

$$j_n^{O}(O) = -j_{ns}^{O} \tag{3.154}$$

und

$$j_p^{O}(w) = -j_{ps}^{O}. \tag{3.155}$$

j^O_{ns} und j^O_{ps} sind Absolutwerte.

Mit dieser Randbedingung ergibt sich aus (3.150) für die Stromdichte der Elektronen

$$j^O_n(x) = \frac{\int\limits_o^x (-qG^O + \alpha_p j^O)\ \exp\{-\int\limits_o^{x'} (\alpha_n - \alpha_p)\,dx''\} - j^O_{ns}}{\exp\{-\int\limits_o^x (\alpha_n - \alpha_p)\ dx'\}}. \qquad (3.156)$$

Daraus folgt mit $j^O_n(w) = j^O + j^O_{ps}$ nach (3.149) für die Gesamtstromdichte der Ausdruck

$$-j^O = \frac{j^O_{ps} + j^O_{ns}\exp\{\int\limits_o^w (\alpha_n - \alpha_p)\,dx'\} + \int\limits_o^w qG^O\exp\{\int\limits_{x'}^w (\alpha_n - \alpha_p)\,dx''\}dx'}{1 - \int\limits_o^w \alpha_p\ \exp\{\int\limits_{x'}^w (\alpha_n - \alpha_p)\,dx''\}dx'}. \qquad (3.157)$$

In entsprechender Weise liefert die Integration der Differentialgleichung für die Löcherstromdichte (3.151) einen zweiten Ausdruck für die Gesamtstromdichte

$$-j^O = \frac{j^O_{ns} + j^O_{ps}\exp\{-\int\limits_o^w (\alpha_n - \alpha_p)\,dx'\} + \int\limits_o^w qG^O\exp\{-\int\limits_o^{x'} (\alpha_n - \alpha_p)\,dx''\}dx'}{1 - \int\limits_o^w \alpha_n\ \exp\{-\int\limits_o^{x'} (\alpha_n - \alpha_p)\,dx''\}dx'}, $$

$$\qquad (3.158)$$

dessen Äquivalenz zu (3.157) mit der Identität

$$\pm \int\limits_o^w (\alpha_n - \alpha_p)\exp\{\pm \int\limits_o^x (\alpha_n - \alpha_p)\,dx'\}dx = \exp\{\pm \int\limits_o^w (\alpha_n - \alpha_p)\,dx\} - 1$$

$$\qquad (3.159)$$

nachgewiesen werden kann.

Verstärkungsfaktoren

Im folgenden sollen für die verschiedenen Möglichkeiten des Einbringens von primären Ladungsträgern in die Hochfeldzone

des π-Gebietes und ihre dort erfolgende Verstärkung durch
Stoßionisation die entsprechenden Stromverstärkungsfaktoren
aus den allgemeinen Formeln (3.157) und (3.158) für die Gesamtstromdichte abgeleitet werden.

Findet keine Photogeneration in der Raumladungszone statt
und vernachlässigt man auch die thermische Generation, ist
also $G^O(x) = 0$, ergibt sich bei alleiniger Injektion von Löchern an der Stelle $x = w$ ($j^O_{ps} \neq 0$, $j^O_{ns} = 0$) aus (3.157) für den
Verstärkungsfaktor des primären Löcherstromes

$$M^O_p = \frac{-j^O}{j^O_{ps}} = \frac{1}{1 - \int\limits_O^w \alpha_p \exp\{\int\limits_{x'}^w (\alpha_n - \alpha_p)\,dx''\}dx'} \,. \qquad (3.160)$$

Aus (3.157) bzw. (3.158) folgt bei alleiniger Injektion von
Elektronen an der Stelle $x = 0$ ($j_{ns} \neq 0$, $j^O_{ps} = 0$) für den Verstärkungsfaktor des primären Elektronenstroms

$$M^O_n = \frac{-j^O}{j^O_{ns}} = M^O_p \exp\{\int\limits_O^w (\alpha_n - \alpha_p)\,dx'\}$$

$$= \frac{1}{1 - \int\limits_O^w \alpha_n \exp\{-\int\limits_O^{x'} (\alpha_n - \alpha_p)\,dx''\}dx'} \,. \qquad (3.161)$$

Werden nur an der Stelle x_O in der Raumladungszone Elektron-
Loch-Paare erzeugt, dann gilt $j^O_{ns} = j^O_{ps} = 0$ und $G^O(x) = g\delta(x-x_O)$,
wobei $\delta(x-x_O)$ die Deltafunktion ist. In diesem Fall lautet
nach (3.158) der Verstärkungsfaktor

$$M_g(x_O) = \frac{-j^O}{qg} = \frac{\exp\{-\int\limits_O^{x_O} (\alpha_n - \alpha_p)\,dx''\}}{1 - \int\limits_O^w \alpha_n \exp\{-\int\limits_O^{x'} (\alpha_n - \alpha_p)\,dx''\}dx'} \,. \qquad (3.162)$$

Die Formel macht deutlich, daß die Verstärkung neben den Ionisationskoeffizienten wesentlich vom Ort x_O der Generation der
Ladungsträger abhängt.

Im allgemeinsten Fall bei gleichzeitiger Injektion und Generation von Ladungsträgern gilt für den Primärstrom nach (3.157)
($\alpha_p, \alpha_n = 0$)

$$-j^O_{pr} = j^O_{ps} + j^O_{ns} + q \int\limits_O^w G^O(x)\,dx = j^O_{ps} + j^O_{ns} + \overline{qG^O(x)}. \qquad (3.163)$$

Den entsprechenden Multiplikationsfaktor erhält man aus
(3.158) durch Einsetzen von M_n^o, M_p^o und $M_g^o(x)$:

$$\tilde{M}^o = \frac{j^o}{j_{pr}^o} = \frac{M_p^o j_{ps}^o + M_n^o j_{ns}^o + \overline{qG^o(x)M_g^o(x)}}{j_{ps}^o + j_{ns}^o + q\overline{G^o(x)}}. \tag{3.164}$$

Der Querstrich bei $G^o(x)M_g^o(x)$ bedeutet wie in (3.163) eine
Integration dieser Funktion über die Raumladungszone.

Wird das elektrische Feld in der Raumladungszone mittels der
an die Photodiode gelegten Sperrspannung erhöht, dann nehmen
auch die Ionisationskoeffizienten wegen ihrer Feldabhängigkeit
höhere Werte an. Die Integrale im Nenner der Ausdrücke (3.160)
und (3.161) erreichen bei einer bestimmten Sperrspannung, der
Durchbruchspannung, den Wert 1 und die Verstärkungsfaktoren
und damit der Gesamtstrom wachsen ins Unendliche. Das ist die
Bedingung für Avalanchedurchbruch. An (3.164) erkennt man, daß
dann auch $\tilde{M}^o$ unendlich wird. Die Durchbruchspannung ist also
unabhängig von der Art des Entstehens der primären Ladungsträger. Die Größe der oben definierten Verstärkungsfaktoren für
Sperrspannungen nahe unterhalb der Durchbruchspannung hängt
dagegen empfindlich von diesen Randbedingungen ab.

Sonderfälle

Die Ausdrücke für die Verstärkungsfaktoren sind wegen der
Ortsabhängigkeit der Ionisationskoeffizienten im allgemeinen
nicht in analytischer Form darstellbar. Für den Fall eines
konstanten elektrischen Feldes, wie er bei der $p^+\pi n^+$-Diode
vorliegt, sind die Ionsiationskoeffizienten ortsunabhängig
und die Integration ist leicht durchzuführen. Drei Sonder-
fälle für die Verstärkungsfaktoren M_p^o und M_n^o sollen untersucht werden, um die Rolle der Ionsiationskoeffizienten beim
Avalancheeffekt zu verdeutlichen.

Ist $\alpha_p = 0$, ergibt sich aus (3.160) und (3.161)

$$M_p^o = 1, \quad M_n^o = \exp(\alpha_n w). \tag{3.165}$$

Die Verstärkung des primären Elektronenstroms steigt mit
$\alpha_n w$ exponentiell (unilaterale Verstärkung). Es gibt keinen

Avalanchedurchbruch ($M_n^O \to \infty$) für endliche Werte von $\alpha_n w$. Entsprechende Ausdrücke erhält man bei $\alpha_n = 0$.

Ganz andere Verhältnisse liegen vor, wenn die Ionisationskoeffizienten gleich sind ($\alpha_n = \alpha_p = \alpha$). Dann gilt

$$M_n^O = M_p^O = \frac{1}{(1 - \alpha w)}. \tag{3.166}$$

Es tritt Avalanchedurchbruch auf. Die Durchbruchspannung wird bei $\alpha w = 1$ erreicht, wenn also jedes injizierte Elektron (bzw. Loch) während seiner Transitzeit durch die Raumladungszone im Mittel ein Elektron-Loch-Paar erzeugt.

Im allgemeinen sind die Ionisationskoeffizienten für Elektronen und Löcher voneinander verschieden und ungleich Null ($k = \alpha_p / \alpha_n$), so daß die beiden eben diskutierten Extremfälle in der Praxis i: reiner Form nicht auftauchen. Bei sehr hohem Feld gilt allerdin: $k \approx 1$. Für $\alpha_n \neq \alpha_p \neq 0$ erhält man aus (3.160) und (3.161)

$$M_p^O = \frac{(1 - 1/k)\, e^{\alpha_p w (1 - 1/k)}}{1 - (1/k)\, e^{\alpha_p w (1 - 1/k)}} \tag{3.167}$$

und

$$M_n^O = \frac{(1 - k)\, e^{\alpha_n w (1 - k)}}{1 - k\, e^{\alpha_n w (1 - k)}}. \tag{3.168}$$

Abb. 3.14 zeigt den Verlauf von M_n^O nach Gleichung (3.168) als Funktion der Feldstärke mit k als Parameter. Die Feldstärkeabhängigkeit des Ionisationskoeffizienten α_n entspricht den Verhältnissen bei Silizium (Tabelle 3.1).

Es wird deutlich, daß mit wachsendem k immer kleinere Änderungen der Feldstärke genügen, um M_n^O steil über Größenordnungen ansteigen zu lassen. Am flachsten und damit am günstigsten verläuft die Verstärkung für $k = 0$, da dann, wie wir gesehen haben, kein Durchbruch für endliche Werte der Feldstärke auftreten kann. Die gleiche Überlegung gilt formal für M_p^O nach Gleichung (3.167), wenn α_n durch α_p und k durch $1/k$ ersetzt

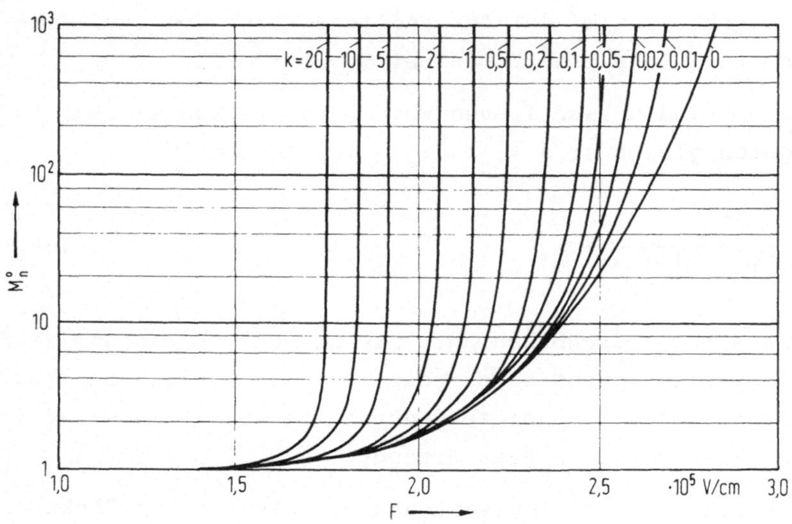

Abb. 3.14. Stromverstärkung M_n^O nach Gleichung (3.168) als Funktion der Feldstärke F für $\alpha_n/cm^{-1} = 3,8\cdot10^6 exp\{-1,75\cdot10^6/F/Vcm^{-1}\}$, w = 10 µm

wird. Dieses Verhalten hat praktische Konsequenzen für die Avalanchephotodiodenstruktur und damit für die Anforderungen an die Herstellungstechnologie. Liegt ein Halbleitermaterial mit k $\approx$ 1 vor oder hat die Avalanchephotodiode eine so ungünstige Struktur, daß der Ladungsträger mit dem kleineren Ionisationskoeffizienten nach der Photogeneration in die Raumladungszone injiziert wird (z.B. Injektion von Löchern bei Silizium, M_p^O, 1/k>1), dann werden sich kaum hohe, stabile Photostromverstärkungen erzielen lassen. Im Beispiel der Abb. 3.14 verursacht eine relative Änderung der elektrischen Feldstärke um nur 0,1% bei Verstärkungen um 50 für k $\approx$ 1 Änderungen der Verstärkung um mehrere 100%. Bei k $\ll$ 1 beträgt die Änderung dagegen wenige Prozent. Mit Feldstärkeschwankungen im Bereich unter 1% muß aber in realen Avalanchephotodioden auf Grund von lokalen Inhomogenitäten in der Dicke der Raumladungszone oder des Dotierungsprofiles gerechnet werden. Diese führen dann bei den oben beschriebenen ungünstigen Fällen mit hoher Wahrscheinlichkeit zu lokalen Durchbrüchen und machen solche Avalanchephotodioden unbrauchbar.

3.4.3 Zeitverhalten

Das Zeitverhalten von APDs soll zunächst qualitativ anhand
der $p^+\pi n^+$-Struktur diskutiert werden [3.35]. Der Einfachheit
halber wird dabei angenommen, daß Elektronen und Löcher die
gleiche Driftgeschwindigkeit v besitzen und die Zeit t_n zum
Durchlaufen der π-Zone benötigen. Zuerst betrachten wir den
Fall der unilateralen Verstärkung ($\alpha_p = 0$). Ein Ensemble von
N-Elektronen mit der Gesamtladung $Q = Nq$, welches zur Zeit
$t = 0$ bei $x = 0$ in die Raumladungszone injiziert wird, erzeugt
einen Stromimpuls gemäß Abb. 3.15. Der Strom springt zunächst
durch die Injektion der Ladungsträger stufenförmig auf Q/t_n
und steigt danach wegen der exponentiellen Zunahme der Ladungsträger durch den Avalancheeffekt auf etwa $2M_n^O Q/t_n$ bis zur Zeit
t_n an, da der größte Teil der Ladungsträger nahe bei $x = w$ erzeugt wird und gleich viele Elektronen wie Löcher vorhanden
sind, wenn man die Löcher, welche die Raumladungszone bereits
bei $x = 0$ verlassen haben, vernachlässigt. Zur Zeit t_n verlassen alle Elektronen die Raumladungszone bei $x = w$ und der
Strom fällt auf den Wert $M_n^O Q/t_n$ ab. Danach sinkt der Strom
bis zum Zeitpunkt $2t_n$ auf Null, bis alle nahe bei $x = w$ generierten Löcher die Raumladungszone bei $x = 0$ verlassen haben. Der höchste Stromanteil fließt hierbei zwischen t_n und
$2t_n$, was besonders für hohe Verstärkungen gilt. Das Zeitverhalten entspricht also dem einer $p^+\pi n^+$-Diode ohne Verstärkung; die Ladungsträgermultiplikation führt im wesentlichen
nur zu einer Zeitverschiebung des Strompulses um t_n. Da die
Dauer des Stromflusses unabhängig von der Höhe der Verstärkung ist, steigt das Verstärkungsbandbreiteprodukt uneinge-
schränkt mit wachsender Verstärkung an.

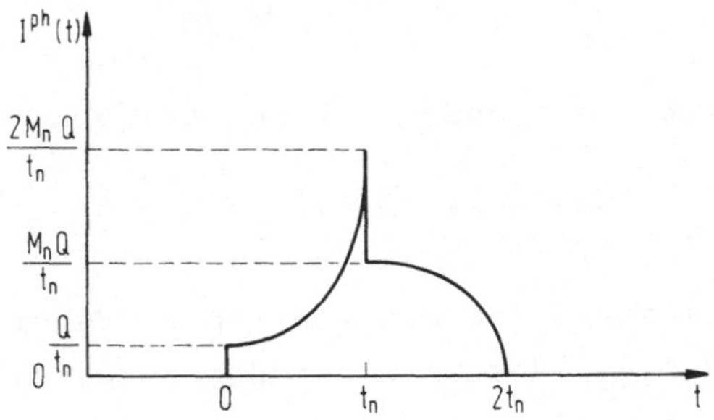

Abb. 3.15. Photostrompuls
$I^{ph}(t)$ in einer $p^+\pi n^+$-Di-
ode bei unilateraler Ver-
stärkung $M_n^O(\alpha_p=0)$; Q: injizierte Ladung, t_n: Laufzeit der Elektronen durch
die π-Zone

Im Falle gleicher Ionisationskoeffizienten von Elektronen
und Löchern wird der Verstärkungsfaktor für $\alpha w = 1$ unendlich. Im Mittel erzeugt dann jeder die Raumladungszone durch-
querende Ladungsträger wieder ein Elektron-Loch-Paar. Zu jedem Zeitpunkt befinden sich also im Mittel 3N-Ladungen in
der Raumladungszone, wenn zur Zeit $t = 0$ N-Elektronen bei
$x = 0$ injiziert wurden. Der Strom schwankt also wegen der
Statistik der Ionisationsprozesse zeitlich um $3qN/t_n$. Bei
hoher aber endlicher Verstärkung der injizierten Ladungsträger verschwindet der Strompuls nach Zeiten $t \gg t_n$. Betrachtet
man den durch die N-Primärelektronen erzeugten Strompuls in
einer Zeitskala, die wesentlich größer als t_n ist und setzt
man für das Abklingen des Stromes ein Exponentialgesetz voraus, dann kann man für den zeitlichen Verlauf des Strompulses bzw. der Ladungsträger in der Raumladungszone schreiben

$$N(t) = 3N\, e^{-\gamma t}, \tag{3.169}$$

weil man in dieser groben Zeitskala nur Ladungsträger vom
"Anfangswert" 3N wahrnimmt. Der Koeffizient γ wird aus der
Bedingung für die durch den Puls transportierte Ladungsmenge

$$qM_n^O\, N = q\int_0^\infty \frac{N(t)}{t_n}\, dt \tag{3.170}$$

bestimmt. Daraus folgt $\gamma = 3/M_n^O t_n$. Das Zeitverhalten des
Strompulses kann also durch

$$h(t) = \text{const}\, e^{-3t/M_n^O t_n} \tag{3.171}$$

beschrieben werden. Die Fouriertransformierte dieser Zeit-
funktion liefert das Frequenzverhalten eines Tiefpasses

$$\frac{M_n(\omega)}{M_n^O} = \frac{1}{1 + j\omega\, M_n^O t_n/3} \tag{3.172}$$

mit einer 3dB-Grenzfrequenz von

$$f_{3dB} = \frac{1}{2\pi}\, \frac{3}{M_n^O t_n}. \tag{3.173}$$

Daraus folgt ein konstantes Verstärkungsbandbreiteprodukt
$M_n^O f_{3dB}$, dessen Konstante durch die Transitzeit der Ladungsträger $(3/t_n)$ festgelegt wird.

Das Zeitverhalten von Avalanchephotodioden wurde quantitativ
nach ersten Ansätzen [3.9] analytisch und mit numerischen Methoden u.a. in [3.10, 3.33, 3.34] untersucht. Ausgangspunkt
bilden die zeitabhängigen Gleichungen (3.147) und (3.148).
Wegen ihrer mathematischen Komplexität können analytische Lösungen allerdings nur unter stark vereinfachenden Annahmen
gewonnen werden. Im folgenden gehen wir wieder von der $p^+\pi n^+$-
Struktur der Abb. 3.13 aus und betrachten den Fall, daß nur
Photogeneration von Ladungsträgern im p^+-Gebiet erfolgt und
zur Injektion von Elektronen bei $x = 0$ in die π-Zone führt.
Für die Stromdichten j_p und j_n in der π-Zone gelten dann nach
(3.147) und (3.148) die Gleichungen

$$\frac{\partial j_n}{\partial t} + v_n \frac{\partial j_n}{\partial x} = v_n \alpha_n j_n + v_n \alpha_p j_p, \tag{3.174}$$

$$\frac{\partial j_p}{\partial t} - v_p \frac{\partial j_p}{\partial x} = v_p \alpha_n j_n + v_p \alpha_p j_p. \tag{3.175}$$

Erfolgt nun die Photogeneration wiederum durch Absorption
einer sinusförmig modulierten Strahlungsleistung mit der
Kreisfrequenz ω, kann man zeigen, daß für den Verstärkungsfaktor $M_n(\omega)$ ein Tiefpaßverhalten resultiert [3.36]. Dazu
berechnen wir in unserem Beispiel die Gesamtstromdichte
$j = j_p + j_n$ in Abhängigkeit von der Primärstromdichte $j_n(0)$.
In (3.174) wird zunächst $\alpha_p v_n j_n$ und in (3.175) $\alpha_n v_p j_p$ addiert
und subtrahiert. Die Addition beider Gleichungen liefert dann

$$\frac{\partial j}{\partial t} - (\alpha_n v_p + \alpha_p v_n) j = \frac{\partial}{\partial x} \{ v_p j_p - v_n j_n \} - (\alpha_n - \alpha_p)(v_p j_p - v_n j_n). \tag{3.176}$$

Nach Multiplikation mit dem integrierenden Faktor
$\exp\{ -\int_0^x (\alpha_n - \alpha_p) dx' \}$ und Integration über die Raumladungszone
entsteht unter Berücksichtigung der Randbedingung $j_p(w)=0$
nach einigen Umrechnungen

$$\frac{\partial j}{\partial t} + \frac{1}{M_n^0 \tau_{1n}} j = \frac{j_n(0)}{\tau_{1n}} \tag{3.177}$$

mit

$$\tau_{1n} = \frac{1}{v_n + v_p} \int_0^w \exp\{ -\int_0^x (\alpha_n - \alpha_p) dx' \} dx'' \tag{3.178}$$

und M_n^0 entsprechend (3.161).

Für die zeitabhängigen Lösungen von j und $j_n(0)$ machen wir den gleichen Ansatz wie bei den photogenerierten Ladungsträgern (3.58). Aus (3.177) folgt dann für die Frequenzabhängigkeit des Verstärkungsfaktors

$$M_n(\omega) = \frac{\hat{j}}{\hat{j}_n(0)} = \frac{M_n^0}{1+j\omega M_n^0 \tau_{1n}} \ . \tag{3.179}$$

Damit ist gezeigt, daß mit wachsender Frequenz der Betrag des Verstärkungsfaktors wie bei einem Tiefpaß abnimmt.

Die in (3.179) erscheinende Zeitkonstante τ_{1n} nach (3.178) gibt aber das Zeitverhalten von Avalanchedioden nicht richtig wieder. Eine analytische Näherungsrechnung zeigt [3.37], daß dies im wesentlichen auf Vernachlässigung des Verschiebestromanteiles in j zurückzuführen ist. Für den elektrischen Feldstärkeanteil, der durch die sich zeitlich ändernden Ladungsträgerdichten entsteht, kann formal nach der Poisson-Gleichung (3.1) und den Gleichungen für die Driftstromdichten (3.145) und (3.146) geschrieben werden

$$\varepsilon\varepsilon_0 \frac{\partial F_{p,n}}{\partial x} = q(p-n) = -\frac{j_p}{v_p} + \frac{j_p}{v_n} \ . \tag{3.180}$$

Mit (3.174) und (3.175) folgt daraus

$$\frac{\partial}{\partial x}\{j_p+j_n+\varepsilon\varepsilon_0\frac{\partial F_{p,n}}{\partial t}\} = \frac{\partial}{\partial x}(j_{ges}) = 0. \tag{3.181}$$

Es ist also nur der Gesamtstrom j_{ges} ortsunabhängig und nicht $j = j_n+j_p$, wie hier bei der Ableitung von $M_n(\omega)$ angenommen wurde.

Am Rande sei bemerkt, daß aus (3.181) die bereits verwendete Beziehung (3.74) abgeleitet werden kann. Denkt man sich $F_{p,n}$ durch die gesamte elektrische Feldstärke F ersetzt, folgt im Kurzschlußfall ($\int_0^w F dx = 0$) für den Gesamtstrom und damit auch für den Strom im Außenkreis der Photodiode nach Integration von (3.181) über w:

$$j_{ges} = \frac{1}{w} \int_0^w (j_p+j_n) dx. \tag{3.182}$$

Nach [3.37] bleibt bei Berücksichtigung des Verschiebestromes das Frequenzverhalten des Verstärkungsfaktors näherungs-

weise erhalten, allerdings mit modifizierter Zeitkonstante.
Dies steht auch qualitativ im Einklang mit früheren numerischen Rechnungen [3.34], die für pin-Avalanchedioden mit konstanten Ionisationskoeffizienten und für gleiche Driftgeschwindigkeiten von Elektronen und Löchern unter Berücksichtigung des Verschiebestromes durchgeführt wurden. Die so berechneten, frequenzabhängigen Verstärkungsfaktoren lassen
sich in einem weiten Bereich ebenfalls durch eine (3.179)
entsprechende Gleichung beschreiben:

$$M_n(\omega) = \frac{M_n^o}{1+j\omega M_n^o \varkappa t_n} \, , \tag{3.183}$$

wobei $\varkappa t_n$ eine effektive Transitzeit für die Elektronen bedeutet. Daraus folgt ein Verstärkungs-Bandbreiteprodukt

$$M_n^o f_{3dB} = \frac{1}{2\pi \varkappa t_n} \, . \tag{3.184}$$

Das Ergebnis der numerischen Rechnung faßt Abb. 3.16 zusammen. Aufgetragen ist das Produkt aus 3dB-Kreisfrequenz und

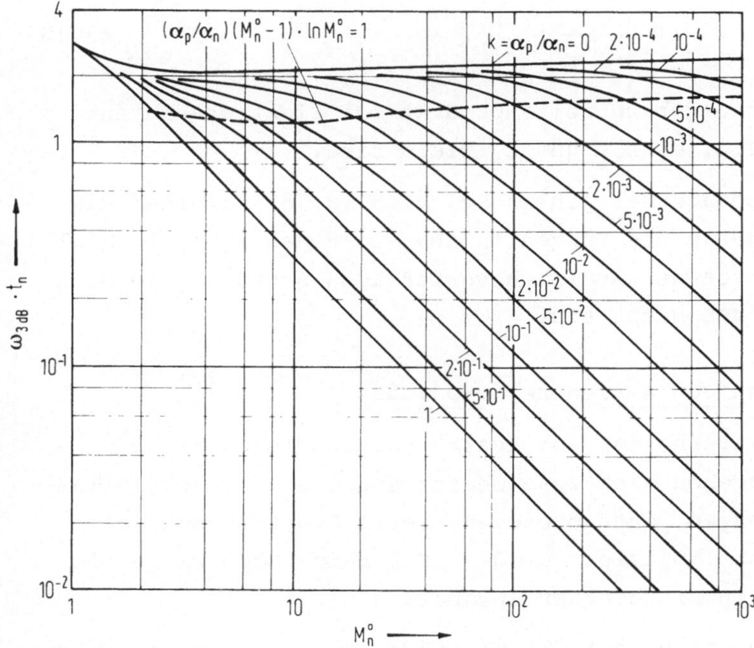

Abb. 3.16. Produkt aus 3dB-Kreisfrequenz und Transitzeit der
Elektronen als Funktion der Gleichstromverstärkung M_n^o nach
[3.34]; $k = \alpha_p/\alpha_n$ ist Parameter

Transitzeit als Funktion der Gleichstromverstärkung bei reiner Elektroneninjektion. Das Verhältnis der Ionisationskoeffizienten $k = \alpha_p/\alpha_n$ ist Parameter. Die berechneten Werte liegen in der doppellogarithmischen Darstellung auf Geraden, wenn für M_n^O und α_p/α_n

$$(\alpha_p/\alpha_n)\,(M_n^O-1)\,\ln M_n^O \geq 1 \qquad (3.185)$$

gilt. Das ist in Abb. 3.16 der Bereich unterhalb der gestrichelt eingezeichneten Linie, welche die Werte von (3.185) im Falle des Gleichheitszeichens darstellt. In dem unteren Bereich werden die Zahlenwerte in guter Näherung wiedergegeben, wenn $\mathscr{R}$ eine funktionale Abhängigkeit der Form

$$\mathscr{R} = k\,N \qquad (3.186)$$

besitzt. N ist eine mit k langsam variierende Funktion. Nach Abb. 3.16 nimmt N für $k = 1$ den Wert 1/3 an, also den gleichen Wert, den die anfangs durchgeführte Abschätzung des Zeitverhaltens lieferte. Bei $k = 10^{-3}$ ist $N = 2$. Das Verstärkungsbandbreitenprodukt in diesem Bereich lautet demnach

$$M_n^O\, f_{3dB} \;=\; \frac{1}{2\pi}(\frac{\alpha_n}{\alpha_p})\,\frac{1}{N t_n} \;=\; \frac{1}{2\pi}\,\frac{1}{k}\,\frac{v_n}{w} \; . \qquad (3.187)$$

Das Verstärkungsbandbreitenprodukt bei Elektroneninjektion ist also groß, wenn k und t_n klein sind.

Ist der Ausdruck der linken Seite in (3.185) kleiner als eins, verlaufen die Kurven in Abb. 3.16 nahezu horizontal und der Prozeß der Avalancheverstärkung schränkt die Bandbreite der APD nicht ein.

3.4.4 Design von Avalanchephotodioden

Für das Zeitverhalten von Avalanchephotodioden mit $p^+\pi n^+$-Struktur ergeben sich zusammenfassend die folgenden allgemeinen Aussagen, wenn photogenerierte Elektronen in die Avalanchezone injiziert werden. Für reine Löcherinjektion gelten sie in sinngemäßer Abwandlung.

- Bei $\alpha_p = 0$ entspricht das Zeitverhalten von Avalanchephotodioden im wesentlichen dem von Photodioden ohne innerer Verstärkung.

- Bei $\alpha_p \neq 0$ bleibt diese Aussage bestehen, solange für die Beziehung aus α_p/α_n und M_n^O in (3.135) das Kleinerzeichen gilt. Sonst führt der Avalancheprozeß zu einem Verstärkungs-bandbreiteprodukt entsprechend (3.187). Dieses wird maximal, wenn der Ladungsträger mit dem höheren Ionisationsko-effizienten in die Avalanchezone injiziert wird, $k = \alpha_p/\alpha_n$ also möglichst klein ist, und die Transitzeit der Ladungs-träger minimiert wird.

Die Forderungen für ein hohes Verstärkungsbandbreiteprodukt widersprechen sich allerdings teilweise. Bei der $p^+\pi n^+$-Diode kann die Transitzeit t_n nur durch eine Verkleinerung der Ava-lanchezonenweite erniedrigt werden, da das elektrische Feld bereits so hoch ist, daß die Ladungsträger ihre Sättigungs-driftgeschwindigkeit besitzen. Andererseits ist es für einen hohen Quantenwirkungsgrad notwendig, die Weite w_d des Halb-leiterbereichs, in dem durch Absorption Photogeneration der Ladungsträger stattfindet, größer als die Eindringtiefe der Strahlung ($w_d > 1/\alpha$) zu wählen. Bei der $p^+\pi n^+$-Diode muß die-ser Bereich innerhalb der π-Zone liegen, um zu gewährleisten, daß die Ladungsträger durch Drift und nicht durch die lang-samere Diffusion zur Avalanchezone gelangen. Bei niedrigem Absorptionskoeffizienten erfordert dies eine lange π-Zone, die dann kein hohes Verstärkungsbandbreiteprodukt zuläßt. Bei Avalanchephotodioden mit p^+n-Struktur erreicht das elek-trische Feld am pn-Übergang seinen Maximalwert. Da die Größe der Ionisationskoeffizienten exponentiell von der Höhe des Feldes abhängt, ist das Feld nur in einem kleinen Bereich der Länge w_m um den pn-Übergang hoch genug (Größe F_A in Abb. 3.17), so daß die Ladungsträger Avalancheprozesse aus-lösen können. Die Multiplikation der Ladungsträger findet dann nur in diesem Bereich statt, die Restweite der Raumla-dungszone im niedrig dotierten n-Gebiet dient als Photogene-rations- und Driftzone. Allerdings steigt in der p^+n-Diode bei Erhöhung der Sperrspannung mit der Raumladungszone auch die Weite w_m der Avalanchezone merklich. Dies gilt besonders für niedrige n-Dotierungen. Bei zu hoher n-Dotierung dagegen kann die Durchbruchspannung überschritten werden, bevor die Raumladungszone weit genug aufgezogen ist.

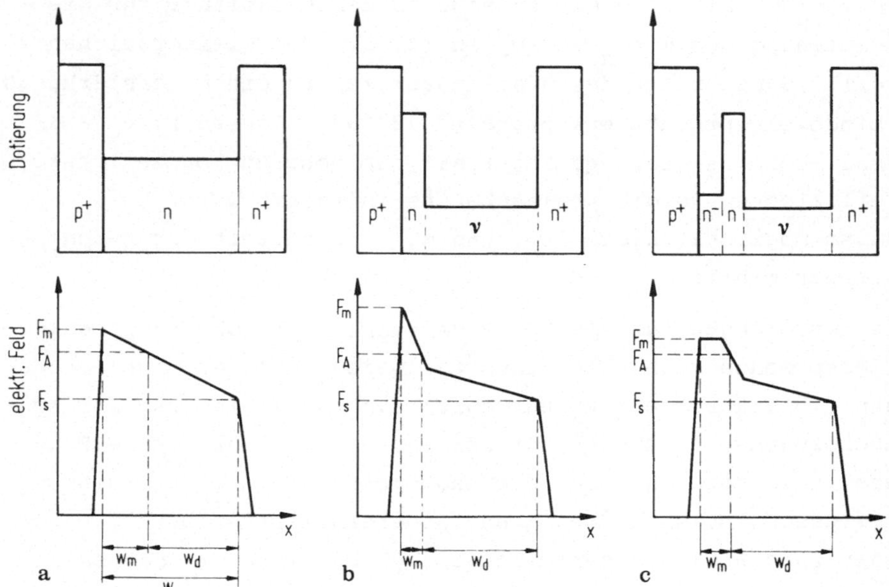

Abb. 3.17. Dotierungsprofile von Avalanchephotodioden mit zur n^+-Schicht durchreichender Raumladungszone ("reach-through"). F_m: maximale Feldstärke, F_A: Schwellfeldstärke für Avalanche-effekt, F_S: Feldstärke für Sättigungsdriftgeschwindigkeit der Ladungsträger; w: Weite der Raumladungszone, w_m: Weite der Avalanchezone, w_d: Weite der Driftzone. a) p^+nn^+-Struktur; b) $p^+n\nu n^+$-Struktur; c) "lo-hi-lo"-Struktur (Read-Struktur)

Günstigere Verhältnisse liefern Photodioden mit Dotierungs-profilen und daraus resultierende Feldverläufen nach Abb. 3.17 b, c. Gezeichnet sind pn-Dotierungsfolgen, bei denen sich bei entsprechenden Sperrspannungen am pn-Übergang über der Weite w_m elektrische Feldstärken größer als F_A, und da-mit ausreichend für Avalancheverstärkung, einstellen. Gleich-zeitig reicht die Raumladungszone bis zur n^+-Schicht durch ("reach-through"). Innerhalb der Absorptions- und Driftzone ist die elektrische Feldstärke gleich oder höher als F_S, bei der die Ladungsträger ihre Sättigungsdriftgeschwindigkeit er-reichen.

Wegen des Durchreichens des Feldes bis zur n^+-Schicht haben die Dioden eine niedrige Durchbruchspannung bzw. bei niedri-gen Sperrspannungen eine höhere Avalancheverstärkung als "lange" Dioden. Dies wird an der p^+nn^+-Diode deutlich. Ist die n-Schicht lang genug, um auch bei der Durchbruchfeldstärke F_m^{Br} die gesamte Raumladungsweite w_{Br} aufzunehmen, gilt nach (3.2) für die Durchbruchspannung $U_{Br} = F_m^{Br} w_{Br}/2$. Ist durch die n^+-Schicht die Raumladungsweite auf $w < w_{Br}$ beschränkt, liefert die Integration des Feldes (Abb. 3.17 a) über w für die Durchbruchspannung U_{Br}'

$$\frac{U_{Br}'}{U_{Br}} = (\frac{w}{w_{Br}})(2 - \frac{w}{w_{Br}}). \tag{3.188}$$

Für z.B. $w/w_{Br} = 0{,}5$ ergibt sich eine Reduzierung der Durchbruchspannung um 25%.

Bei der Diode in Abb. 3.17 b kann durch das $n\nu$-Dotierungsprofil die Avalanchezone auf einen schmalen Bereich beschränkt werden, was günstig für ein hohes Verstärkungsbandbreiteprodukt ist. Durch die Dotierungsfolge ("lo-hi-lo") in Abb. 3.17 c wird zusätzlich die Feldspitze in der Avalanchezone vermieden und ein nahezu idealer, stufenförmiger Feldverlauf mit einem konstanten, gerade ausreichend hohen Feld in der Avalanchezone und einem niedrigeren Feld F_S in der Driftzone eingestellt. Zum Erreichen der Feldstärkeprofile mit den durch den verwendeten Halbleiter vorgegebenen Werten für die Felder F_m, F_A und F_S müssen Dotierungshöhe und Dicke der Schichten allerdings genau aufeinander abgestimmt sein, wodurch der Realisierung dieser Strukturen technologische Grenzen gesetzt sind.

Werden die Diodenstrukturen der Abb. 3.17 von der n^+-Seite her bestrahlt, wobei diese Schicht dann sehr dünn sein sollte, liegt bei ausreichender Dicke w_d reine Löcherinjektion in die Avalanchezone vor. Für reine Elektroneninjektion muß das komplementäre Dotierungsprofil eingestellt werden. Unter Bestrahlung von der p^+-Seite her ergeben sich abhängig vom Absorptionskoeffizienten (Wellenlänge) kompliziertere Verhältnisse mit im allgemeinen gemischter Injektion und Generation in der Avalanchezone.

3.4.5 Grenzen der Avalanche-Stromverstärkung

Bei der Betrachtung des Zeitverhaltens der APD wurde angenommen, daß das bei α_p, $\alpha_n \neq 0$ auftretende Verstärkungsbandbreiteprodukt die einzige Begrenzung für die Stromverstärkungsfaktoren darstellt. In realen Avalanchephotodioden werden die Verstärkungsfaktoren aber auch schon im Bereich niedriger Frequenzen durch verschiedene Effekte limitiert. Hierzu gehören z.B. thermische Effekte, die bei Temperaturerhöhung zu einer Verkleinerung der Ionisationskoeffizienten und damit einem Ansteigen der Durchbruchspannung führen; mikroskopische Kristalldefekte und inhomogene Dotierungen, welche praktisch nur ein niedriges elektrisches Feld am pn-Übergang zulassen, sowie durch den Diodenaufbau schon bei relativ niedrigen Sperrspannungen bedingte lokale Durchbrüche in Bereichen hoher Felder vornehmlich am Rand von pn-Übergängen mit kleinem Krümmungsradius.

Eine Begrenzung des Verstärkungsfaktors für den Photostrom, die ausführlicher dargestellt werden soll, wird durch die Verkleinerung des Spannungsabfalls über dem pn-Übergang der APD verursacht, der bei hohem Stromfluß durch den Spannungsabfall an unvermeidlichen Serienwiderständen entsteht. Die im Abschnitt 3.4.2 abgeleiteten Verstärkungsfaktoren hängen implizit wegen der starken Variation der Ionisationskoeffizienten mit dem elektrischen Feld entsprechend von der an der Diode liegenden äußeren Sperrspannung ab. Im allgemeinen läßt sich dieser Zusammenhang nicht in einer einfachen, geschlossenen Gleichung ausdrücken. Eine empirische Formel für diese Spannungsabhängigkeit erhält man im Falle $\alpha_n = \alpha_p = \alpha$ [3.38], wenn man in der Nähe der Durchbruchspannung für die Ionisationskoeffizienten $\alpha = cU^n$ ansetzt. U ist der Spannungsabfall über dem pn-Übergang. Dann gilt nach (3.166):

$$M_n^o = M_p^o = \frac{1}{1-cU^n w} = \frac{1}{1-(U/U_{Br})^n} \ . \tag{3.189}$$

Dabei wurde $(cw)^{-1/n} = U_{Br}$ gesetzt, da ja bei der Durchbruchspannung U_{Br} der Verstärkungsfaktor unendlich werden muß.

Experimentell kann bei Avalanchephotodioden ein Verstärkungsfaktor $M = I_M/I_{pr}$ bestimmt werden, indem mit oder auch ohne Bestrahlung der Gesamtstrom I_M bei Stromverstärkung mit dem

Primärstrom I_{pr} bei niedrigen Sperrspannungen (M = 1) verglichen wird. Für hohe Ströme ist der Spannungsabfall an unvermeidlichen Serienwiderständen, die in R zusammengefaßt werden sollen, zu berücksichtigen [3.39]. Die Sperrspannungen am pn-Übergang ist durch $U = U_a - IR$ gegeben, wenn U_a die außen an die Diode angelegte Spannung bedeutet. Aus (3.189) erhält man dann einen Ansatz für eine empirische Formel zur Beschreibung des gemessenen Verstärkungsfaktors

$$M = \frac{I_M}{I_{pr}} = \frac{1}{1 - \{U_a - I_M R)/U_{Br}\}^n} \cdot \qquad (3.190)$$

Diese Formel wird praktisch auch für den allgemeinen Fall ungleicher Ionisationskoeffizienten und für nicht konstantes elektrisches Feld in der Avalanchezone angewendet, wobei n als Anpassungsparameter dient. Notwendigerweise liefert diese Formel keine exakte Beschreibung der realen Verhältnisse, sie erlaubt aber den Einfluß des Serienwiderstandes R zu diskutieren.

Bei hohen Strömen wird der Stromfluß durch die Photodiode durch den Widerstand R begrenzt. I_M nähert sich deshalb bei hohen Werten, d.h. für Spannungen $U_a \gtrsim U_{Br}$, asymptomatisch der Widerstandsgeraden $I = (U_a - U_{Br})/R$. Der Verstärkungsfaktor M steigt also ständig mit wachsender Spannung U_a. Anders verhält sich die Photostromverstärkung. Diese erhält man, wenn man bei jeweils fester Spannung U_a, die Differenz aus verstärktem Gesamtstrom und verstärktem Dunkelstrom bildet und diese durch die Differenz der Primärströme dividiert. Es ist also

$$M_{ph} = \frac{I_M - I_M^d}{I_{pr} - I_{pr}^d} \cdot \qquad (3.191)$$

Geht man für die Verstärkung der Ströme von einem Verstärkungsfaktor der Form wie in (3.190) aus, haben Gesamt- und Dunkelstrom wegen ihrer unterschiedlichen Größe bei gleicher äußerer Spannung im allgemeinen unterschiedliche Verstärkungsfaktoren. Dies wird in (3.191) durch M und M_d zum Ausdruck gebracht. Drückt man die verstärkten Ströme durch diese Faktoren aus, erhält man

$$M_{ph} = \frac{M - M_d I_{pr}^d / I_{pr}}{1 - I_{pr}^d / I_{pr}} \quad . \tag{3.192}$$

Solange der Spannungsabfall am Widerstand R keine Rolle spielt, sind nach (3.190) M und M_d gleich und $M_{ph} = M$ wächst mit steigender Spannung. Für Spannungen $U_a \approx U_{Br}$ ist der Spannungsabfall an R nicht mehr zu vernachlässigen. Der Verstärkungsfaktor M_d steigt hier stärker als M an, weil der Dunkelstrom immer kleiner als der Gesamtstrom ist und damit einen geringeren Spannungsabfall an R verursacht. Dies führt dazu, daß M_{ph} bei $U_a = U_{Br}$ ein Maximum besitzt und für höhere Spannungen wieder sinkt.

Die Entwicklung von M oder M_d in (3.190) für $U_a = U_{Br}$ liefert

$$M_{(d)} (U_{Br}) = \left(\frac{U_{Br}}{n\,R\,I_{pr}^{(d)}} \right)^{1/2} . \tag{3.193}$$

Ist der primäre Photostrom wesentlich größer als der primäre Dunkelstrom, $I_{pr} \approx I_{pr}^{ph} \gg I_{pr}^d$, folgt aus (3.192)

$$M_{ph,max} \approx M(U_{Br}) = \left(\frac{U_{Br}}{n\,R\,I_{pr}^{ph}} \right)^{1/2} . \tag{3.194}$$

Der maximale Photostromverstärkungsfaktor sinkt mit dem Kehrwert aus der Wurzel des primären Photostromes; der Verstärkungsfaktor des Photostromes wird durch den Photostrom begrenzt. Ist andererseits $I_{pr} \approx I_{pr}^d \gg I_{pr}^{ph}$, dann ist $M \approx M_d$ und aus (3.192) folgt

$$M_{ph,max} \approx M_d(U_{Br}) = \left(\frac{U_{Br}}{n\,R\,I_{pr}^d} \right)^{1/2} . \tag{3.195}$$

Der Multiplikationsfaktor wird in diesem Fall durch den primären Dunkelstrom begrenzt. Zur Detektion von kleinen Lichtleistungen mit hoher Verstärkung ist es damit notwendig, den Dunkelstrom so niedrig wie möglich zu machen. Dies ist im

Einklang mit der Forderung nach niedrigem Schrotrauschen der
APD, welches die minimale, nachweisbare Strahlungsleistung
(Abschnitt 3.4.7) bei zu hohem Dunkelstrom limitiert.

Der Widerstand R, der zur Begrenzung der Photostromverstärkung Anlaß gibt, setzt sich aus mehreren Anteilen zusammen.
Die äußere Beschaltung der APD, wie z.B. Widerstände der Span-
nungsversorgung oder der Lastwiderstand, liefern einen Anteil.
Unvermeidlich ist der Serienwiderstand der Diode selbst, der
sich wiederum aus Kontakt- und Bahnwiderstand des Halbleitermaterials zusammensetzt. Auch die Raumladung freier Ladungsträger, vor allem in gegenüber der Avalanchezone langen Drift-
bereichen, verursachen einen Serienwiderstand. Bei einer APD
mit p^+n-Struktur bewegen sich die die Avalanchezone verlassen-
den Elektronen mit ihrer konstanten Sättigungsdriftgeschwindigkeit durch die Driftzone der Länge w_d. Die Ladung dieses Stromes hat das umgekehrte Vorzeichen (-) wie die Raumladung der
ionisierten Donatoren (+) und neutralisiert dadurch teilweise
die ortsfeste Raumladung. Dies führt zu einer Erweiterung der
Raumladungszone und zu einer Erniedrigung des elektrischen Feldes am pn-Übergang. Um den Strom aufrechtzuerhalten, muß dann
die Spannung am pn-Übergang um ΔU erhöht werden. Dieser Effekt
kann für eine p^+n-Diode durch einen Serienwiderstand [3.29]

$$R_{sc} = \frac{w_d^2}{2\varepsilon\varepsilon_o v_n A}$$
(3.196)

beschrieben werden.

3.4.6 Rauschen und Zusatzrauschfaktor

In Photodioden ohne innerer Verstärkung liefert ein mittlerer
Strom $\bar{I}$ (Abschnitt 3.1.5) den Rauschbeitrag

$$I_{N,eff}^2 = 2q\bar{I}B.$$
(3.197)

Bei einer idealen, rauschfreien Stromverstärkung in der APD
mit dem Multiplikationsfaktor M würde das mittlere Rauschstromquadrat um M^2 verstärkt. Da die Stoßionisationsprozesse
des Avalancheeffektes aber statistisch erfolgen, ist der Verstärkungsprozeß in Avalanchephotodioden nicht rauschfrei. Die

im Abschnitt 3.4.2 abgeleiteten Multiplikationsfaktoren sind
- wie schon bemerkt - Mittelwerte ($M = \overline{M}$), ohne daß dies besonders bezeichnet wurde. Die statistischen Schwankungen der
Multiplikation um den entsprechenden Mittelwert sind verantwortlich für das in APDs auftretende erhöhte Rauschen. Für
das mittlere Rauschstromquadrat gilt jetzt

$$I^2_{N,eff} = 2qI_{pr}\overline{M}^2 F(\overline{M}) B. \tag{3.198}$$

I_{pr} ist der primäre, mittlere Strom und $F(\overline{M}) = \overline{M^2}/\overline{M}^2$ der Zusatzrauschfaktor des Avalancheprozesses.

In diesem Abschnitt wird zunächst der Zusatzrauschfaktor unter
Vernachlässigung von Ladungsträgerlaufzeiteffekten entsprechend den Überlegungen von McIntyre [3.40] abgeleitet. Eine
generelle Theorie findet man in [3.41, 3.42]. Dazu wird in
der Hochfeldzone der $p^+\pi n^+$-APD (Abb. 3.13) der Stromfluß
durch einen schmalen Bereich dx an der Stelle x betrachtet.
Für die Erhöhung des Elektronenstromes $dI_n(x) = A\left|\dfrac{dj_n(x)}{dx}\right|dx$
innerhalb dx bei niedrigen Frequenzen ($\partial/\partial t = 0$) liefert
(3.147)

$$dI_n(x) = \{\alpha_n I_n(x) + \alpha_p I_p(x) + qAG^O(x)\}dx. \tag{3.199}$$

Die Ströme sind hier Absolutwerte, deshalb steht vor $qAG^O(x)$
das Pluszeichen.

Jede Stoßionisation der Ladungsträger innerhalb der Avalanchezone unterliegt dem Zufall. Es wird angenommen, daß die Vorge-
schichte der stoßenden Teilchen auf diese Zufallsereignisse
keinen Einfluß haben, die Ionsiationskoeffizienten also nur
vom Feld abhängen. Die meisten Ladungsträger, die in dx ein-
treten, werden dort keine Stoßionisation verursachen, da dx
kleiner als die mittlere freie Weglänge für Stoßionisation gewählt werden kann. Damit erzeugen nur wenige Ladungsträger
in dx Elektron-Loch-Paare. Die Wahrscheinlichkeit einer weiteren Stoßionisation in dx durch die sekundären oder primären Ladungsträger ist beliebig klein. Die Ladungsträger verlassen dx vollkommen unkorreliert. Sie haben die gleiche Verteilung wie vor dem Eintritt in dx. Der in dx erzeugte Elek-
tronenstrom liefert aufgrund seiner Fluktuation einen Beitrag

$2qdI_nB$ zum mittleren Rauschstromquadrat. Dieser Schrotrauschstrom wird dann im Restbereich der Avalanchezone mit dem Multiplikationsfaktor $M_g^O(x)$ (3.162) verstärkt. Der Beitrag vom
Ort x zur spektralen Dichte des mittleren Rauschstromquadra-
tes $\Psi = I_{N,eff}^2/B$ im äußeren Stromkreis ist deshalb

$$d\Psi = 2qM^2(x)dI_n(x).$$
(3.200)

Hierbei ist vereinfachend $M(x)$ für $M_g^O(x)$ geschrieben worden.
Die gesamte spektrale Dichte Ψ erhält man durch Integration
von (3.200) über die Avalanchezone der Weite w und unter Hin-
zufügen der Schrotrauschströme der injizierten Elektronen
$2qI_n(0)M^2(o)$ bei $x = 0$ und der injizierten Löcher $2qI_p(w)M^2(w)$
bei $x = w$:

$$\Psi = 2q \left(I_n(0)M_n^2 + I_p(w)M_p^2 + \int_0^w \frac{dI_n(x)}{dx} M^2(x)dx \right).$$
(3.201)

In (3.201) wurde berücksichtigt, daß nach (3.160) $M(w)=M_p^O$
und nach (3.161) $M(0)=M_n^O$ gilt. Der den Gleichstromfall charak-
terisierende Index o wurde weggelassen.

Durch partielle Integration kann (3.201) umgeformt werden. Zunächst sehen wir, daß nach der Beziehung (3.162) gilt

$$\frac{dM(x)}{dx} = -(\alpha_n-\alpha_p)M(x).$$
(3.202)

Außerdem kann in (3.199) der ortsunabhängige Gesamtstrom eingeführt werden. Dies liefert

$$(\alpha_n-\alpha_p)I_n(x) = -\alpha_p I - qAG^O(x) + \frac{dI_n(x)}{dx}.$$
(3.203)

Mit Hilfe dieser Beziehungen ergibt die partielle Integration
schließlich

$$\int_0^w \frac{dI_n}{dx} M^2(x)dx = 2 \int_0^w (\alpha_p I + qAG^O(x))M^2(x)dx - I_n(w)M_p^2 + I_n(0)M_n^2.$$
(3.204)

Für (3.201) kann dann geschrieben werden

$$\Psi = 2q \left(2[I_n(0)M_n^2+I_p(w)M_p^2+qA\int_0^w G^O(x)M^2(x)dx]+I[2\int_0^w \alpha_p M^2(x)dx-M_p^2] \right).$$
(3.205)

Diese Formel gestattet die Berechnung der mittleren spektralen Rauschstromdichte Ψ für jede Art der Injektion und Generation $G^O(x)$ von Ladungsträgern in die Avalanchezone, wenn $\alpha_n(x)$, $\alpha_p(x)$ bekannt sind. Der Gesamtstrom ist nach (3.164) durch

$$I = I_n(O)M_n + I_p(w)M_p + qA\int_O^w G^O(x)M(x)\,dx \tag{3.206}$$

gegeben.

Für den Fall, daß das Verhältnis der Ionisationskoeffizienten k unabhängig vom Ort ist, können aus (3.205) einfache Formeln für den Zusatzrauschfaktor abgeleitet werden [3.40]. Hier soll zusätzlich vorausgesetzt werden, daß auch α_n, α_p selbst unabhängig vom Ort sind, wie es bei der $p^+\pi n^+$-Diodenstruktur der Fall ist. Für den Zusammenhang von M_n und M_p erhält man dann aus (3.167) und (3.168) den Ausdruck

$$M_p = (M_n - 1)\,k + 1. \tag{3.207}$$

Mit $\alpha_p = (\alpha_n - \alpha_p)k/(1-k)$ und unter Beachtung von (3.202) folgt außerdem

$$2\int_O^w \alpha_p M^2(x)\,dx = \frac{k}{1-k}\,(M_n^2 - M_p^2). \tag{3.208}$$

Mit diesen Formeln und dem Gesamtstrom aus (3.206) kann man (3.205) nach einigen Umrechnungen schließlich in die folgende Form bringen:

$$\Psi = 2qI_n(O)M_n^2 F_n + 2qI_p(w)M_p^2 F_p + 2qA\left(2\int_O^w G^O(x)M^2(x)\,dx\right.$$

$$\left. + \frac{kM_n^2 - M_p^2}{1-k}\int_O^w G^O(x)M(x)\,dx\right). \tag{3.209}$$

Dabei ist der Zusatzrauschfaktor bei reiner Elektroneninjektion ($I_p(w)$, $G^O(x) = O$) durch

$$F_n = M_n\left(1 - (1-k)\frac{(M_n-1)^2}{M_n^2}\right) = kM_n + (1-k)(2 - \frac{1}{M_n}) \tag{3.210}$$

gegeben. Der Zusatzrauschfaktor bei reiner Löcherinjektion ($I_n(O)$, $G^O(x) = O$) lautet

$$F_p = M_p \left(1 - (1 - \frac{1}{k}) \; \frac{(M_p - 1)^2}{M_p^2} \right) = \frac{1}{k} M_p + (1 - \frac{1}{k})(2 - \frac{1}{M_p}) .$$

$$(3.211)$$

In (3.209) stellen damit die ersten beiden Summanden den Rauschbeitrag der injizierten Elektronen- bzw. Löcherströme dar, die beiden letzten Summanden entstehen durch die Generation von Ladungsträgern in der Raumladungszone.

Für den Sonderfall $k = 1$ folgt aus diesen Formeln mit (3.166)

$$F_n = F_p = M_n = M_p .$$

$$(3.212)$$

Nach [3.40] gilt diese Beziehung unter den allgemeineren Voraussetzungen gemischter Injektion und von Null verschiedener Generation, wie es auch von Tager [3.43] abgeleitet wurde.

Die nach (3.210) und (3.211) berechneten Zusatzrauschfaktoren sind in Abb. 3.18 als Funktion der Multiplikationsfaktoren M_n bzw. M_p mit k als Parameter dargestellt. Bei reiner Elektroneninjektion ist der Zusatzrauschfaktor F_n am kleinsten

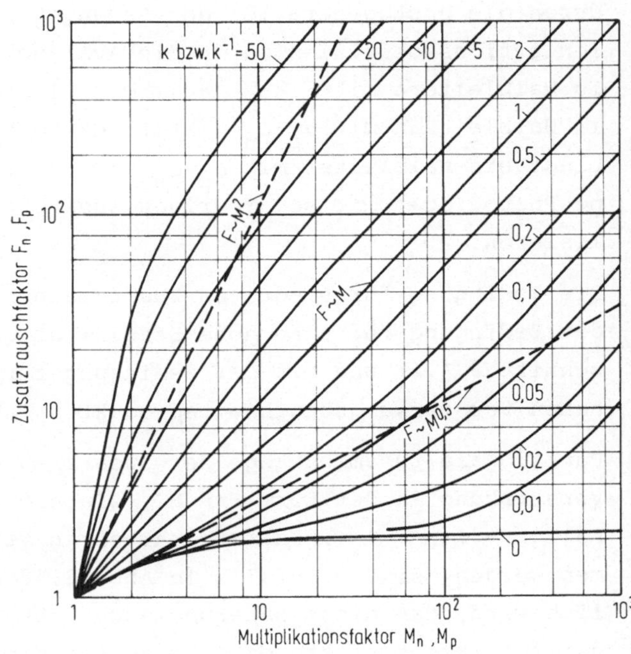

Abb. 3.18. Zusatzrauschfaktoren F_n, F_p als Funktion der Multiplikationsfaktoren M_n, M_p nach (3.210) und (3.211) $k = \alpha_p / \alpha_n$ (Elektroneninjektion) $k^{-1} = \alpha_n / \alpha_p$ (Löcherinjektion)

für $k = 0$. Für große Werte des Multiplikationsfaktors M_n gilt nach (3.210)

$$F_n = k M_n + 2(1-k). \tag{3.213}$$

Speziell für $k = 0$ ist dann $F_n = 2$ unabhängig von der Höhe des Faktors M_n.

Solange $k < 1$ ist, steigt F_n für kleine M_n sublinear an und geht erst bei hohen Werten von M_n in einem proportional zu M_n wachsenden Verlauf über. Für $k = 1$ ist der Zusatzrauschfaktor F_n gleich dem Multiplikationsfaktor M_n. Sehr ungünstige Verhältnisse liegen bei reiner Elektroneninjektion vor, wenn $k > 1$ gilt. In diesem Falle ergeben sich bei kleinen Verstärkungen bereits sehr hohe Zusatzrauschfaktoren.

Da der Zusatzrauschfaktor F_p für reine Löcherinjektion (3.211) aus F_n durch Austausch von k durch $1/k$ und M_n durch M_p hervorgeht, ergeben sich für F_p als Funktion von M_p die gleiche Kurvenschar wir für M_n, wenn $1/k$ als Parameter gewählt wird.

Zur Erzielung eines niedrigen Zusatzrauschfaktors ist es also unbedingt notwendig, die APD-Struktur so zu wählen, daß durch die Photogeneration der Ladungsträger mit dem größeren Ionisationskoeffizienten in die Avalanchezone injiziert wird. In Halbleitern mit $\alpha_p < \alpha_n$ ($k < 1$) muß Elektroneninjektion und in Halbleitern mit $\alpha_p > \alpha_n$ ($1/k < 1$) muß Löcherinjektion erfolgen. Liegt ein Halbleiter mit $\alpha_p = \alpha_n$ vor, sind von vornherein keine Photodioden mit so niedrigen Zusatzrauschfaktoren zu realisieren.

Die Bedingung für niedriges Zusatzrauschen geht konform mit der Bedingung für eine hohe Stabilität der Verstärkung (Abschnitt 3.4.2) und mit der Bedingung für die Einstellung eines hohen Verstärkungsbandbreiteproduktes (Abschnitt 3.4.3).

Funktionale Zusammenhänge der Zusatzrauschfaktoren mit der Verstärkung in der Form $F = M^x$, wie sie ausgehend von dem Fall $k = 1$ ($x = 1$) in älteren Arbeiten vereinfachend angenommen werden, sind ebenfalls in Abb. 3.18 dargestellt. Deutlich wird, daß diese Näherung außer für $k = 1$ den Verlauf der Zusatzrauschfaktoren sehr schlecht beschreibt.

Im allgemeinen ist in APDs das Feld in der Avalanchezone
nicht konstant und die Voraussetzungen, die der Ableitung
der Zusatzrauschfaktoren zugrunde gelegt wurden, sind nicht
erfüllt. Führt man in diesem Falle über die Avalanchezone
der Weite w mit dem Multiplikationsfaktor $M(x)$ und $M^2(x)$ ge-
wichtete k-Werte ein

$$k_1 = \int_0^w \alpha_p(x) M(x) \, dx \Big/ \int_0^w \alpha_n(x) M(x) \, dx \qquad (3.214)$$

und

$$k_2 = \int_0^w \alpha_p(x) M^2(x) \, dx \Big/ \int_0^w \alpha_n(x) M^2(x) \, dx, \qquad (3.215)$$

dann kann man nach [3.44] für die Zusatzrauschfaktoren bei
reiner Elektronen- bzw. Löcherinjektion annähernd schreiben

$$F_e = k_{eff} M_n + (2 - \frac{1}{M_n})(1 - k_{eff}), \qquad (3.216)$$

$$F_h = k'_{eff} M_p + (2 - \frac{1}{M_p})(1 - k'_{eff}), \qquad (3.217)$$

mit

$$k_{eff} = \frac{(k_2 - k_1^2)}{1 - k_2}, \qquad (3.218)$$

$$k'_{eff} = \frac{k_{eff}}{k_1^2}. \qquad (3.219)$$

Für kleine k_i-Werte ist $k_{eff} \approx k_2 \approx k_1$ und $k'_{eff} = 1/k_{eff}$. Die
Gl. (3.216) und (3.217) haben die gleiche Struktur wie (3.210)
und (3.211). Die allgemeinen Aussagen über das Verhalten der
Zusatzrauschfaktoren bleiben damit auch für ADPs mit nicht
konstantem elektrischen Feld in der Avalanchezone gültig.

Liegt gemischte Injektion und Generation in der Avalanchezone
vor, erhöht sich gemäß (3.209) der Rauschbeitrag. Für gemischte Injektion mit vernachlässigbarer Generation (Photogeneration auf beiden Seiten einer dünnen Avalanchezone) folgt aus
(3.209) nach Einführung des Injektionsverhältnisses

$$f_i = \frac{I_n(0)}{I_n(0) + I_p(w)} = \frac{I_n(0)}{I_{pr}} \qquad (3.220)$$

und des mittleren Multiplikationsfaktors nach (3.164)

$$\tilde{M} = f_i M_n + (1-f_i) M_p \tag{3.221}$$

für die spektrale Dichte $\Psi = 2qI_{pr}\tilde{M}^2 F_{eff}$, wobei der effektive Zusatzrauschfaktor

$$F_{eff} = \frac{f_i M_n^2 F_n + (1-f_i) M_p^2 F_p}{[f_i M_n + (1-f_i) M_p]^2} \tag{3.222}$$

lautet.

In Abb. 3.19 ist F_{eff} als Funktion des mittleren Multiplikationsfaktors $\tilde{M}$ für $k = 0{,}01$ und $k = 0{,}1$ für verschiedene Werte des Injektionsverhältnisses f_i aufgetragen [3.13]. Solange die Injektion der Ladungsträger mit dem niedrigeren Ionisationskoeffizienten (Löcher) nicht zu groß wird, ist der Zusatzrauschfaktor F_{eff} nicht wesentlich größer als F_n. Bei einem größeren Anteil der Löcherinjektion muß die Sperrspannung merklich erhöht werden, um $\tilde{M}$ nach (3.221) wegen des kleineren Wer-

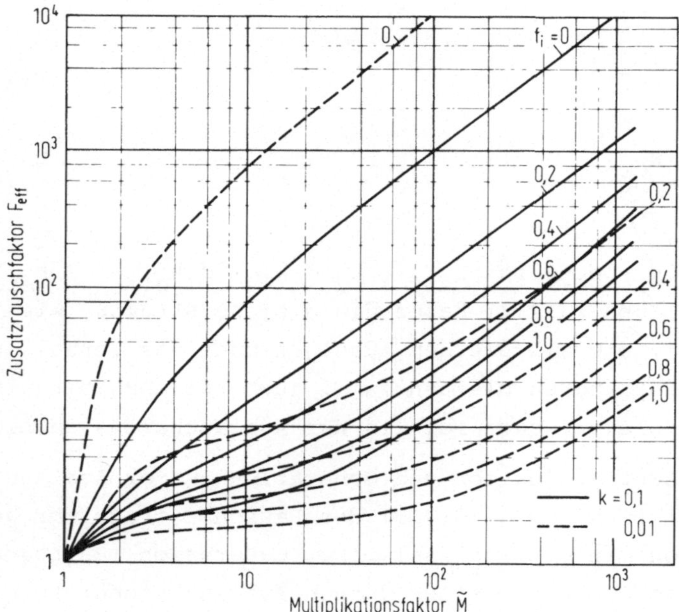

Abb. 3.19. Zusatzrauschfaktor F_{eff} bei gemischter Injektion als Funktion des mittleren Multiplikationsfaktors $\tilde{M}$ nach [3.13]. Das Injektionsverhältnis f_i ist Parameter

tes von M_p konstant zu halten. Durch die starke Beteiligung der Löcher am Avalancheprozeß wird entsprechend der Zusatzrauschfaktor ansteigen, bis bei $f_i = 0$ die reine Injektion der falschen Ladungsträger vorliegt.

3.4.7 Signal-Geräusch-Verhältnis und optimale Verstärkung

Zur Berechnung des Signal-Geräusch-Verhältnisses gehen wir wie bei der Photodiode ohne innere Verstärkung (Abschnitt 3.1.5) vor. Im Falle der APD ist zu beachten, daß der primäre Photostrom mit dem (mittleren) Multiplikationsfaktor M und bei den effektiven Rauschstromquadraten nach (3.198) die Mittelwerte der Primärströme, welche über die Avalanchezone fließen, mit $M^2 F(M)$ zu multiplizieren sind. Dabei wird vereinfachend vorausgesetzt, daß für alle diese Ströme die gleiche Verstärkung M und der gleiche Zusatzrauschfaktor F gültig sind. Für die Amplitude des Signalphotostromes gilt dann analog zu (3.82)

$$I_s^0 = \frac{q}{h\nu}\eta_{ex}P_s^0 M \tag{3.223}$$

und für den Gesamtrauschstrom analog zu (3.91)

$$I_{N,eff}^2 = 2q\left(\frac{q}{h\nu}\eta_{ex}P_s^0 + \overline{I}_d - \overline{I}_{d,ol}\right)M^2 FB$$

$$+ \left(2q\overline{I}_{d,ol} + \frac{4kT}{R_L}F_v\right)B. \tag{3.224}$$

Hierbei ist der effektive Rauschstrombeitrag des Hintergrundes weggelassen worden. Außerdem wurde beachtet, daß nur der Dunkelstromanteil $\overline{I}_d - \overline{I}_{d,ol}$ über die Avalanchezone fließt und verstärkt wird, wenn $\overline{I}_{d,ol}$ der Oberflächenleckstromanteil des Dunkelstromes ist.

Entsprechend zu (3.92) erhält man für das Signal-Geräusch-Verhältnis einer APD

$$\frac{S}{N} = \frac{\frac{1}{2}\left(\frac{q}{h\nu}\eta_{ex}P_s^0\right)^2}{2q\left(\frac{q}{h\nu}\eta_{ex}P_s^0 + \overline{I}_d - \overline{I}_{d,ol}\right)FB + \frac{1}{M^2}\left(2q\overline{I}_{d,ol} + \frac{4k\overline{I}}{R_L}F_v\right)B}, \tag{3.225}$$

wobei Zähler und Nenner der rechten Seite durch M^2 dividiert
worden sind.

Für hohe Verstärkungen M verschwindet in (3.225) der zweite
Klammerausdruck. Das Signal-Geräusch-Verhältnis einer APD
kann damit durch ihre innere Verstärkung M verbessert werden. Da aber die Avalancheverstärkung mit dem Zusatzrauschfaktor F(M) verknüpft ist, der seinerseits mit M ansteigt,
gibt es ein maximales S/N bei einer endlichen Verstärkung
$M = M_{opt}$. M_{opt} wird annähernd dann erreicht, wenn die
Rauschbeiträge der beiden Klammerausdrücke in (3.225) gleich
groß sind. Mit einer APD kann also nur dann eine Verbesserung des Signal-Geräusch-Verhältnisses gegenüber einer Photodiode erreicht werden, wenn bei $M = F = 1$ nicht bereits die
Rauschbeiträge des ersten Klammerausdruckes im Nenner von
(3.225) dominieren. Bei niedrigen Signalleistungen darf dann
vor allem der Dunkelstrom der APD nicht zu hoch sein.

Im Falle zu vernachlässigendem Dunkelstromes und so hoher
Verstärkungen, daß nach (3.213) $F = kM + 2(1-k)$ gilt, erhält man durch Differenzieren von (3.225) eine optimale Verstärkung von

$$M_{opt} = \left(\frac{4k_B \, T \, F_v \, h\nu}{q^2 \eta_{ex} k R_L P_s^o} \right)^{1/3} \tag{3.226}$$

und damit ein maximales Signal-Geräusch-Verhältnis

$$\left(\frac{S}{N}\right)_{max} = \frac{1}{8h\nu B} \left(3\left(\frac{k_B T F_v h\nu}{16q^2 R_L}\right)^{1/3} \left(\frac{k^{1/2}}{\eta_{ex} P_s^o}\right)^{4/3} - \frac{1-k}{\eta_{ex} P_s^o} \right)^{-1} . \tag{3.227}$$

In diesen beiden Gleichungen ist für die Boltzmann-Konstante
k_B geschrieben worden, um sie vom Verhältnis der Ionisationskoeffizienten k zu unterscheiden.

Nach (3.226) ist M_{opt} um so größer, je höher das thermische
und Verstärkerrauschen ist. Von Seiten der APD geht neben
dem Quantenwirkungsgrad nur das Verhältnis der Ionisationskoeffizienten k ein.

3.5 Sperrschichtphotodetektoren mit Heterostruktur

3.5.1 Prinzip der Heterostruktur

Heterostrukturen sind Schichtfolgen aus unterschiedlichen Halbleitern, wodurch sprunghaft oder graduell sich ändernde räumliche Verläufe von Bandabständen hergestellt werden können. Abb. 3.20 zeigt den Bandverlauf eines nn- und eines pn-Heteroüberganges [3.45] ohne äußere Spannung. Wegen der unterschiedlichen Bandabstände E_g^a und E_g^b entstehen am Heteroübergang im Leitungs- und Valenzband Energiebandsprünge ΔE_c und ΔE_v mit

$$\Delta E_c + \Delta E_v = E_g^a - E_g^b. \qquad (3.228)$$

Beim idealen Heteroübergang gilt $\Delta E_c = \chi^a - \chi^b$, wobei χ^a, χ^b die Elektronenaffinitäten der Halbleiter sind.

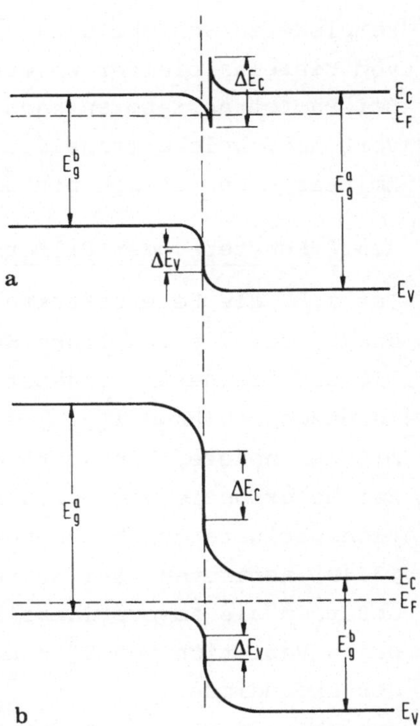

Abb. 3.20. Bandverlauf von Heteroübergängen. E_g^a, E_g^b: Bandabstand. a) nn-Heteroübergang; b) pn-Heteroübergang

Voraussetzung für eine technische Realisierung von Heterostrukturen mit hochwertigen kristallinen, elektrischen und optischen Eigenschaften ist eine nahezu gleiche Gitterkon-

stante des Trägers (Substrat) und der einzelnen Halbleiterschichten [3.46, 3.47]. Beispiele für Halbleiter mit von Natur aus annähernd gleicher Gitterkonstante sind Ge/GaAs und
in nahezu idealer Weise AlGaAs/GaAs. Für ternäre Halbleiter
gibt es im allgemeinen eine an ein binäres Substrat gitterangepaßte Zusammensetzung, z.B. $In_{0,49}Ga_{0,51}P$/GaAs oder
$In_{0,53}Ga_{0,47}As$/InP. Bei quaternären Halbleitern ist es durch
Variation der Zusammensetzung möglich, Halbleiter unterschiedlichen Bandabstandes gitterangepaßt an binäre Substrate herzustellen, z.B. InGaAsP auf GaAs oder InP.

In Sperrschichtphotodetektoren können einige der optischen
und elektrischen Eigenschaften von Heterostrukturen mit Vorteil genutzt werden. So können Heterostrukturen Teil einer
Fenster- oder Filterschicht bilden; bei APDs ermöglichen sie
eine Anordnung von Avalanche- und Absorptionszone in Halbleitern mit unterschiedlichen Bandabständen und führen in
komplexeren Schichtfolgen zu neuen Strukturen von APDs mit
vom Einzelhalbleiter unterschiedlichen Materialeigenschaften.
Bei Phototransistoren kann man schließlich die allgemeinen
Vorteile, welche Transistoren mit Heterostruktur ("Wide-gap"-
Emitter) theoretisch bieten, ausnutzen.

3.5.2 Fenster- oder Filterschicht

Ist z.B. die Heterostruktur in Abb. 3.20 b Teil einer Photodiode, auf die von links Strahlung fällt und im Halbleiter
mit dem kleineren Bandabstand Photogeneration stattfindet
(Grenzwellenlänge $\lambda^{b}_{grenz} = hc/E^{b}_{g}$), dann wirkt die Schicht
mit dem höheren Bandabstand E^{a}_{g} als Fenster für $\lambda > \lambda^{a}_{grenz}$.
Bei hoher Dotierung der Schicht a können allerdings Absorptionsverluste durch Absorption an freien Ladungsträgern
(3.40) auftreten. Bei ausreichender Dicke wirkt die Schicht
außerdem als Absorptionsfilter für Wellenlängen $\lambda < \lambda^{a}_{grenz}$.
Durch Variation von E^{a}_{g} kann damit die spektrale Bandbreite
der Photodiode $\lambda^{b}_{grenz} - \lambda^{a}_{grenz}$ verändert werden. Fensterschichten verkleinern die Verluste an photogenerierten Ladungsträgern durch Oberflächenrekombination (Abschnitt 3.1.3).
Denn bei idealen Heterostrukturen ist die Zwischenflächen-
Rekombinationsgeschwindigkeit am Heteroübergang im allge-

meinen um Größenordnungen niedriger als an der freien Halbleiteroberfläche.

Diese Funktionen sind nicht auf einen Heteroübergang beschränkt. Komplexere Schichtfolgen mit hintereinander an-
geordneten Photodioden mit selektiven Absorberschichten für
zunehmende Wellenlänge gestatteten z.B. die selektive Detektion einzelner Wellenlängenbereiche in einem Strahlungsge-
misch [3.13].

3.5.3 APDs mit Avalanchezone und Absorptionszone in Halb-
leitern unterschiedlichen Bandabstandes

Im Abschnitt 3.1.1 haben wir gesehen, daß bei Erhöhung der
Sperrspannung besonders bei Halbleitern mit kleinem Bandabstand statt des Avalanchedurchbruchs Tunneldurchbruch (keine Stoßionisation) stattfindet. Hier bieten Heterostrukturen
die Möglichkeit, den p^+n-Übergang mit der Hochfeldzone für
die Stoßionisation in den Halbleitern mit dem höheren Bandabstand zu legen, während Photogenerations- und Driftzone
in dem Halbleiter mit dem kleineren, der Wellenlänge der zu
detektierenden Strahlung angepaßten Bandabstand liegen.

Abb. 3.21 zeigt das Bandschema einer solchen APD ohne und
mit angelegter Sperrspannung am Beispiel einer p^+n-InP
(Avalanchegebiet)/n-InGaAs (Absorptionsgebiet) Schichtfolge,
wie sie zur Detektion von Strahlung im Wellenlängenbereich
900 - 1600 nm entwickelt wurde (Abschnitt 3.6.4). Unter
Strahlung von der p^+-Seite dienen die p^+- und n-InP-Schich-
ten als Fenster. In elektrischer Hinsicht können sich bei
diesen Dioden die Energiebandsprünge ΔE_c und ΔE_v negativ
auswirken. Photogenerierte Löcher in InGaAs müssen nämlich
die Potentialbarriere der Höhe ΔE_v im Valenzband überwinden, um in die Hochfeldzone im InP zu gelangen. Eine An-
sammlung von Löchern an dieser Barriere des Valenzbandes
und anschließender langsamer Abbau der Löcherdichte beeinflußt das Zeitverhalten der APD in negativer Weise.

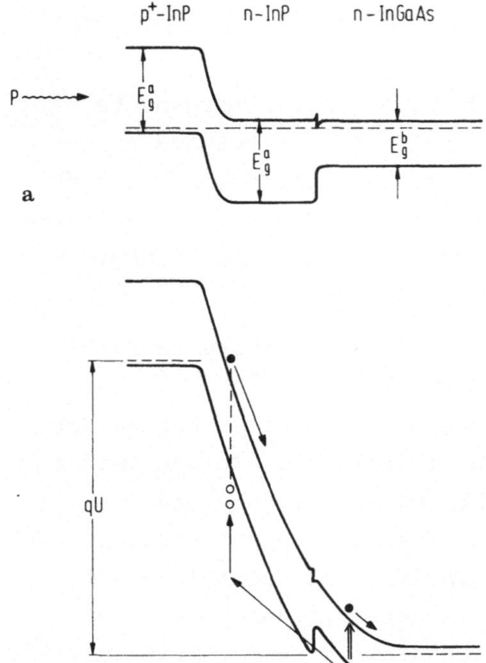

Abb. 3.21. Bandverlauf einer Avalanchephotodiode mit separierter Avalanchezone (p⁺n-InP) sowie Absorptions- und Driftzone (n-InGaAs). a) ohne; b) unter Sperrspannung; Der Photogenerationsprozeß und die Stoßionisation sind angedeutet

3.5.4 APDs mit niedrigem Zusatzrauschen durch Bandeffekte im Ortsraum

Das Verhältnis der Ionisationskoeffizienten $k = \alpha_p/\alpha_n$ ist für ein festes elektrisches Feld durch die Bandstruktur des Halbleiters festgelegt (Abschnitt 3.4.1). Für viele Halbleiter ist k ungünstigerweise nicht wesentlich von eins verschieden, so daß APDs mit niedrigen Zusatzrauschfaktoren aus diesen Halbleitern nicht hergestellt werden können. Dies gilt im besonderen für Germanium und III-V-Halbleiter wie InGaAsP, die für den in der optischen Übertragungstechnik mit Glasfasern interessanten Wellenlängenbereich $\lambda > 1$ µm in Frage kommen. Es sind verschiedene Vorschläge gemacht worden, durch eine räumliche Strukturierung der Halbleiterzusammensetzung eine räumliche Variation des Bandabstandes zu realisieren, welcher durch seine Potentialsprünge möglichst nur für eine Ladungsträgerart Stoßionisation erlaubt [3.48 - 3.54]. Das kann dann als eine effektive Verkleinerung von k bzw. 1/k interpretiert werden.

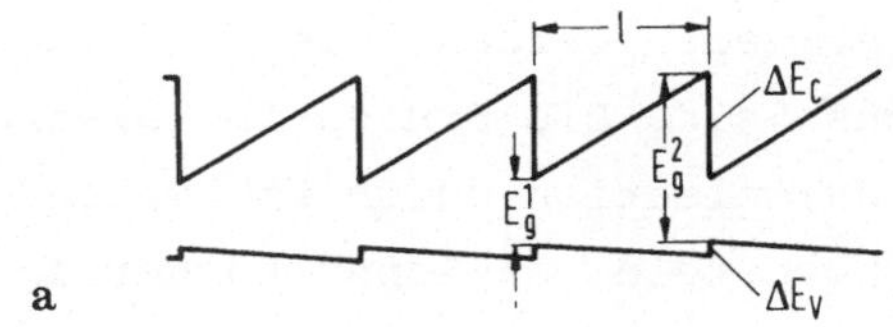

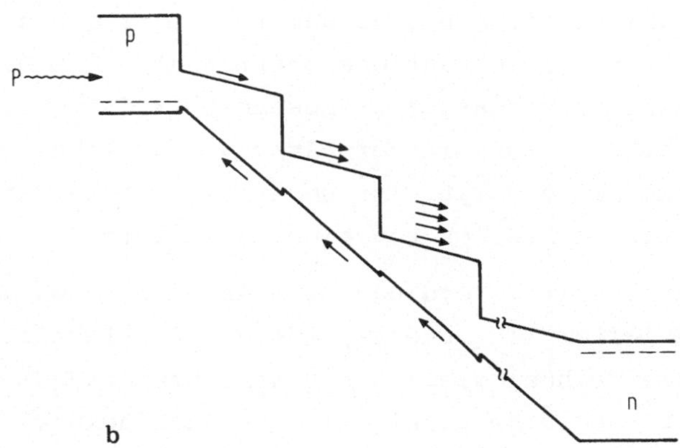

Abb. 3.22. Bandverlauf einer Vielschicht-Avalanchephoto-
diode mit variierendem Bandabstand in jeder Schicht der
Dicke l nach [3.53]. a) Vielschichtstruktur ohne Sperrspannung; b) unter Sperrspannung

Abb. 3.22 zeigt einen Vorschlag für eine Vielschicht-APD
[3.53] mit periodisch über der Länge l von E_g^1 auf E_g^2 stei-
gendem Bandabstand. In dieser Struktur wird die zur Stoßionisation erforderliche Energie für die Elektronen durch
den Leitungsbandsprung ΔE_c am Heteroübergang geliefert. ΔE_c
muß also größer als die Schwellenenergie der Elektronen für
Stoßionisation im Material mit dem niedrigeren Bandabstand
E_g^1 sein. Fällt Strahlung auf die p^+-Seite der Diode, driften die injizierten Elektronen durch die erste Schicht und
verursachen dann direkt nach jedem Leitungsbandsprung Stoßionisation. Die Sperrspannung muß dabei so groß sein, daß
das durch die ansteigende Energiebandlücke bedingte Feld
$\Delta E_c/ql$ in ein Driftfeld überkompensiert wird. Im Idealfall
hat jede Stufe die Verstärkung 2. Liefert ein kleiner, hier
für jede Stufe gleich angenommener Anteil δ von Elektronen
zur Stoßionisation keinen Beitrag, gilt für die Gesamtver-
stärkung von N-Stufen $M = (2-\delta)^N$. Stoßionisation durch Lö-

cher soll möglichst vermieden werden. Dies erfordert also
ein möglichst niedriges Feld. Die Stufen im Valenzband stehen außerdem einer Stoßionisation durch Löcher entgegen. Sie
dürfen aber nicht zu hoch sein, da sonst Löcher an den Poten-
tialstufen gesammelt werden. Dies würde wiederum das Zeitverhalten der APD verschlechtern. Bei reiner Stoßionisation durch
Elektronen entspricht die APD also dem Idealfall eines effektiven Verhältnisses der Ionisationskoeffizienten $k = 0$, womit
der niedrige Zusatzrauschfaktor 2 (Abschnitt 3.4.6) verbunden
ist. Da in dieser Struktur die Verstärkung sehr lokal wie bei
einem Photomultiplier erfolgt, ist sogar ein noch niedrigerer
Zusatzrauschfaktor im Bereich von eins zu erwarten.

Die APD-Struktur stellt allerdings hohe Anforderungen an die
Auswahl der Halbleiter (ΔE_C und ΔE_V müssen die richtige Größe
haben) und an die Technologie. So muß der Übergang vom Halbleiter mit hoher Bandlücke zu niedrigerer Bandlücke kleiner
als die mittlere freie Weglänge der Elektronen für Photonen-
streuung (< 50 nm) sein. Im anderen Falle wächst δ stark an.

3.5.5 Heterostruktur-Phototransistoren

Auch für Phototransistoren können die dem Heterostruktur-Bi-
polar-Transistor innewohnenden theoretischen Vorteile [3.55]
genutzt werden. Im Abschnitt 3.3.1 wurde gezeigt, daß für
eine hohe Photostromverstärkung der Emitter-Injektionswirkungsgrad $\eta_E = 1$ sein sollte. Bei Homo-pn-Übergängen ist dies
nur bei einer gegenüber der Basis hohen Dotierung des Emitters
möglich. Heterostrukturen mit Emittern höheren Bandabstandes
("Wide-gap"-Emitter) als die der Basis bieten die Möglichkeit,
$\eta_E = 1$ zu realisieren sowie die Dotierungen von Emitter und
Basis unabhängig voneinander zur Optimierung anderer Parameter des Bauelementes einzustellen.

Dies wird deutlich, wenn man im Ausdruck für den Emitter-Injektionswirkungsgrad (3.122) die Ladungsträgerdichten $n_{p_O}^E$ und
$p_{n_O}^B$ bei Vorliegen eines Hetero-pn-Überganges durch die Bandabstände E_g^E, E_g^B ausdrückt. Für nicht entartete Dotierung von
Emitter und Basis gilt

$$n^E_{p_O}\, p^E_{p_O} = N^E_C\, N^E_V\, \exp\{-E^E_g/kT\}, \tag{3.229}$$

$$n^B_{n_O}\, p^B_{n_O} = N^B_C\, N^B_V\, \exp\{-E^B_g/kT\}. \tag{3.230}$$

Dies liefert für den Heterostruktur-Phototransistor (HPT)

$$\eta^{HPT}_E = \left(1 + \frac{D^E_n}{D^B_p}\frac{L^B_p}{L^E_n}\frac{N^E_C}{N^B_C}\frac{N^E_V}{N^B_V}\frac{n^B_{n_O}}{p^E_{p_O}}\, e^{-(E^E_g - E^B_g)/kT}\, \tanh\left(\frac{w_B}{L^B_p}\right)\right)^{-1}. \tag{3.231}$$

Unabhängig von den Dotierungen $p^E_{p_O}{\sim}N^E_A$, $n^B_{n_O}{\sim}N^B_D$ gilt also für Differenzen der Energiebandlücken $\Delta E^{E,B}_g \gg kT$ immer $\eta^{HPT}_E = 1$.

Wegen der Unabhängigkeit von η^{HPT}_E von den Dotierungen der Emitter-Basis-Diode, kann die Dotierung in der Basis höher als im Emitter gewählt werden. Dies vermindert die Basisweitenmodulation, erniedrigt den Basiswiderstand und kann vor allem zur Reduzierung der Basis-Emitter-Kapazität eingesetzt werden. In gewissen Grenzen hat dies dann auch ein verbessertes Zeit- und Rauschverhalten des Phototransistors zur Folge.

Abb. 3.23 zeigt das Bandschema eines pnp-HPT. Bei Beleuchtung von der "wide-gap"-Emitterseite dient der Emitter gleichzeitig als Fensterschicht; wegen der dünnen Basis erfolgt die Photogeneration vornehmlich in der Raumladungszone der Basis-Kollektor-Diode.

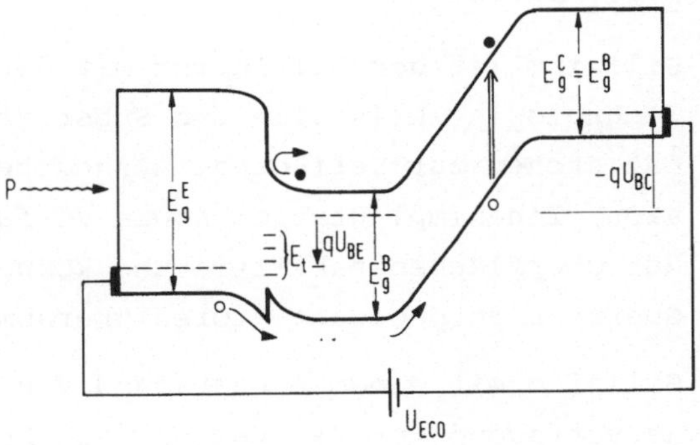

Abb. 3.23. Bandschema eines pnp-Heterostruktur-Phototransistors unter der äußeren Spannung U_{ECO}. $E^{E,B,C}_g$: Bandabstand im Emitter-, Basis- und Kollektorbereich; E_t: Energieniveaus von Zentren an der Emitter-Basis-Grenzschicht

Bei realen HPT zeigen sich Abweichungen vom idealen Modell der Heterostruktur. Vor allem führt der Einfang von injizierten Löchern beim pnp-HPT - und in gleicher Weise von injizierten Elektronen beim npn-HPT- in Energieniveaus E_t (Abb. 3.23)

an der Heterogrenzschicht zu einer Erniedrigung der Stromverstärkung β_0. Dies gilt besonders für niedrige Strahlungsleistungen, wenn ein hoher Prozentsatz der injizierten Löcher
in diese Energieniveaus gelangt. Bei höheren Strahlungsleistungen werden die Niveaus gesättigt, was einen Anstieg von
β_0 zur Folge hat.

3.6 Ausführungsformen von Sperrschichtphotodetektoren

In diesem Abschnitt werden verschiedene Ausführungsformen
von Sperrschichtphotodetektoren für Wellenlängen vom nahen
ultravioletten bis zum mittleren infraroten Spektralbereich
zusammengestellt. Wegen der Fülle des Materials und den zahl-
reichen Anwendungsgebieten, die wiederum von den Photodioden
sehr unterschiedliche Eigenschaften verlangen, kann es sich
hier nur um eine sehr unvollständige Darstellung handeln. Es
soll deshalb hier auch auf Bücher und Übersichtartikel [3.13],
[3.56] - [3.68] verwiesen werden. Die Ausführungsformen werden an Hand der verschiedenen Halbleitermaterialien bespro-
chen, aus denen die Sperrschichtphotodetektoren aufgebaut
sind. Hier werden ausführlicher behandelt: Silizium, Germanium, die III-V-Halbleiter AlGaAs/GaAs, InGaAsP/InP, AlGaAsSb/
GaSb, InAs und InSb, die IV-VI-Halbleiter PbSnTe und PbSnSe
sowie die II-VI-Halbleiter CdHgTe/CdTe.

3.6.1 Silizium

Silizium ist der Halbleiter mit der am weitesten entwickelten
Technologie. Kristalle und Substratmaterial mit hoher Qualität stehen zur Verfügung. Ausgearbeitete Techniken wie Diffusion, Ionenimplantation sowie Verfahren zur Passivierung und
zur Oberflächenstabilisierung können für die Herstellung von
Sperrschichtphotodetektoren übernommen werden.

Silizium mit einem Bandabstand von E_g = 1,12 eV eignet sich
hervorragend zur Herstellung von Sperrschichtphotodetektoren
für den Wellenlängenbereich von etwa 0,4 µm bis 1 µm. Im besonderen ist Silizium wegen des günstigen Verhältnisses der
Ionisationskoeffizienten k = 0,02 - 0,1 für die Herstellung
von APDs mit niedrigem Zusatzrauschen geeignet.

Photodioden haben eine Struktur mit p^+n-, p^+in^+- oder n^+ip^+-Dotierungsfolge (Abb. 3.24). Die Herstellung von pin-Photodioden erfolgt üblicherweise, indem auf einem geeigneten Substrat von 200 bis 300 µm Dicke eine niedrig dotierte Schicht (i, π, ν) epitaktisch abgeschieden wird. Der pn-Übergang wird mittels Diffusion, Ionenimplantation und seltener auch durch Epitaxie hergestellt. Bei Schottky-Dioden wird auf das niedrig dotierte Material ein geeigneter Schottky-Konakt (Au, Pt) aufgedampft [3.69]. Für Dioden mit sehr langen Driftzonen ($\gtrsim$ 100 µm) findet hochohmiges Substratmaterial Verwendung, in dessen Oberflächen p^+- und n^+-Gebiete diffundiert werden. Als Diffusionsmaske, Passivierung und auch Antireflexionsschicht dienen vornehmlich SiO_2 und Si_3N_4.

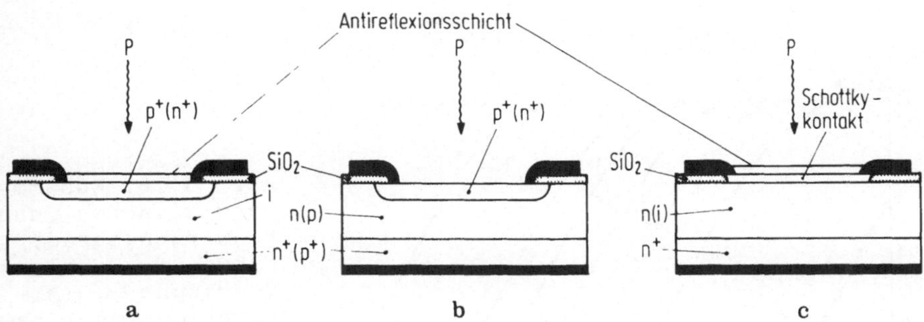

Abb. 3.24. Strukturen von Silizium-Photodioden. a) p^+in^+- bzw. n^+ip^+-Diode; b) p^+nn^+-Diode; c) Schottky-Diode

Abb. 3.25 zeigt die Beeinflussung des Quantenwirkungsgrades durch eine unterschiedliche Struktur und Dimensionierung der Photodioden. Höchste Quantenwirkungsgrade erreicht man mit pin-Photodioden mit Antireflexionsschicht, hier auf 633 nm abgestimmt. Photodioden mit dicken i-Schichten zwischen 1000 bis 3000 µm erreichen das Maximum des Quantenwirkungsgrades zwischen 0,9 und 1,1 µm. Photodioden mit Schottky-Kontakt reichen am weitesten in den kurzwelligen Spektralbereich hinein. Abb. 3.26 verdeutlicht nochmals den Zusammenhang zwischen Quantenwirkungsgrad (Abschnitt 3.1.3) und Weite der Raumladungszone bzw. der 3dB-Grenzfrequenz (Abschnitt 3.1.4).

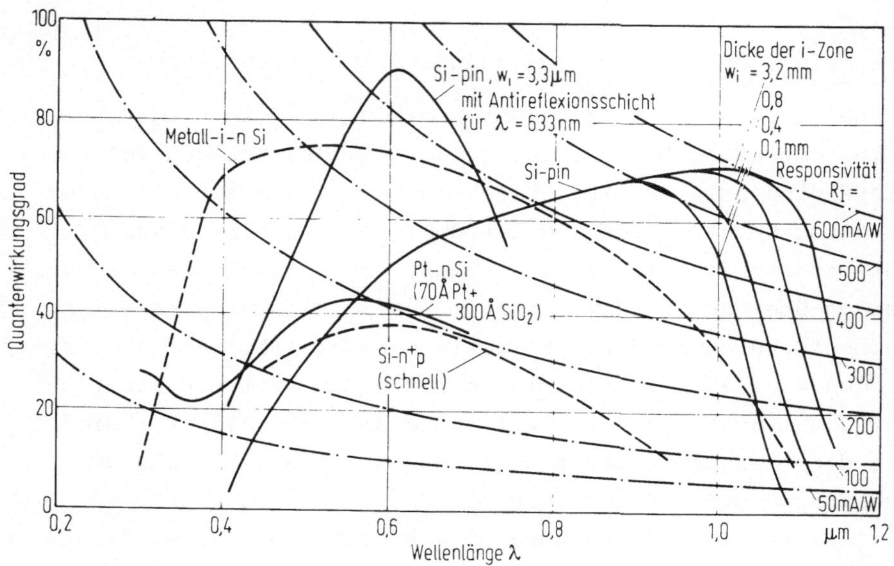

Abb. 3.25. Quantenwirkungsgrad von Silizium-Photodioden als Funktion der Wellenlänge nach [3.57]

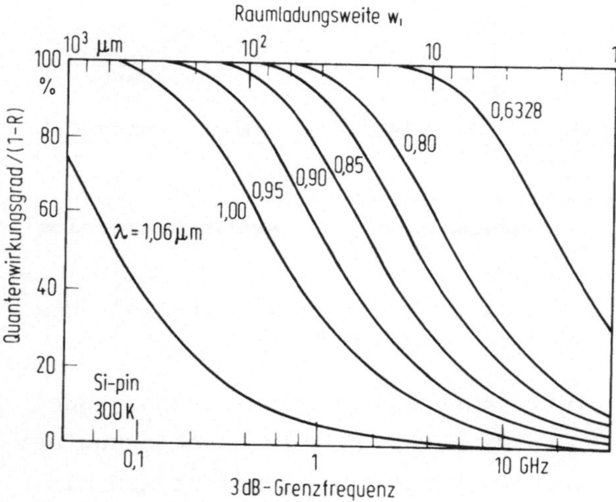

Abb. 3.26. Zusammenhang zwischen Quantenwirkungsgrad, Länge der Raumladungszone w_i (Absorptionszone) bzw. 3dB-Grenzfrequenz nach [3.2]; f_{3dB} = $0{,}44 \cdot v_s/w_i$ (siehe 3.76), v_s = 10^7cm/sec. Die Wellenlänge ist Parameter

Phototransistoren aus Silizium haben üblicherweise npn-Struktur (Abb. 3.27), wobei Emitter (n^+) und Basis (p) in einer epitaktischen n-Schicht hergestellt werden. Der Kollektor ist in eine n- und n^+-Schicht unterteilt, um kleine Kollektorbahnwiderstände zu realisieren. Wegen des relativ dünnen n-Gebietes (Raumladungszone) und der niedrigen Diffusionslänge

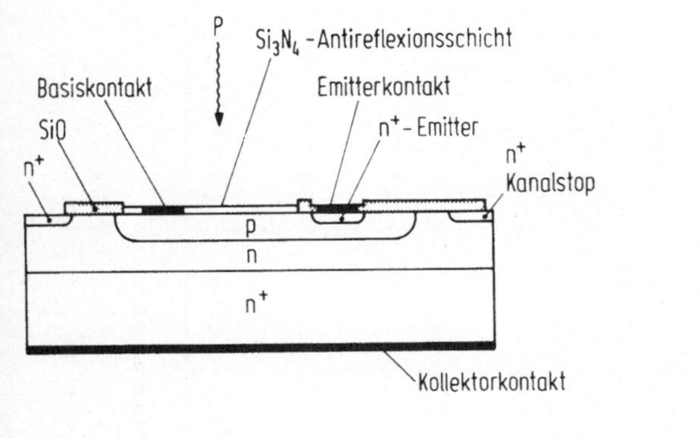

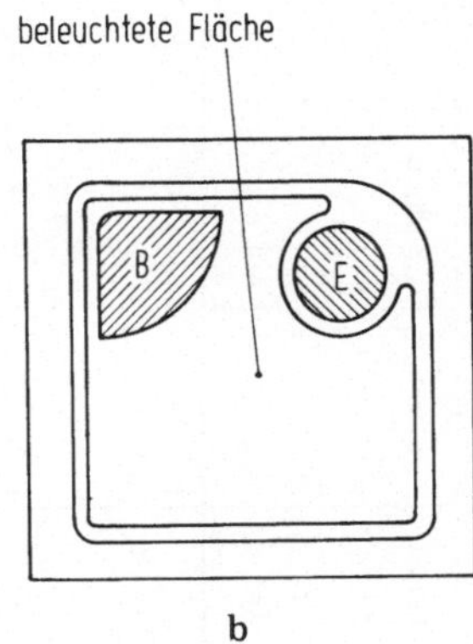

Abb. 3.27. Großflächiger Silizium-Phototransistor. a) Schnittbild; b) Draufsicht

im n^+-Gebiet haben diese Phototransistoren eine relativ niedrige Empfindlichkeit im langwelligen Spektralbereich um 1µm. Die Stromverstärkung liegt üblicherweise zwischen 100 und 1000. In dem aus der Stromverstärkung β folgenden Zeitverhalten (Abschnitt 3.3.2) kommt durch die Beschaltung mit einem äußeren Lastwiderstand R_L wegen der Kollektor-Basis-Kapazität C_C noch die Zeitkonstante $\tau = \beta_o R_L C_C$ hinzu. Die Anstiegs- und Abfallzeiten von üblichen Phototransistoren liegen bei $R_L = 1$ kΩ zwischen 1 und 30 µs.

Avalanchephotodioden

Die einfachsten (älteren) APDs haben n^+p- oder p^+n-Struktur. Sie werden ausführlicher in [3.32], [3.57] beschrieben. Eine der ersten planaren n^+p-APDs [3.70] mit homogenem Durchbruch ist in Tabelle 3.2 aufgenommen. Hohe Stromverstärkung und relativ niedriges Zusatzrauschen, frei von Beiträgen durch Mikroplasmenbildung [3.71], wird durch die Einführung eines n-Schutzringes (Abb. 3.28 a) erreicht. Dieser sorgt durch einen möglichst großen Krümmungsradius und durch einen linearen Dotierungsübergang [3.2] dafür, daß die Durchbruchspannung im gekrümmten Randbereich des pn-Überganges höher ist als im ebenen Teil unterhalb der beleuchteten Fläche.

APDs aus Silizium für den Wellenlängenbereich 0,8 bis 0,9 µm haben die "Reach-through"-Struktur (RAPD) (Abschnitt 3.4.4), welche eine optimale Abstimmung von Quantenwirkungsgrad, Ver-

Tabelle 3.2. Silizium-Avalanchephotodioden

Diodentyp	Fläche mm^2	Maximale Verstärkung	Gewinnbandbreiteprodukt GHz	Zusatzrauschfaktor F (M = 100)	k_{eff}	Durchbruchspannung V_{Br}	Kapazität pF	Dunkelstrom* nA	Zitat
n^+p	$2 \cdot 10^{-3}$	10^4	100	10		23	0,8	0,05	[3.70]
RaPD ($p^+\pi pn^+$)	$4 \cdot 10^{-2}$	200	>100	4	0,016...0,018	200...500	2	50 (0,1)	[3.72,3.73]
RAPD ($n^+p\pi p^+$)	$7,8 \cdot 10^{-3}$	$> 10^3$	>100	5	0,02 ...0,04	250...400	0,2	0,02 (0,2pA)	[3.74,3.75]
RAPD ($n^+p\pi p^+$)	$7 \cdot 10^{-2}$	>100		6	0,032	150			[3.76]
RAPD ($n^+p\pi p^+$)		10^4	250			300	<1		[3.80]
RAPD ($n^+p\pi p^+$)	$5,5 \cdot 10^{-2}$	>100		7,5		140...200			[3.81]
RAPD ($n^+\pi_1 p\pi_2 p^+$)	$9 \cdot 10^{-2}$	>100			0,008...0,014	215			[3.79]
RAPD ($n^+\pi_1 p\pi_2 p^+$)	$2 \cdot 10^{-2}$	$> 10^3$	300...400	7	0,03	90...100	1,5	0,08	[3.77,3.78]

* Werte in Klammern geben den Anteil des multiplizierten Dunkelstromes an

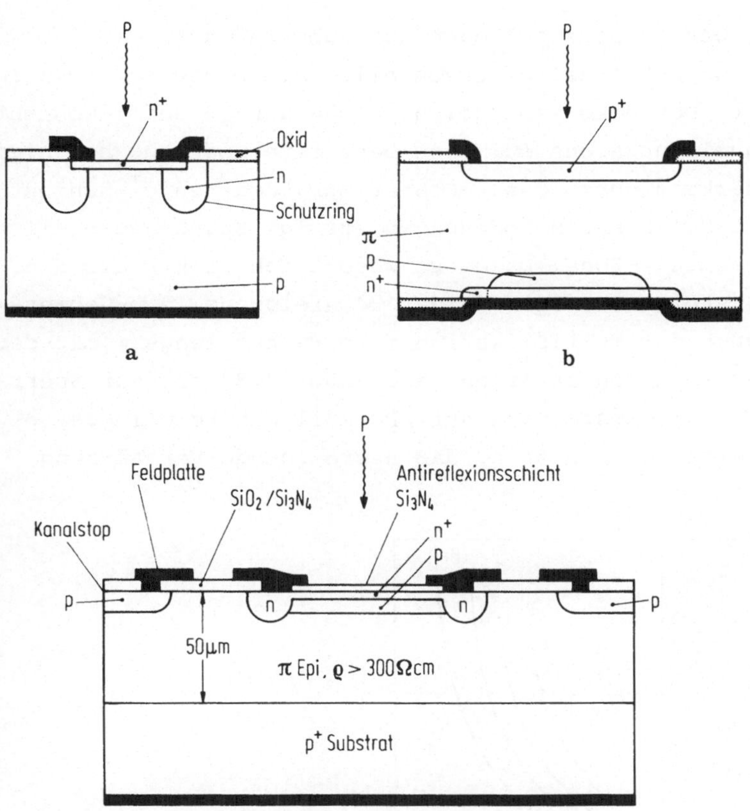

Abb. 3.28. Strukturen von Silizium-Avalanchephotodioden.
a) n^+p-APD mit n-Schutzring [3.57]; b) $p^+\pi pn^+$-RAPD ("reach-through") [3.72, 3.73]; c) $n^+p\pi p^+$-RAPD mit n-Schutzring und p-Kanalstop [3.74]

stärkung, Zeitverhalten und Zusatzrauschfaktor erlaubt, sowie relativ niedrige Sperrspannungen gemäß (3.188) ermöglicht. Diese Dioden wurden vornehmlich für den Einsatz als Detektor für die optische Nachrichtentechnik mit Glasfasern entwickelt [3.13].

Eine $p^+\pi pn^+$-Struktur (Abb. 3.28 b) entspricht bei Beleuchtung durch die p^+-Schicht nahezu dem Idealfall, da das Licht dann ausnahmslos in der etwa 30 bis 50 μm dicken π-Zone absorbiert wird und reine Injektion von Elektronen, den Ladungsträgern mit dem höheren Ionisationskoeffizienten, in eine relativ schmale Hochfeldzone des pn^+-überganges an der Unterseite der Diode erfolgt.

Nach [3.72] werden solche Dioden aus Substraten (π, 5000 Ω cm) mittels p- und n-Diffusion hergestellt. Die Diode ist richtig strukturiert (Dotierkonzentration, Dicke der p- und π-Schicht), wenn die Raumladungszone für eine bestimmte Spannung bei niedriger Verstärkung durch das π-Gebiet zur vorderen p^+-Schicht durchreicht. Bei höheren Spannungen erfolgt Spannungsabfall über die gesamte π-Zone. Da diese wesentlich dicker als die p-Zone ist, steigt das Feld in der Hochfeldzone im p-Gebiet, und damit auch der Multiplikationsfaktor, nur langsam mit der äußeren Sperrspannung an (siehe auch Abb. 3.29 a). Für Sperrspannungen im Arbeitsbereich der APD soll das Feld in der p-Zone einerseits so hoch sein, daß ausreichende Verstärkung

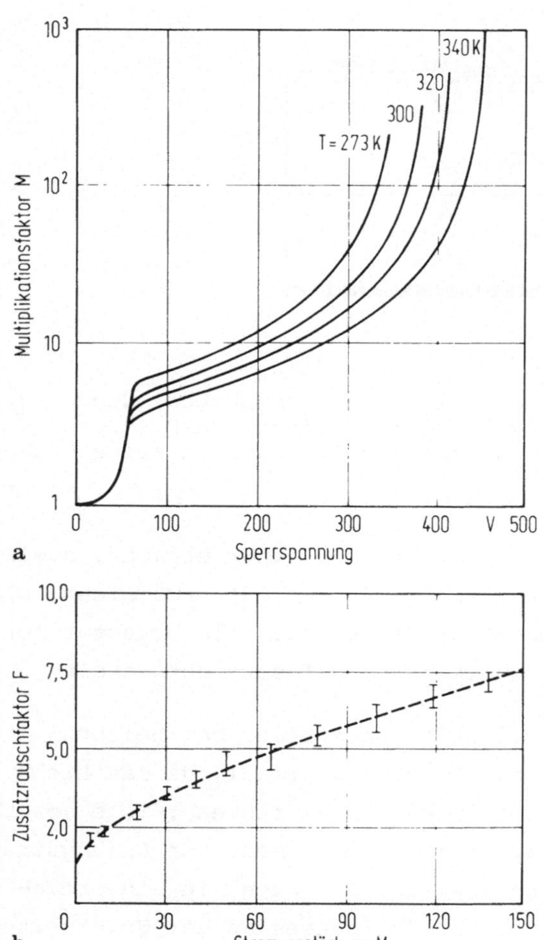

Abb. 3.29. Silizium $n^+p\pi p^+$-RAPD nach [3.74, 3.75]. a) Multiplikationsfaktor M als Funktion der Sperrspannung, die Temperatur T ist Parameter; b) Zusatzrauschfaktor F als Funktion der Stromverstärkung M

erfolgt, andererseits aber möglichst an der unteren Grenze
gehalten werden, damit $k = \alpha_p/\alpha_n$ klein ist und niedriges Zusatzrauschen auftritt. Gleichzeitig soll das Feld in der π-
Zone so hoch sein, daß die Ladungsträger ihre Sättigungs-
driftgeschwindigkeit erreichen. Das Zeitverhalten der APD
wird dann bei nicht zu hohen Multiplikationsfaktoren von der
Driftzeit durch die π-Zone der im Avalancheprozeß erzeugten
Löcher bestimmt.

Im allgemeinen haben heute RAPDs wegen der besseren Kompatibilität zur Silizium-Planartechnologie eine $n^+p\pi p^+$-Struktur
(Abb. 3.28 c). Nach [3.75] wird auf einem p^+-Substrat epitaktisch π-Material (300 Ωcm) abgeschieden. Durch Diffusion
werden n-Schutzring, Kanalstop (p) und n^+-Schicht hergestellt.
Die p-Schicht entsteht zeitlich vor der n^+-Schicht durch Ionenimplantation und Eindiffusion. Als Passivierungsschichten über
der π-Schicht wird SiO_2/Si_3N_4 und als Antireflexschicht Si_3N_4
verwendet. Die APD wird von der n^+-Seite her beleuchtet, wodurch gemischte Injektion in die p-Hochfeldzone erfolgt. Der
dadurch bedingte Anstieg (Tabelle 3.2) des Zusatzrauschfaktors bleibt gering, solange die Dicke von n^+- und p-Schicht
wesentlich kleiner als die der π-Schicht ist. Der diffundier-
te Kanalstop (p) verhindert die Bildung einer Inversionsschicht an der Oberfläche des Halbleitermaterials und hält
dadurch den Oberflächenleckstrom niedrig. Die durch die Über-
lappung des n-Kontaktes auf die SiO_2/Si_3N_4-Passivierungs-
schicht entstehende MIS-Diode unterstützt den Schutzring-Ef-
fekt, in dem bei Anliegen der Sperrspannung sich auch unter
dem SiO_2/Si_3N_4 eine Raumladungszone ausbildet und die Krüm-
mung der Raumladungszone der $n\pi$-Diode an der Halbleiteroberfläche weiter verringert.

Abb. 3.29 a zeigt die Stromverstärkung als Funktion der
Sperrspannung bei verschiedenen Temperaturen. Bei kleinen M
erfolgt der gesamte Spannungsabfall über dem p-Gebiet und M
steigt steil an. Bei etwa 60 V greift das Feld in das π-Ge-
biet über, welches bei etwa 100 V voll ausgeräumt ist. Die
Verstärkung steigt dann wesentlich langsamer auf Werte von
einigen hundert, bis dann - je nach Temperatur - die Durch-

bruchspannung bei etwa 350 bis 450 V erreicht wird. Besonders kritisch ist die Höhe der p-Dotierung. Eine Erhöhung um 10% reduziert die Durchbruchspannung erheblich und führt zu wesentlic höheren Verstärkungen bei niedrigen Spannungen. Deutlich wird auch die starke Temperaturabhängigkeit der Verstärkung, welche im praktischen Einsatz für die RAPD eine Stabilisierung oder Kompensation notwendig macht. Abb. 3.29 b zeigt den gemessenen Zusatzrauschfaktor F als Funktion der Verstärkung bei Beleuchtung der RAPD mit Strahlung von 0,8 μm Wellenlänge. Der Verlauf kann mit (3.213) annähernd beschrieben werden, wenn $k \approx 0,04$ gesetzt wird.

Diese $n^+ p \pi p^+$ RAPDs [3.74, 3.75, 3.80] haben noch relativ hohe Durchbruchspannungen. Kleinere Durchbruchspannungen und niedrigeres Zusatzrauschen werden bei RAPDs mit einem Feldverlauf gemäß Abb. 3.17 c mit einer relativ niedrigen Feldstärke in der Hochfeldzone des p-Gebietes erreicht. Ein solcher Feldverlauf kann in $n^+ p \pi p^+$-Strukturen realisiert werden, wenn am $n^+ p$-Übergang ein Dotierungsgradient vorliegt. Technologisch kann dieser während des Eindiffusionsprozesses der n^+-Dotierung eingestellt werden [3.76]. Eine andere Möglichkeit liegt in der direkten Realisierung der "lo-hi-lo" Dotierungsfolge durch Kombination von Epitaxie (π_2), Ionenimplantation (p) und zweiter Epitaxie (π_1) [3.77] - [3.79]. Bei einem Design für Durchbruchspannungen von 100 V bis 150 V wird $k_{eff} \approx 0,03$ erreicht (Tabelle 3.2, [3.76] - [3.78]). Niedrigste Werte $k_{eff} \approx 0,008$ wurden in RAPDs [3.79] mit 215 V Durchbruchspannung realisiert.

3.6.2 Germanium

Wegen des gegenüber Silizium kleineren Bandabstandes $E_g = 0,67\,eV$ ist Germanium etwa bis zu Wellenlängen um 1,7 μm als Detektormaterial verwendbar. Sperrschichtphotodetektoren aus Germanium finden aber heute vornehmlich im Wellenbereich 1 bis 1,7 μm Verwendung, wo Silizium ausscheidet und Detektoren aus anderen geeigneten Halbleitern nicht ausentwickelt sind.

Dies liegt an einigen Nachteilen, die Germanium hat. Der Dunkelstrom von Germaniumphotodioden ist wegen des niedrigen Band-

abstandes und der hohen intrinsischen Ladungsträgerdichte n_i
groß. Dazu kommt ein hoher Oberflächenleckstrom und eine hohe Oberflächenrekombinationsgeschwindigkeit. Der Ionisationskoeffizient der Löcher ist größer als der der Elektronen.
Mit $k \approx 2$ liegt ein sehr ungünstiges Verhältnis der Ionisationskoeffizienten vor. Damit können aus Germanium von vornherein keine APDs mit so niedrigen Zusatzrauschfaktoren und hohem Verstärkungsbandbreiteprodukt wie aus Silizium hergestellt werden. Außerdem fehlt bei Germanium ein stabiles natürliches Oxid, was zur Oberflächenpassivierung Verwendung finden kann.

Nach Abb. 3.3 hat elektromagnetische Strahlung bis zu einer Wellenlänge von 1,5 μm in Germanium eine Eindringtiefe um 1 μm. Damit werden in den Photodioden nur kurze Absorptionsbzw. Driftzonen benötigt. Für längere Wellenlängen sinkt der Absorptionskoeffizient um Größenordnungen. Die Designkriterien für hohen Quantenwirkungsgrad und günstiges Zeitverhalten entsprechen dann denen im Silizium.

Experimentelle Photodioden mit $n^+\pi p^+$-Mesastruktur [3.82] wurden hergestellt. Planare Photodioden [3.83] gleicher Dotierungsfolge haben bei Arbeitsspannungen von 20 V, Dunkelstromdichten von 2,5 mA/cm^2, Kapazitäten von 100 pF/cm^2 sowie Anstiegs- und Abfallzeiten um 10 nsec. Das Maximum der Quantenwirkungsgrade ($\approx$ 70%) liegt bei 1,5 μm. Photodioden aus Germanium mit unterschiedlichen Flächen sind im Handel erhältlich.

APDs aus Germanium sind vornehmlich für die optische Nachrichtentechnik im Wellenlängenbereich 1 bis 1,6 μm entwickelt worden. Der Schwerpunkt liegt dabei auf APDs für den Wellenlängenbereich um 1,3 μm, welche nur kurze Absorptions- bzw. Driftzonen benötigen. Ältere Germanium-APDs besitzen wegen der technologisch einfacheren n-Diffusion n^+p-Struktur [3.39],[3.84] bi [3.87], welche in planarer Ausführung [3.85], (Abb. 3.30 a) durch Diffusion (Sb) eines n-Schutzringes und der aktiven n^+-Zone (As) in einem p-Substrat (0,3 Ωcm bis 0,5 Ωcm) hergestellt werden. Als Passivierung und Antireflexionsschicht dient SiO_2. Wegen des hohen Absorptionskoeffizienten ($\approx 10^4$ cm^{-1} für Wellenlängen unterhalb 1,5 μm werden alle Ladungsträger in

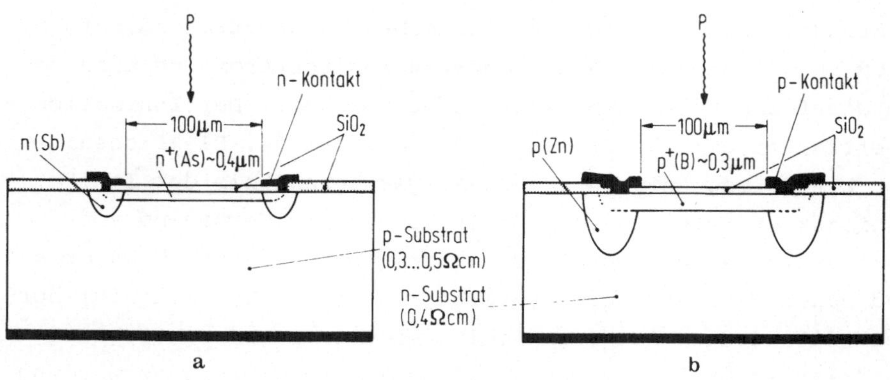

Abb. 3.30. Strukturen von Germanium-Avalanchephotodioden.
a) n^+p-Struktur [3.85]; b) p^+n-Struktur [3.93]

einer Zone von etwa 1 bis 2 μm unterhalb der Oberfläche generiert. Der Quantenwirkungsgrad der APD hängt deshalb von der
Oberflächenrekombinationsgeschwindigkeit und der Diffusionslänge der Löcher in der n^+-Schicht ab (Abschnitt 3.1.3). Bei
zu dicken n^+-Schichten sinkt der Quantenwirkungsgrad, weil
die photogenerierten Löcher vor Erreichen des pn-Überganges
rekombinieren. Für einen niedrigen Zusatzrauschfaktor sollte
andererseits reine Löcherinjektion in die Hochfeldzone erfolgen, was eine über 2 μm dicke n^+-Schicht erforderlich
machte. Ein Kompromiß zwischen Quantenwirkungsgrad und Zusatzrauschen wird mit einer 0,4 μm dicken n^+-Schicht erreicht.
Für 1,3 μm Wellenlänge ist $F \lesssim M$ und $\eta_{ex} \approx 80\%$ (mit Antireflexionsschicht). Maximale Verstärkungsfaktoren über 100 wur-
den erreicht.

Die Abhängigkeit des Verhältnisses der Ionisationskoeffizienten von der Kristallorientierung wurde untersucht [3.88]. k ist
für <100> Ge größer als für <111> Ge. Dies liefert aber keine
nennenswerte Verbesserung des Zusatzrauschens bei n^+p-APDs
[3.89]. Niedrige Zusatzrauschfaktoren von $F \approx 7$ bei $M = 10$
und Quantenwirkungsgrade von 70 bis 80% werden mit n^+np-Struk-
turen [3.90], [3.91] erzielt. Dies liegt daran, daß für 1,3 μm
Wellenlänge die Photogeneration im wesentlichen in der n-Schicht
(Dicke ≈ 2 μm) stattfindet und dadurch reine Löcherinjektion
erfolgt.

Neuere Germanium APDs haben p^+n-Struktur (Abb. 3.30 b), in
denen bei genügend dünner p^+-Schicht die Photogeneration
ebenfalls in der n-Schicht erfolgt. Die Dioden werden durch
Diffusion (Schutzring) und Implantation (aktive Zone) [3.92]
bis [3.94] oder allein durch Ionenimplantation hergestellt
[3.95] bis [3.97]. Bei 1,55 µm Wellenlänge wurde der niedrigste Zusatzrauschfaktor F = 6,5 (M = 10) erzielt. Abb. 3.31
zeigt das Modulationsverhalten dieser Dioden [3.95], [3.96]
bei verschiedenen Photostromverstärkungen. Deutlich wird der
Abfall der 3dB-Grenzfrequenz mit höheren Verstärkungen (Abschnitt 3.4.3). Aus den Kurven läßt sich ein Verstärkungsbandbreiteprodukt von etwa 30 GHz abschätzen.

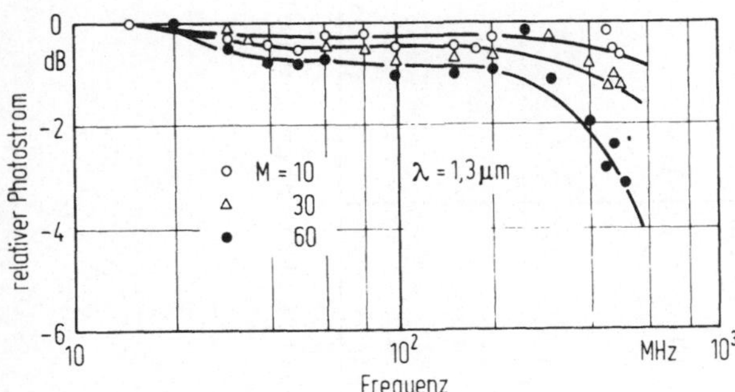

Abb. 3.31. p^+n-Ger-
manium-Avalanche-
photodioden [3.95,
3.96]; Modulations-
verhalten bei Ver-
stärkung M = 10, 30,
60

Für Wellenlängen über 1,55 µm sind wegen des niedrigen Absorptionskoeffizienten für hohen Quantenwirkungsgrad und kurze
Driftzeiten der Ladungsträger der APDs mit Trennung von Hoch-
feld- und (langer) Driftzone wie im Silizium erforderlich.
Experimentelle APDs mit einer p^+nn$^-$-Struktur [3.98] wurden
hergestellt.

Tabelle 3.3 gibt eine Zusammenstellung der Eigenschaften einiger Germanium-APDs unterschiedlicher Struktur an.

3.6.3 AlGaAs/GaAs

Das Interesse an Sperrschichtphotodetektoren aus GaAs und
AlGaAs ist gering, da der Wellenlängenbereich ($\lesssim$ 0,9 µm) auch
mit dem technologisch wesentlich besser beherrschten Silizium
erschlossen wird.

Tabelle 3.3. Germanium-Avalanchephotodioden

Dioden-typ	Wellen-längen-bereich μm	Fläche mm^2	Maxi-male Verstär-kung	Verstär-kungs-band-breite-produkt GHz	Zusatz-rausch-faktor F (M = 10)	k_{eff}	Durch-bruch-span-nung V_{Br} V	Kapa-zität pF	Dunkelstrom* nA	Zitat
n^+p	0,6...1,65	$1,25 \cdot 10^{-3}$	>200	60	10	–	16,3	0,9	70 (M = 1)	[3.39]
n^+p	0,9...1,60	$7,8 \cdot 10^{-3}$	100	> 2	10 ($\lambda=1,32\mu m$)	1 ($\lambda=1,32\mu m$)	23...33	<1,8	100...300 bei 0,9 V_B	[3.85]
n^+p	0,9...1,60	$7,8 \cdot 10^{-3}$	$\gtrsim 100$	6	10 ... 11 ($\lambda=1,3\mu m$)	1	≈ 25	<1,7	150 bei 0,9 V_{Br} (30...60)	[3.86, 3.87]
n^+np	0,8...1,5	$1,8 \cdot 10^{-2}$	100	5	($\lambda=1,3\mu m$)	1,6	31	–	1000 bei 0,9 V_{Br} (50)	[3.90, 3.91]
p^+n	1 ... 1,5	$7,8 \cdot 10^{-3}$	100	30	8 ... 9 ($\lambda=1,5\mu m$) 6,5 ($\lambda=1,55\mu m$)	–	30...35	1,3	150 bei 0,9 V_{Br}	[3.95, 3.96]

* Werte in Klammern geben den Anteil des multiplizierten Dunkelstromes an

GaAs mit E_g = 1,42 eV ist ein direkter Halbleiter. Der Absorptionskoeffizient steigt für Wellenlängen kürzer als λ_{grenz} = 873 µm entsprechend steil auf $\alpha \gtrsim 10^4 \text{cm}^{-1}$ an (Abb. 3.3). Es werden damit nur kurze Absorptions- bzw. Driftzonen benötigt; Photodioden mit sehr kurzen Anstiegs- und Abfallzeiten sind realisierbar. Allerdings wird der Quantenwirkungsgrad durch Oberflächenrekombination eingeschränkt. Es sind daher kaum pn-GaAs-Photodioden untersucht worden. Photodioden mit einer epitaktischen p-AlGaAs-Fensterschicht und n-GaAs-Absorptionsschicht auf n-GaAs-Substrat [3.99] erreichen nahezu 100% inneren Quantenwirkungsgrad. Mesa-Avalanchephotodioden gleicher Schichtfolge [3.100] bzw. mit pn^+-Übergang im GaAs unterhalb der p-AlGaAs-Fensterschicht [3.101] haben Dunkelstromdichten bei 0,9 V_{Br} von 5 bis $7 \cdot 10^{-6}$ A/cm^2. Verstärkungen um 3000 wurden erreicht. In einer GaAs-APD mit protonenimplantiertem Schutzring ohne Fensterschicht [3.102] wurden Verstärkungen um 8000 beobachtet.

Schottky-Photodioden [3.103] und Schottky-APDs [3.104], [3.105] sind auch untersucht worden. Sie bestehen aus einer epitaxialen n-GaAs-Schicht auf einem n^+-GaAs-Substrat. Eine 10 nm dicke semitransparente Platinschicht dient als Schottky-Kontakt, der durch eine dünne SiO-Schicht geschützt wird. Durch Protonenimplantation wird in [3.104], [3.105] ein Schutzring hergestellt. Die Schottky-Diode [3.103] mit einem Durchmesser der strahlungsempfindlichen Fläche von 25 µm besitzt bei 5 V Arbeitsspannung einen Dunkelstrom von 6 pA und Quantenwirkungsgrade von 30 bis 25% zwischen 0,6 bis 0,845 µm Wellenlänge. Die Bandbreite beträgt 20 GHz. Die APDs [3.104], [3.105] erreichen Quantenwirkungsgrade von 50% (λ = 0,8 µm), Verstärkungen über 400 und Verstärkungsbandbreiteprodukte größer 50 GHz.

Heterostruktur-Phototransistoren mit n-GaAlAs "Wide-gap"-Emitter, p-GaAs-Basis, n-GaAs-Kollektor [3.106] bis [3.108] wurden epitaktisch auf GaAs-Substraten hergestellt. Für optische Leistungen von 200 bis 300 µW werden optische Verstärkungen $M^{ph} = \eta_{ex}\beta_o$ (Abschnitt 3.3.1) von 100 bis 300 [3.106]

angegeben. Das Zeitverhalten der Phototransistoren mit nicht
angeschlossener Basis wird im wesentlichen durch die Emitter-
Basis-Kapazität bestimmt. In [3.108] werden etwa 2 nsec An-
stiegs- und Abfallzeit des Photostromes erreicht. Untersuchungen von Transistoren mit kontaktierter Basis [3.107] lie-
ferten maximale Stromverstärkungen der Heterotransistoren von
$\beta_o = 1600$.

3.6.4 InGaAsP/InP

InP mit einem Bandabstand von 1,35 eV ist wie GaAs von geringer Bedeutung für die Herstellung von Photodetektoren.
Die quaternäre Verbindung InGaAsP erlaubt durch Variation
der Zusammensetzung [3.109] die Herstellung von Halbleitern
mit Bandabständen von 1,35 eV (InP) bis 0,74 eV ($In_{0,53}Ga_{0,47}As$)
die gitterangepaßt auf InP epitaktisch aufwachsen. Die Möglichkeit mit diesen Materialien Photodetektoren im Wellenlängenbereich 1,0 bis 1,6 µm für die optische Nachrichtentechnik
herzustellen, hat zu einem hohen Entwicklungsaufwand geführt.
Die Vorteile, die InGaAsP-Photodioden über Ge-Photodioden haben, sind die folgenden: 1) InGaAsP ist ein direkter Halbleiter, so daß wegen der kleinen benötigten Raumladungszone, kurze Anstiegs- und Abfallzeiten realisiert werden können; 2) in
Verbindung mit InP liefern Heterostruktur-Dioden mit InP-Fen-
sterschichten niedrige Zwischenflächenrekombinationsgeschwin-
digkeit und damit hohen Quantenwirkungsgrad; 3) prinzipiell
sind niedrige Dunkelströme wegen der kleineren intrinsischen
Ladungsträgerdichte und des höheren Bandabstandes (auch bei
$In_{0,53}Ga_{0,47}As$) zu erwarten.

Das Verhältnis der Ionisationskoeffizienten $k = \alpha_p/\alpha_n$ liegt
für InP im Bereich 2 bis 4. Für InGaAsP gitterangepaßt an InP
sinkt k mit geringer werdendem Phosphoranteil und nimmt abhängig von der Kristallorientierung für $In_{0,53}Ga_{0,47}As$ Werte
zwischen 0,2 (<111>) und 0,6 (<100>) an [3.110]. Diese k-Werte
sind nur wenig günstiger als im Germanium, so daß auch InGaAsP-
APDs wesentlich höheres Zusatzrauschen als Si-APDs aufweisen.

Pn-Photodioden

Abb. 3.32 zeigt Strukturen von pn-Photodioden aus InGaAsP.
Ältere Photodioden [3.111] bis [3.113] bestehen aus einem
GaAs-Substrat mit epitaktischen Schichten variierender Zusammensetzung aus InGaAs zur schrittweisen Gitteranpassung
an eine $In_xGa_{1-x}As$-Schicht $(x \lesssim 0,31)$ (Abb. 3.32 a). Wegen
der problematischen Gitteranpassung können hier nur InGaAs-
Zusammensetzungen mit vom GaAs nicht zu unterschiedlichen Git-
terkonstanten gewählt werden, so daß die Grenzwellenlängen
der spektralen Empfindlichkeit dieser Photodioden unter
1,3 µm liegt.

Die gebräuchlichsten Photodioden auf InP-Substrat haben Mesastruktur (Abb. 3.32 b) oder planare Struktur (Abb. 3.32 c).
Die Mesadioden besitzen Homo-pn-Übergänge aus InGaAsP [3.114],
[3.115] oder vornehmlich aus $In_{0,53}Ga_{0,47}As$ [3.116] bis [3.123],
die epitaktisch oder durch p-Diffusion hergestellt werden.
Planare Photodioden haben eine lokale p-Diffusion direkt in
n-InGaAs [3.124] oder eine lokale, tiefe p-Diffusion durch
eine zusätzliche InP- oder InGaAsP-Deckschicht [3.125] bis
[3.127] hindurch bis zur InGaAs-Absorptionsschicht (Abb. 3.32 c).
Photodioden mit ionenimplantiertem pn-Übergang [3.128] sind
auch untersucht worden.

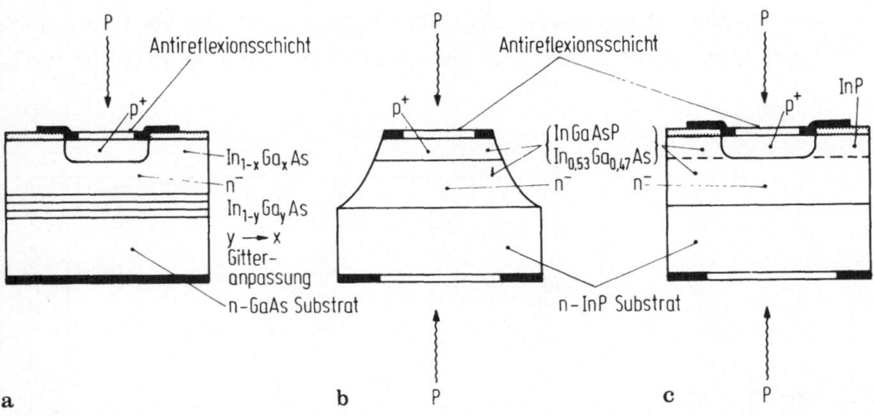

Abb. 3.32. pn-InGaAs(P)-Photodioden. a) planare Struktur auf
GaAs-Substrat mit InGaAs-Zwischenschichten zur Gitteranpassung [3.111] bis [3.113]; b) Mesastruktur mit Homo-pn-Übergang im $In_{0,53}Ga_{0,47}As$ oder InGaAsP, gitterangepaßt an InP
[3.116] bis [3.123]; c) planare Struktur zu b), wahlweise
mit Deckschicht aus InP oder InGaAsP [3.124] bis [3.127]

Eine Analyse der Eigenschaften von pn- oder pin-Photodioden
mit Homo-pn-Übergang aus InGaAsP oder $In_{0,53}Ga_{0,47}As$ findet
man in [3.129]. Hier werden als Beispiel die erreichten Parameter von $In_{0,53}Ga_{0,47}As$-Photodioden mit einer Struktur
wie in Abb. 3.32 b mit 75 µm Mesadurchmesser angegeben [3.123].
Für niedrige Kapazität bei Arbeitsspannungen kleiner 20 V und
hohem Quantenwirkungsgrad ist im $In_{0,53}Ga_{0,47}As$ eine n-Dotierung kleiner als $5 \cdot 10^{15}$ cm^{-3} erforderlich. Bei 4 bis 5 µm dik-
ken $n-In_{0,53}Ga_{0,47}As$-Schichten reicht die Raumladungszone bei
der Arbeitsspannung bis zum n-InP-Substrat durch. Eine Beleuchtung der Dioden von unten ist dann von Vorteil. InP wirkt
als Fenster. Der Durchmesser des pn-Überganges kann den Erfor-
dernissen entsprechend klein gewählt werden, was eine Minimierung der Kapazität bedeutet. Die bei Beleuchtung von oben
erforderlichen Kompromisse zwischen Abschattung der Strahlung
und aktiver Fläche (Kapazität) entfallen. Abb. 3.33 zeigt
den Dunkelstrom und die Diodenkapazität (ohne Gehäuse) als
Funktion der Sperrspannung sowie den spektralen Quantenwirkungsgrad. Bei einer Arbeitsspannung von 10 V wird ein Dunkelstrom kleiner als 1 nA und eine Kapazität um 0,25 pF erreicht. Die Photodioden haben im Wellenlängenbereich zwischen
0,950 und 1,55 µm einen externen Quantenwirkungsgrad von 95%,
wenn eine Antireflexschicht auf dem InP-Substrat aufgebracht
ist. Der steile Abfall des Quantenwirkungsgrades um 0,9 µm
beruht auf der Absorption im InP-Substrat. Die Anstiegs- und

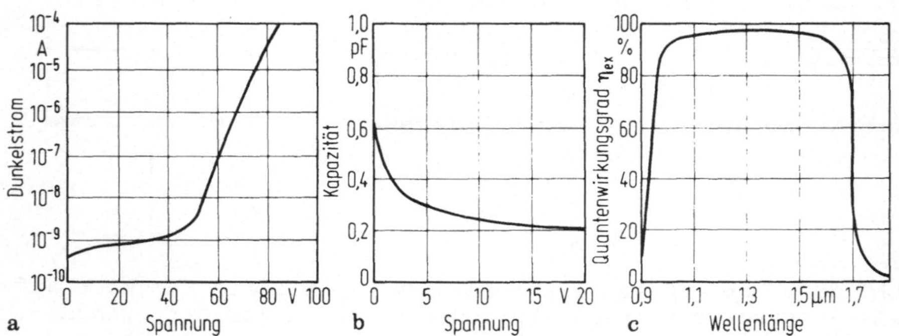

Abb. 3.33. $In_{0,53}Ga_{0,47}As$-Photodiode mit Mesastruktur
(d = 75 µm) nach [3.123]. a) Dunkelstrom; b) Kapazität;
c) Externer Quantenwirkungsgrad

Abfallzeiten der Dioden liegen unter 100 ps. Solche schnellen
kleinflächigen Photodioden mit kleinem Dunkelstrom und niedrigen Kapazitäten werden in optischen Empfängern für den Wellenlängenbereich um 1,3 µm zusammen mit rauscharmen GaAs-
Schottky-Feldeffekttransistoren als Vorverstärker eingesetzt
[3.117]. Empfänger mit dieser "PIN-FET"-Kombination sind tem-
peraturstabiler und bis zu Übertragungsraten um 500 Mbit/s
empfindlicher als entsprechende Empfänger mit Germanium-APDs
[3.130] bis [3.133].

Avalanchephotodioden

Ältere Arbeiten beschäftigen sich mit den Eigenschaften von
Avalanchephotodioden, deren Hochfeld- und Absorptionszone
aus InGaAsP oder InGaAs besteht. Hierzu gehören $In_xGa_{1-x}As$-
APDs mit Schottky-Kontakt [3.134] oder mit pn-Übergang
[3.135] auf GaAs-Substrat; vorwiegend Mesastruktur APDs mit
pn-Übergang in InGaAsP auf p-Substrat [3.136], [3.137] oder
auf n-InP-Substrat [3.138] bis [3.140] sowie mit durch
Ionenimplantation hergestelltem pn-Übergang [3.141], [3.142].
Andere APDs auf n-InP-Substrat haben den pn-Übergang im
$In_{0,53}Ga_{0,47}As$ [3.142] bis [3.145]. Typische Werte der Avalancheverstärkung liegen zwischen 10 und 30, einige um 100
[3.140], [3.142], [3.143]. Die Dunkelstromdichte bei halber
Durchbruchspannung liegt etwa bei $5 \cdot 10^{-6} A/cm^2$. Allen Dioden
ist aber eigen, daß der Dunkelstrom wie bei der pn-Photodiode (Abb. 3.33) mit wachsender Sperrspannung ansteigt und
bei $0,8 V_{Br}$ Werte über $10^{-3} A/cm^2$ annimmt. Mit InP-APDs werden wesentlich höhere Verstärkungen von $2 \cdot 10^4$ [3.146] oder
10^3 [3.147] mit einer Dunkelstromdichte bei $0,9 V_{Br}$ von
$10^{-5} A/cm^2$ erreicht.

Der Dunkelstrom in InGaAs(P)- und InP-Photodioden hängt of-
fenbar von der Versetzungsdichte im Kristallmaterial sowie
der Perfektion des pn-Überganges [3.146], [3.148], [3.149]
und bei planaren Dioden von der Technologie der Diffusions-
maskenherstellung [3.150] ab. Der physikalische Grund für
den Unterschied im Dunkelstrom von Photodioden aus InGaAs(P)
und InP im Bereich der Durchbruchspannung ist auf den domi-
nierenden Tunnelstromanteil (Abschnitt 3.1.1) in den Halb-

leitern niedrigeren Bandabstandes zurückzuführen. Der Oberflächenleckstrom spielt keine dominierende Rolle [3.151]. Der Tunneldunkelstrom eines p^+n-Überganges in InGaAs(P) und InP ist als Funktion der Höhe der n-Dotierung eingehend untersucht worden [3.152] bis [3.154]. Auch in $In_{0,53}Ga_{0,47}As$-Photodioden überwiegt bei niedrigen Sperrspannungen $(0,5\ V_{Br})$ der Generationsdunkelstrom und im Bereich des Durchbruchs der Tunneldunkelstrom [3.155]. Abb. 3.34 zeigt die Grenzkurve zwischen Avalanche- und Tunnel(Zener)durchbruch in Abhängigkeit von der n-Dotierung und der Zusammensetzung von an InP gitterangepaßtem InGaAsP [3.110]. Im $In_{0,53}Ga_{0,47}As$ ist erst unterhalb einer n-Dotierung von $5 \cdot 10^{14}\ cm^{-3}$ - drei Größenordnungen weniger als im InP - Avalanchedurchbruch zu erwarten.

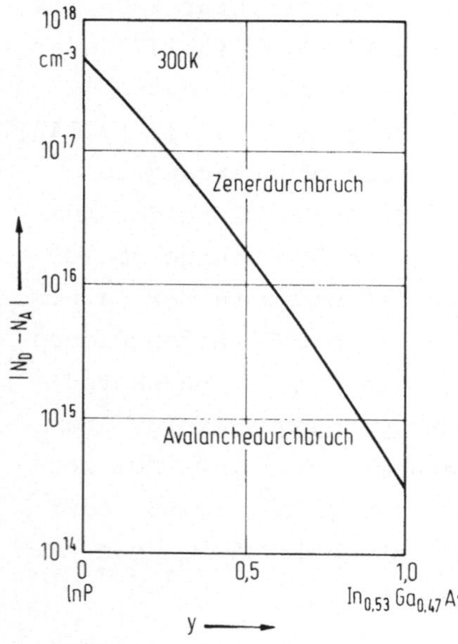

Abb. 3.34. Berechnete Grenzkurve von Avalanche-(Zener)Tunneldurchbruch nach [3.110]; n-Dotierung $|N_D-N_A|$ eines p^+n-Überganges als Funktion des As-Anteils y in $In_{1-x}Ga_xAs_yP_{1-y}$

Die Entwicklung von APDs aus dem Halbleitersystem InGaAsP/InP konzentriert sich deshalb auf Dioden mit Heterostruktur (Abschnitt 3.5.3), deren pn-Übergang (Hochfeldzone) im InP liegt und deren Absorptions- und Driftzone aus n-InGaAsP besteht (SAM-APD = separate absorption multiplication - APD), so daß vornehmlich die photogenerierten Löcher mit ihrem höheren Ionisationskoeffizienten in die Hochfeldzone im InP

injiziert werden. Abb. 3.35 zeigt die gebräuchlichsten Strukturen dieser APDs. Planare APDs [3.156] bis [3.158] haben ein
n^+-InP-Substrat, auf das eine n^--InGaAsP- und n-InP-Schicht
aufgewachsen ist. Der pn-Übergang wird durch Diffusion hergestellt. Dioden mit einer nn^--InP-Schichtfolge auf der Absorptionsschicht und ionenimplantiertem Schutzring wurden ebenfalls hergestellt [3.159], [3.160]. Die Struktur in Abb. 3.35 b
erreicht den gleichen Schutzringeffekt durch Eindiffusion in
eine profilierte n^--InP-Schicht [3.161]. Mesadioden [3.162]
bis [3.165] der Struktur in Abb. 3.35 c werden bevorzugt,
wenn die Absorptionsschicht aus $In_{0.53}Ga_{0.47}As$ besteht.

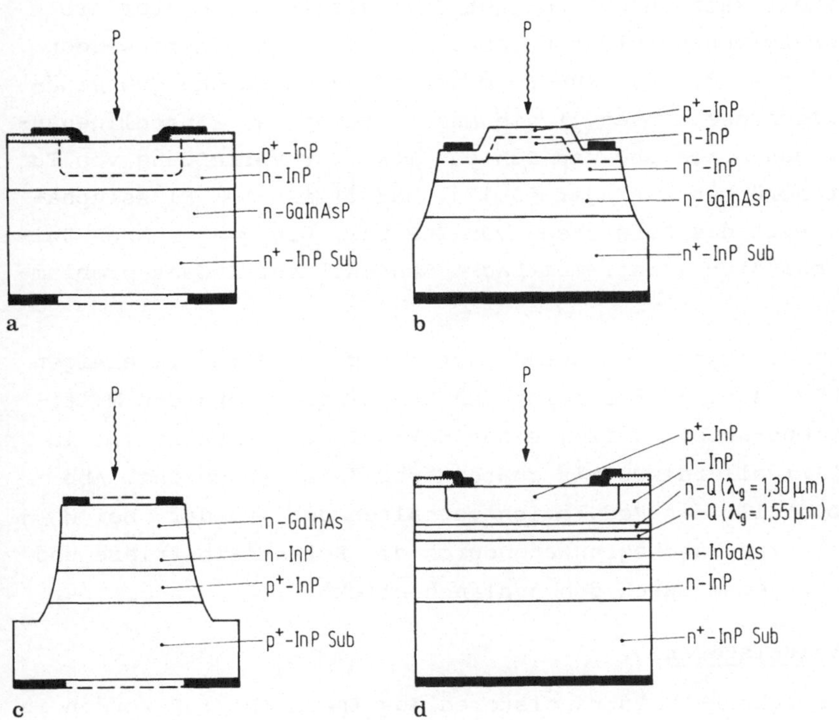

Abb. 3.35. Strukturen von InGaAs(P)/InP-Avalanchephotodioden,
SAM-APDs. a) planare Struktur [3.156] bis [3.158]; b) Mesastruktur mit Schutzringeffekt [3.161]; c) Mesastruktur auf
p-InP [3.162] bis [3.165]; d) planare Struktur mit Zwischenschichten Q aus InGaAsP [3.173] bis [3.175]

Der Verlauf des elektrischen Feldes in diesen APD-Strukturen
muß so eingestellt werden, daß das maximale Feld am pn-Übergang
im InP hoch genug ist, um Stoßionisation zu ermöglichen und

andererseits das Feld an der InP/InGaAs(P)-Grenzschicht so
niedrig ist, daß kein Tunneldunkelstrom im InGaAs(P) auftritt. Außerdem muß das Feld weit genug in das InGaAs(P)
durchgreifen, um einen hohen Quantenwirkungsgrad und kurze
Driftzeiten der photogenerierten Ladungsträger sicherzustel-
len. Eine Analyse der APDs, welche Designkriterien über Höhe der Dotierungen und Schichtdickentoleranzen liefern, ist
in [3.166] bis [3.171] durchgeführt worden.

Bei der Struktur in Abb. 3.35 a wird das Zeitverhalten durch
den Valenzbandsprung am InP/InGaAs(P)-Übergang, der als Potentialbarriere für Löcher wirkt, negativ beeinflußt [3.172].
Der Effekt kann durch geeignet dimensionierte, quaternäre
InGaAsP-Zwischenschichten (Abb. 3.35 d) verkleinert werden
[3.173] bis [3.175]. Außerdem werden durch solche quaternären Zwischenschichten 1) die Anforderungen an Einstellgenau-
igkeit von Dotierung und Schichtdicke zur Vermeidung von Tun-
neldurchbrüchen geringer [3.176] und 2) ist bei Flüssigpha-
senepitaxie das Aufwachsen von InP bzw. von quaternären Zwischenschichten ("anti-meltback"-Schicht) auf InGaAs problem-
loser.

Tabelle 3.4 gibt eine Zusammenstellung von Daten zu einigen
SAM-APDs. Abb. 3.36 a zeigt den Dunkelstrom- und den Multiplikationsfaktor [3.123] einer SAM-APD der Struktur (c) in
Abb. 3.35, allerdings mit quaternärer Zwischenschicht. Abb.
3.36 b stellt das Modulationsverhalten der APD dar. Bei M = 1
erfolgt eine Bandbegrenzung durch die Potentialbarriere und
bei größerem M durch den Avalancheeffekt.

<u>Phototransistoren</u>

Heterostruktur-Phototransistoren aus InGaAs(P)/InP werden in
Hinblick auf einen Ersatz der nicht voll befriedigenden APDs
für den Wellenlängenbereich 1,0 bis 1,6 µm untersucht. Eine
Übersicht über die theoretischen Möglichkeiten dieser HPTs
findet man in [3.24] bis [3.26], [3.177]. Alle experimentel-
len HPTs zeigen aber 1) nur bei hoher einfallender optischer
Leistung hohe Verstärkung ($\beta_0 > 100$), 2) zu große Anstiegs-
und Abfallzeiten und 3) hohen Dunkelstrom. Rauschmessungen
liegen kaum vor.

Tabelle 3.4. InGaAs(P)/InP-Avalanchephotodioden

Diodentyp nach Abb. 3.30/ Absorptionsschicht	Wellenlängenbereich µm	Fläche mm^2	Maximale Verstärkung	Anstiegs-, Abfallzeit ps	Zusatzrauschfaktor F	k_{eff}	Durchbruchspannung V_{Br} V	Dunkelstrom nA	Zitat
(a)/InGaAsP	0,9...1,25	$2 \cdot 10^{-3}$	$\lesssim 3000$	300	–	–	35	0,1 (0,9V_{Br})	[3.156, 3.157]
(a)/InGaAsP	0,9...1,3	$7,8 \cdot 10^{-3}$	110		≈ 7 (M=10, λ=1,3µm)	1,9	89	20 (0,9V_{Br})	[3.159, 3.160]
(c)/InGaAs	0,9...1,6	$1,5 \cdot 10^{-2}$	45	120	≈ 6 (M=10, λ=1,15µm)	2,5...3,3	80	78 (0,9V_{Br})	[3.163]
(c)/InGaAsP	0,9...1,25	$4,6 \cdot 10^{-3}$	700	160	3 (M=10) 20 (M=40)	2,0 2,5	69	10 (M = 3)	[3.164]
(c)/InGaAs	0,9...1,6	$1,3 \cdot 10^{-2}$	5500	250	–	–	65...120	$\approx$10 (0,9V_{Br})	[3.169]

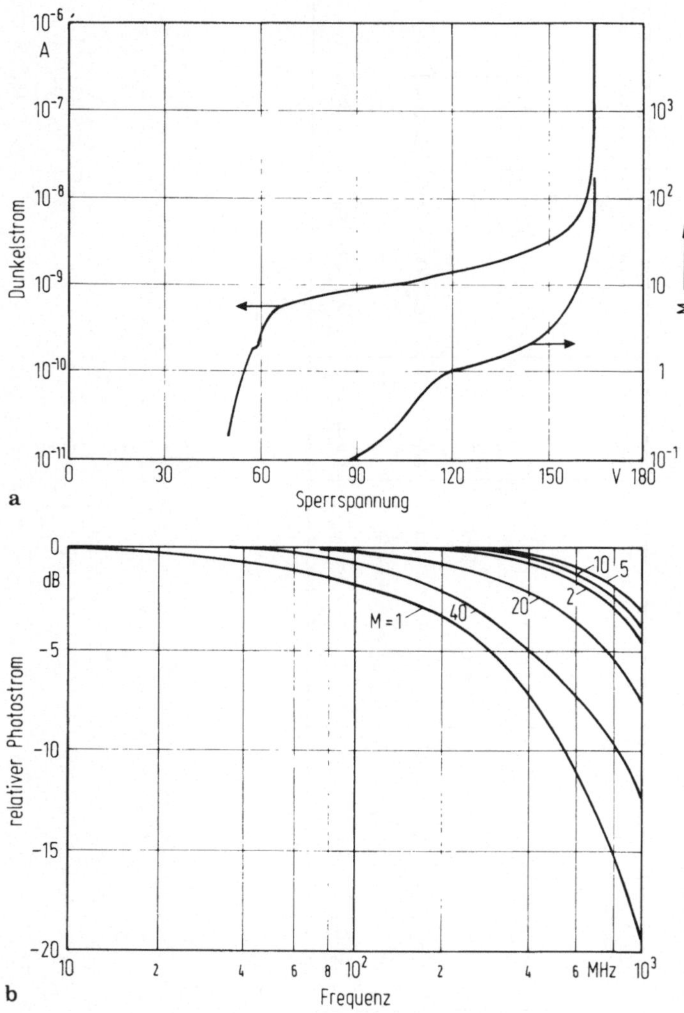

Abb. 3.36. InGaAs/InP-SAM-Avalanchephotodiode [3.123], Struktur nach **Abb.** 3.35 c, Fläche $F = 7,8 \cdot 10^{-3}$ mm^2. a) Dunkelstrom und Multiplikationsfaktor als Funktion der Sperrspannung; b) Modulationsverhalten

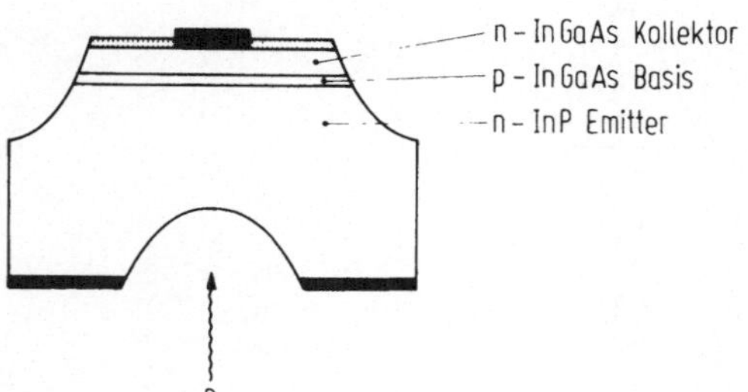

Abb. 3.37. Struktur eines InGaAs/InP-Heterostruktur-phototransistors [3.178]

Eine typische Struktur solcher HPTs zeigt Abb. 3.37 [3.178],
[3.179] mit "wide-gap"-InP-Emitter und Basis sowie Kollektor aus InGaAs. Verstärkungen von 40 und 1000 bei 1 nW bzw.
50 µW optischer Leistung werden erreicht. Die Summe aus An-
stiegs- und Abfallzeit beträgt 320 ns. Andere HPTs haben
eine InGaAsP-Basis und einen InP-Kollektor [3.180], [3.181],
liefern aber weniger gute Daten. HPTs nach [3.182], [3.183]
haben eine p-InP/p-InGaAsP/p-InP-Basis zwischen Emitter und
Kollektor aus InP. Die neueren HPTs [3.183] haben Verstärkungen von 30 und 500 bei 5 µW optischer Leistung. Der Dunkel-
strom bei U_{CEO} = 1 V beträgt 650 pA ($3,6 \cdot 10^{-5}$ A/cm^2). Zur Verbesserung des Zeitverhaltens wurden kleinflächige ($3 \cdot 10^{-4}$ mm^2)
HPTs [3.184] mit Basis und Kollektor aus InGaAs hergestellt,
die ein Verstärkungsbandbreiteprodukt von 1,7 GHz besitzen.
Eine andere Möglichkeit der Verbesserung des Zeitverhaltens
besteht in der Beschaltung des Basisanschlusses [3.185]. Bei
einer Verstärkung von 6 wurden Anstiegs- und Abfallzeiten
von 2 ns realisiert. Bei einer integrierten Version von HPT
und Leuchtdiode wird eine optische Arbeitspunkteinstellung
möglich [3.186], woraus eine Verkleinerung der Anstiegszeit
von 210 auf 70 ns und eine Erhöhung der Verstärkung von 30
auf 60 resultierte.

3.6.5 AlGaAsSb/GaSb

Für die Verbindungshalbleiter AlGaAsSb/GaSb gilt das gleiche
wie für InGaAsP/InP. Auch hier liegt das Hauptinteresse in
der Herstellung von Photodetektoren im Wellenlängenbereich
größer 1 µm für die optische Nachrichtentechnik. Hierbei
dient GaSb (E_g = 0,776 eV) als Substratmaterial, auf das
AlGaAsSb-Schichten mit Bandabständen von E_g = 1,65 eV bis
GaSb gitterangepaßt aufwachsen.

Lange Zeit wurden Oberflächenleckströme für die hohen Dunkelströme der Photodioden verantwortlich gemacht [3.187]. Ver-
besserte Technologie und genauere Untersuchungen zeigten aber,
daß bei höheren Sperrspannungen wie im InGaAsP der Tunnelstromanteil dominiert [3.188], wobei neben Band-Band-Tunneln
auch Tunneln über Traps mit Energiezuständen innerhalb des
Bandabstandes möglich ist.

Für GaSb beträgt das Verhältnis der Ionisationskoeffizienten k $\approx$ 0,5 - 0,8 [3.189]. Eingehend wurde auch das Verhältnis der Ionsiationskoeffizienten des ternären Halbleiters
$Al_xGa_{1-x}Sb$ [3.190] im Bereich x = 0 - 0,3 untersucht, der allerdings für x = 0 eine größere Gitterkonstante als GaSb
hat. Für Zusammensetzungen mit x = 0,065 wurde ein sehr günstiges Verhältnis von k $\gtrsim$ 20 gefunden. Dabei steigt in diesem x-Bereich der Ionsiationskoeffizient der Löcher stark
an, während der Ionsiationskoeffizient für Elektronen nahezu konstant bleibt. Der Effekt kann deshalb mit einer Abnahme der Schwellenenergie der Löcher erklärt werden. Dieser
tritt dann ein [3.191], wenn die Valenzbandaufspaltung zwischen schwerem und leichtem Lochband gleich der Energiebandlücke ist (Δ/E_g = 1). $Al_xGa_{1-x}Sb$ mit x = 0,065 hat eine Grenzwellenlänge von λ_{grenz} = 1,55 µm (E_g = 0,8 eV). APDs dieser
Materialzusammensetzung mit niedrigem Zusatzrauschen sind allerdings noch nicht realisiert worden.

Photodioden

Heterostrukturdioden [3.192] mit GaAs-Substrat als Fensterschicht, $GaAs_{1-y}Sb_y$ zur Gitteranpassung und einer $GaAs_{1-x}Sb_x$-
(E_g $\lesssim$ 1,1 eV) Absorptionsschicht für die Detektion von Strahlung im Wellenlängenbereich um 1,06 µm erreichten Dunkelströme von 0,9 nA (Fläche $1,7\cdot10^{-2}$ mm^2) und Kapazitäten von 0,44 pF
bei 5 V Sperrspannung. Der externe Quantenwirkungsgrad ohne
Antireflexionsschicht beträgt 70%. Photodioden mit Absorptions-
schichten aus $Al_{0,3}Ga_{0,7}Sb$ [3.193] und aus AlGaAsSb [3.194]
auf p-GaSb-Substrat zeigten bei niedrigen Spannungen wegen
des Tunneldurchbruchs hohe Dunkelströme. Photodioden auf
n-GaSb-Substrat mit Mesastruktur [3.195] und pn-Übergang in
AlGaSb (λ_{grenz} = 1,2 µm) sowie mit planarer Struktur [3.196]
und ionenimplantiertem p^+n-Übergang in $Al_xGa_{1-x}AsSb$ (x = 0,15)
erreichen annähernd die Werte von InGaAs/InP-Photodioden. In
[3.196] wurden bei 20 V Sperrspannung Dunkelströme von 7 bis
9 nA ($2,5 - 3,5\cdot10^{-5}$ A/cm^2) und Kapazitäten um 1 pF realisiert.
Bis zu 1,7 µm Wellenlänge spektral empfindliche Photodioden
auf n-GaSb-Substrat mit einer n-GaSb-Absorptionsschicht [3.197]

und einer p-$Al_{0,3}Ga_{0,7}Sb$-Fensterschicht erreichen ohne Antireflexionsschicht externe Quantenwirkungsgrade von 60 bis 70% (1,3 µm).

Avalanchephotodioden

Den Photodioden [3.192] entsprechende APDs [3.198] für Wellenlängen um 1,06 µm wurden hergestellt. Neuere APDs mit Mesastruktur [3.199] bis [3.201] aus dem nur annähernd gitterangepaßten AlGaSb/GaSb-System haben eine $p^+Al_{0,48}Ga_{0,52}Sb/$ n-$Al_{0,16}Ga_{0,84}Sb$/n-GaSb-(Substrat)-Schichtfolge bzw. invertierte Dotierung bei p^+-GaSb-Substrat. Für Wellenlängen oberhalb etwa 1 µm wirkt die oberste Schicht mit dem höheren Al-Anteil als Fenster. Wegen der Grenzwellenlänge der Absorptionsschicht mit niedrigerem Al-Anteil erstreckt sich die spektrale Empfindlichkeit der APDs auf den Wellenlängenbereich 1,0 bis 1,4 µm. Externe Quantenwirkungsgrade ohne Antireflexionsschicht liegen bei 60% (1,06 µm) bzw. 50% (1,3 µm). APDs mit besserer Gitteranpassung [3.201] haben zwischen Absorptionsschicht und Substrat eine $Al_{0,08}Ga_{0,92}Sb$-Schicht, und die Fensterschicht enthält einen geringen As-Anteil. Nach [3.202] besitzt AlGaSb der verwendeten Zusammensetzung ein Verhältnis der Ionsisationskoeffizienten von k $\approx$ 2, so daß wegen der günstigeren Löcherinjektion die Struktur mit der n-Absorptionsschicht vorzuziehen ist. Mit dem GaAlSb/GaSb-APDs werden Anstiegs- und Abfallzeiten von 60 psec, maximale Verstärkungen von 32 und Dunkelstromdichten von $1,4 \cdot 10^{-4}$ A/cm^2 (5 V) bzw. $4,6 \cdot 10^{-4}$ A/cm^2 (10 V) erzielt. Die Durchbruchspannung beträgt 25 V. Bei den APDs mit besserer Gitteranpassung liegen die Dunkelströme um den Faktor drei niedriger. Die maximale Verstärkung beträgt nur 11. Höhere Multiplikationsfaktoren von 50 wurden an ähnlichen APDs mit pn-Übergang in gitterangepaßten AlGaAsSb-Schichten gemessen [3.203]. Die Dunkelströme von 5 bis 10 µA waren allerdings sehr hoch. GaAlAsSb/GaSb-APDs mit Schottky-Kontakt [3.204] erreichen Verstärkungen von 2 bis 4 und haben dabei Dunkelstromdichten um $3 \cdot 10^{-3}$ A/cm^2.

3.6.6 InAs und InSb

InAs und InSb sind direkte Halbleiter. InAs hat einen Bandabstand E_g = 0,35 eV bei 300 K und E_g = 0,414 eV bei 77 K. InSb besitzt einen kleineren Bandabstand E_g = 0,17 eV bei 300 K bzw. E_g = 0,23 eV bei 77 K. pn-Übergänge werden im allgemeinen durch p-Diffusion in n-Kristalle hergestellt. Die Beleuchtung erfolgt durch die n-Schicht. Dioden aus beiden Materialien werden als photovoltaische Detektoren meist mit thermoelektrischer Kühlung (200 K) betrieben. Sie sind dann bis etwa 3 µm (InAs) bzw. 6 µm (InSb) einsetzbar. Representative Werte von D^{**} solcher Detektoren sind in Abb. 2.2 enthalten.

In [3.205] wird über erste photovoltaische InSb-Detektoren berichtet. Das Rauschverhalten wird in [3.206] untersucht. Der schmalbandig gemessene Effektivwert des Rauschstroms der Dioden bei 77 K wird oberhalb 1 kHz durch die Hintergrundstrahlung limitiert (BLIP). Die Ausnutzung einer dicken n-Schicht als Filter zur Herstellung spektral schmalbandiger Dioden, die dann keine gekühlten Zusatzfilter benötigen, wird in [3.207] vorgeschlagen. Da sich in InSb die Absorptionskante relativ stark mit der Höhe der Dotierung verschieben läßt [3.208], kann die kurzwellige Grenze in einem gewissen Bereich [3.209] eingestellt werden.

3.6.7 PbSnTe und PbSnSe

Die Blei-Zinn-Chalkogenide $Pb_{1-x}Sn_xTe$ und $Pb_{1-x}Sn_xSe$ sind ternäre IV-VI-Verbindungshalbleiter mit einem Bandabstand, der durch die Wahl der Zusammensetzung x in einem weiten Bereich variiert werden kann, wodurch die Herstellung von Detektoren mit Grenzwellenlängen etwa von 4 bis 30 µm ermöglicht wird. Von besonderer Bedeutung ist dabei, daß Halbleiterverbindungen mit einem Bandabstand E_g = 0 existieren. Die Arbeiten konzentrieren sich auf das PbSnTe-System. Auf 77 K gekühlte photovoltaische Detektoren erschließen das zweite atmosphärische Fenster hoher Transmission zwischen 8 und 13 µm. Eine Übersicht über Kristallherstellung, Detektortechnologie und Eigenschaften findet man in [3.59] bis [3.61], [3.210].

Bei 12 K besitzen PbTe und SnTe Bandabstände von $E_g = 0,18$ eV
und $E_g = 0,3$ eV. Für den ternären Verbindungshalbleiter
$Pb_{1-x}Sn_xTe$ wird bei einem SnTe-Molanteil $x \approx 0,34$ $E_g = 0$.
Für 77 K liegen die Energiebandlücken etwa 0,4 eV höher, der
Nulldurchgang der Energiebandlücke erfolgt bei $x \approx 0,4$. Bei
77 K wird mit $0,2 \leq x \leq 0,23$ der Wellenlängenbereich 8 bis
14 µm überstrichen.

$Pb_{1-x}Sn_xSe$ zeigt entsprechendes Verhalten. Für PbSe gilt
$E_g = 0,14$ eV bei 12 K und $E_g = 0,17$ eV bei 77 K. In $Pb_{1-x}Sn_xSe$
wird die Energiebandlücke Null für einen SnSe-Molanteil
$x \approx 0,155$ (12 K) bzw. $x \approx 0,189$ (77 K).

In beiden ternären Halbleitersystemen ist also mit sinkender
Temperatur auch eine Verkleinerung des Bandabstandes verbunden.

Die n- und p-Dotierung kann durch eine Änderung der Stöchio-
metrie der Halbleiterzusammensetzung während des Kristallwachs-
tums oder in einem anschließenden Prozeß erfolgen: Metallatome
im Überschuß wirken als Donatoren, Chalkogenidatome als Akzeptoren [3.210] bis [3.216]. Gleichzeitig ist auch extrinsische
p- und n-Dotierung möglich [3.217] . Die pn-Übergänge für die
Detektoren werden meist durch n-Dotierung eines p-dotierten
Halbleiterkristalls hergestellt, mit der p-Seite auf einen
Kühlkörper montiert und von der n-Seite beleuchtet. Mesastruk-
turen und planare Strukturen sind gebräuchlich. n-Dotierungen
sind ebenfalls durch Protonen- und Ionenimplantation einstellbar [3.218] bis [3.221]. Auch Detektoren mit Schottky-Kontakt
wurden hergestellt [3.222] bis [3.224]. Ansätze zu Detektoren
mit Heterostruktur (PbTe/PbSnTe) sind vorhanden [3.225], [3.226].
Mit solchen Heterostrukturen wurden Detektorarrays [3.227] realisiert, deren Dioden für 3 bis 5 µm (PbTe) und für 8 bis
14 µm (PbSnTe) empfindlich sind. Ein- und zweidimensionale
Detektorarrays sind von besonderem Interesse in der Anwendung
dieser Infrarotdetektoren [3.215, 3.217, 3.225, 3.228, 3.229].

Die photovoltaischen Detektoren aus PbSnTe erreichen nahezu
die theoretische Grenze [3.215] der durch Hintergrundstrahlung limitierten Detektivität D^*. Der externe Quantenwirkungsgrad der Detektoren wird je nach Design durch Oberflächenre-

kombination [3.211] und Rekombination am Rückseitenkontakt
limitiert oder erreicht nahezu den theoretischen Wert von
etwa 50% [3.215], der bei einem Brechungsindex des Halbleitermaterials von n $\approx$ 6 (PbTe) zu erwarten ist. Durch Anti-
reflexionsschichten, z.B. aus Se (n $\approx$ 2,6), kann der externe
Quantenwirkungsgrad damit nahezu verdoppelt werden [3.210].
Die Anstiegs- und Abfallzeiten der Detektoren sind im allgemeinen durch RC-Zeitkonstanten und nicht durch die Driftzeiten limitiert. Dies liegt vor allem an der hohen, relativen
statischen Dielektrizitätskonstanten $\varepsilon \approx$ 400 - 500 dieser Materialien, die zu hohen Kapazitäten führt. Schnelle photovoltaische Detektoren [3.213] mit Kapazitäten unter 10 pF (Fläche $1,7 \cdot 10^{-4}$ cm^2) zeigen RC-limitierte Grenzfrequenzen von
400 MHz an 50 Ω und von 1,2 GHz an 14 Ω Lastwiderstand. Eine
Verkleinerung des Widerstandes hat allerdings auch eine Reduzierung der Detektivität zur Folge.

Ein Vergleich der photovoltaischen Detektoren der unterschiedlichen Herstellungstechnologien zeigt keine wesentlichen Unterschiede in der Qualität [3.62]. Tabelle 3.5 gibt eine Zusammenstellung von erreichten Detektivitäten in photovoltaischen PbSnTe- und PbSnSe-Detektoren unterschiedlicher Zusammensetzung und Technologie an.

3.6.8 CdHgTe

Die Verbindungshalbleiter $Cd_xHg_{1-x}Te$ sind direkte Halbleiter. Eine Übersicht über Kristalleigenschaften und Technologie sowie über die älteren photovoltaischen Detektoren findet man in [3.60, 3.61, 3.233]. Die Bandabstände von CdTe
reichen bei 77 K von E_g = 1,6 eV bis zu E_g = 0,26 eV der semi-
metallischen Verbindung HgTe. Der Bandabstand wird Null bei
x $\approx$ 0,15. Für den Zusammenhang zwischen E_g bei der absoluten
Temperatur T und dem CdTe-Molanteil x gilt annähernd [3.234]:

$$E_g(x,T) = -0,302 + 1,93x + 5,35 \cdot 10^{-4}T(1-2x) - 0,810x^2 + 0,832x^3.$$

$$(3.232)$$

Die Anwendungen des CdHgTe entsprechen denen des PbSnTe, so
daß beide Halbleitertechnologien vor allem bei der Herstel-

Tabelle 3.5. Photovoltaische PbSnTe- und PbSnSe-Detektoren bei 77 K; nach [3.62]

Material	x	Technologie	λ_{max}	D^*_{max}	Öffnungs-winkel (FOV)	$\eta_{ex,max}$	Zitat
			μm	$cm\ \sqrt{Hz}\ W^{-1}$	Grad	%	
		Diffusion (Pb)	5,6	$5,0\cdot10^{10}$	?	50 mit AR-Schicht	[3.216]
$Pb_{1-x}Sn_xTe$	0	implantiert (H^+)	5,0	$1,3\cdot10^{11}$	80	30	[3.218]
		implantiert (As^+)	4,4	$3,0\cdot10^{11}$	80	30	[3.220]
		implantiert (Sb^+)	4,4	$1,4\cdot10^{11}$	80	40	[3.219]
		Diffusion (Pb)	10,6	$1,0\cdot10^{11}$	60	–	[3.214]
	0,2	Diffusion (In)	10,0	$2,0\cdot10^{10}$	100	45	[3.217]
		Diffusion (In)	11,0	$2,3\cdot10^{10}$	180	45	[3.215]
$PbS_{1-x}Se_x$	0	implantiert (Sb^+)	3,4	$6,0\cdot10^{11}$	90	50...60	[3.230]
	0,37	implantiert (Se^+)	4,5	$1,5\cdot10^{11}$	90	36	[3.231]
	1,0	Schottky-Diode	6,1	$5,0\cdot10^{11}$	180	70	[3.232]

lung von photovoltaischen Detektoren für den Wellenlängenbereich 8 bis 13 µm in Konkurrenz stehen. In Technologie und Entwicklungsstand der Detektoren ist das PbSnTe-System ausgereifter. Die erfolgreiche Herstellung von Heterostrukturen aus CdHgTe auf CdTe-Substraten und die Realisierung von photovoltaischen CdHgTe/CdTe-Arrays [3.235, 3.236] und CCDs [3.237], die CdTe als Fensterschicht benutzen, zeigen die dem Halbleitersystem CdHgTe/CdTe innewohnenden Möglichkeiten.

Ein weiterer Vorteil von CdHgTe liegt in der wesentlich niedrigeren relativen Dielektrizitätskonstanten von $\varepsilon \approx 16$ gegenüber 400 bis 500 in PbSnTe, so daß bei gleicher Fläche und Dotierung die Kapazität eines pn-Überganges aus CdHgTe nur 1/5 des Wertes von PbSnTe ist.

Trotz unterschiedlicher Technologie entsprechen sich vom Prinzip die Herstellung von pn-Übergängen im CdHgTe und PbSnTe [3.60]. Photovoltaische Detektoren bestehen im allgemeinen aus einem p-CdHgTe-Substrat bzw. einer Epitaxieschicht, worin eine n-Dotierung entweder unter Ausnutzung der Stöchiometrieänderung [3.238, 3.243] oder durch extrinsische Dotierung eingebracht wird. Entsprechend sind auch Protonen- [3.239] und Ionenimplantation [3.235, 3.240, 3.241] sowie n-Dotierung während der Epitaxie [3.235] gebräuchlich.

Photovoltaische Detektoren aus CdHgTe erreichen im Wellenlängenbereich 8 bis 13 µm nahezu die durch die Hintergrundstrahlung limitierten Grenzwerte der Detektivität. Schnellste Dioden sind RC-begrenzt und bis 1 GHz modulierbar [3.240, 3.242]. Tabelle 3.6 gibt eine Zusammenstellung von photovoltaischen Detektoren aus CdHgTe.

Neben den photovoltaischen Detektoren sind auch Photodioden [3.244] und Avalanchephotodioden [3.245] bis [3.247] für den Wellenlängenbereich um 1,3 µm hergestellt worden. Für 1,3 µm Wellenlänge ist bei Raumtemperatur $Cd_xHg_{1-x}Te$ mit $x \approx 0,7$ erforderlich. Die Photodioden mit Mesastruktur [3.244] besteht aus einem p-CdTe-Substrat, auf das epitaktisch eine pn-Schicht aufgewachsen ist. Es dominiert der Generationsdunkelstrom. Bei 30 V Sperrspannung ergaben sich Dunkelstromdichten von $9 \cdot 10^{-6}$ A/cm^2. Die Avalanchephotodiode [3.245] hat planare Struktur.

Tabelle 3.6. Photovoltaische CdHgTe-Detektoren bei 77 K

$Cd_xHg_{1-x}Te$ x	Technologie	λ_{max} µm	D^*_{max} $cm\ \sqrt{Hz}\ W^{-1}$	Öffnungs- winkel (FOV) Grad	$\eta_{ex,max}$ %	Zitat
0,28...0,15	Diffusion	3...14	$1...5\ \cdot 10^9$	–	–	[3.238]
0,31	implantiert (H^+)	3,8	$9\ \cdot 10^{11}$	360	29	[3.239]
0,18	implantiert (Al)	10,6	$7,3 \cdot 10^{10}$	30	57	[3.240]
0,5 ...0,19	implantiert (Hg)	3,7	$2,8 \cdot 10^{11}$	60	91	[3.241]
		8	$5,9 \cdot 10^{10}$	60	94	mit AR-Schicht
		10,1	$4\ \cdot 10^{10}$	60	91	

Sie besteht aus einem p-CdTe-Substrat und einer epitaktischen p-CdHgTe-Schicht, in der n^+-Bereiche durch Borimplan-
tation hergestellt wurden. Die Beleuchtung erfolgt durch das
CdTe-Substrat. Verstärkungen von 15, Dunkelstromdichten um
$1 \cdot 10^{-4}$ A/cm^2 bei 40 V Sperrspannung (V_{Br} = 80 V), und ein
maximaler Quantenwirkungsgrad von 72% (1,22 µm) wurden erreicht. Die planaren APDs [3.247] haben eine n^+n^-p-Struktur
aus CdHgTe auf CdTe-Substrat, welche durch Al^{2+}-Ionenimplan-
tation und Eindiffusion hergestellt wurde. Die Durchbruchspannung beträgt 100 V. Bei 0,9 V_{Br} wird ein Dunkelstrom von
100 nA (6,25·10^{-3} A/cm^2) gemessen. Die maximale erreichte
Verstärkung beträgt 40. Rauschmessungen weisen auf k $\gg$ 1 hin.

Literatur zu Kapitel 3

3.1   Müller, R.: Grundlagen der Halbleiterelektronik. Halb-
      leiter-Elektronik, Bd. 1. Berlin, Heidelberg, New York:
      Springer 1975

3.2   Sze, S.M.: Physics of semiconductor devices. New York:
      Wiley 1981

3.3   Moll, J.C.: Physics of semiconductors. New York: MacGraw-
      hill 1964

3.4   Geist, D.: Halbleiterphysik II. Sperrschichten und
      Randschichten-Bauelemente. Braunschweig: Vieweg 1970

3.5   Wistel, G.; Weyrich, C.: Optoelektronik I. Halbleiter-
      Elektronik, Bd. 10. Berlin, Heidelberg, New York: Sprin-
      ger 1980

3.6   Kruse, P.W.; McGlauchlin, L.D.; McQuintan, R.B.: Elements
      of infrared technology. Generation, transmission, detec-
      tion. New York: Wiley 1962

3.7   Moss, T.S.; Burrell, G.J.; Ellis, B.: Semiconductor
      opto-electronics. London: Butterworth 1973

3.8   Sawyer, D.E.; Rediker, R.H.: Narrow base germanium
      photodiodes. Proc. IRE 46 (1958) 1122-1130

3.9   Read, W.T.: A proposed high frequency negative resistance
      diode. Bell Syst. Tech. J. 37 (1958) 401-446

3.10 Emmons, R.B.; Lugovsky, G.: The frequency response of
      avalanching photodiodes. IEEE Trans. Electron. Dev.
      ED-13 (1966) 297-305

3.11 Müller, R.: Rauschen. Halbleiter-Elektronik Bd. 15.
      Berlin, Heidelberg, New York: Springer 1979

3.12 Rothe, H.; Dahlke, W.: Theorie rauschender Vierpole.
      Arch. elektr. Übertr. 9 (1955) 117-121

3.13   Müller, J.: Photodiodes for optical communication. In:
       Marton, L., Marton, C. (eds.): Advances in electronics
       and electron physics, Vol. 55. New York: Academic Press
       1981, S. 189-308

3.14   Grau, G.: Optische Nachrichtentechnik. Berlin, Heidel-
       berg, New York: Springer 1981

3.15   Personick, S.D.: Receiver design for digital fiber optic
       communication systems. Bell Syst. Tech. J. 52 (1973)
       843-886

3.16   Smith, D.R.; Garrett, I.: A simplified approach to
       digital optical receiver design. Opt. Quant. Electr. 10
       (1978) 211-221

3.17   Keyes, R.J. (ed.): Topics in applied physics, Vol. 19.
       Optical and infrared detectors. Berlin, Heidelberg, New
       York: Springer 1977

3.18   Rideout, V.L.: A review of theory, technology and appli-
       cations of metal-semiconductor rectifiers. Thin Solid
       Films 41 (1978) 261-291

3.19   Morizumi, T.; Takahashi, K.: Theoretical analysis of
       heterojunction phototransistors. IEEE Trans. Electron.
       Dev. ED-19 (1972) 152-159

3.20   Lindemayer, J.; Wrigley, C.Y.: Beta cutoff frequencies
       of junction transistors. Proc. IRE 50 (1962) 194-198

3.21   Müller, R.: Bauelemente der Halbleiterphysik. Halbleiter-
       elektronik, Bd. 2. Berlin, Heidelberg, New York: Sprin-
       ger 1973

3.22   De la Moneda, F.H.; Chenette, E.R.; Ziel, A., van der:
       Noise in phototransistors. IEEE Trans. Electron. Dev.
       ED-18 (1971) 340-346

3.23   Tabatabaie-Alavi; Fonstadt, C.G. Jr.: Performance com-
       parison of heterojunction phototransistors, PIN-FET's,
       and APD-FET's for optical fiber communication systems.
       IEEE J. Quant. Electron. QE-17 (1981) 2259-2261

3.24   Milano, R.A.; Dapkus, P.D.; Stillmann, G.E.: An analysis
       of the performance of heterojunction phototransistors
       for fiber optic communications. IEEE Trans. Electron.
       Dev. ED-29 (1982) 266-274

3.25   Campell, J.C.; Ogawa, K.: Heterojunction phototransistors
       for long wavelength optical receivers. J. Appl. Phys. 53
       (1982) 1203-1208

3.26   Brain, M.C.; Smith, D.R.: Phototransistors, APD-FET,
       and PIN-FET optical receivers for 1-1.6 μm wavelength.
       IEEE Trans. Electron. Dev. ED-30 (1983) 390-395

3.27   Heywang, W.; Plötzl, H.W.: Bänderstruktur und Strom-
       transport. Halbleiter-Elektronik, Bd. 3. Berlin, Heidel-
       berg, New York: Springer 1976

3.28   Pearsall, T.P., Nahory, R.E.; Chelikowski, J.R.: Threshold
       energies for impact ionization by electrons and holes in
       the GaAs-GaSb system. Inst. Phys. Ser. No. 33b (1977)
       331-338

3.29 Shockley, W.: Problems related to pn junctions in sili-
      con. Solid State Electronics 2 (1961) 35-67

3.30 Wolff, P.A.: Theory of electron multiplication in sili-
      con and germanium. Phys. Rev. 95 (1954) 1415-1420

3.31 Baraff, G.A.: Distribution functions and ionization
      rates for hot electrons in semiconductors. Phys. Rev.
      128 (1962) 2507-2515

3.32 Stillmann, G.E.; Wolfe, C.M.: Avalanche photodiodes. In:
      Willardson, R.K.; Beer, A.C. (eds.): Semiconductors and
      semimetal, Vol. 12: Infrared detectors II. New York:
      Academic Press 1977, S. 291-393

3.33 Chang, J.J.: Frequency response of PIN avalanching photo-
      diodes. IEEE Trans. Electron. Dev. ED-14 (1967) 139-145

3.34 Emmons, R.B.: Avalanche-photodiode frequency response.
      J. Appl. Phys. 38 (1967) 3705-3714

3.35 Anderson, L.K.; DiDomenico, M Jr.; Fisher, M.B.: High-
      speed photodetectors for microwave demodulation of light.
      In: Young, L. (ed.): Adavances in microwaves, Vol. 5.
      New York: Academic Press 1970, S. 1-121

3.36 Lee, C.A.; Batdorf, R.L.; Wiegmann, W.; Kaminsky, G.:
      Time dependence of avalanche processes in silicon. J.
      Appl. Phys. 38 (1967) 2787-2796

3.37 Kuvas, R.; Lee, C.A.: Quasistatic approximation for
      semiconductor avalanches. J. Appl. Phys. 41 (1970)
      1743-1755

3.38 Miller, S.M.; Avalanche breakdown in germanium. Phys.
      Rev. 99 (1955) 1243-1241

3.39 Melchior, H.; Lynch, W.T.: Signal and noise response
      of high speed germanium avalanche photodiodes. IEEE
      Trans. Electron. Dev. ED-13 (1966) 829-838

3.40 McIntyre, R.J.: Multiplication noise in uniform avalanche
      diodes. IEEE Trans. Electron. Dev. ED-13 (1966) 164-168

3.41 Van Vliet, K.M.; Rucker, L.M.: Theory of carrier multi-
      plication and noise in avalanche devices - Part I: One
      carrier processes. IEEE Trans. Electron. Dev. ED-26
      (1979) 746-751

3.42 Van Vliet, K.M.; Friedmann, A.; Rucker, L.M.: Theory of
      carrier multiplication and noise in avalanche devices -
      Part II: Two carrier processes. IEEE Trans. Electron.
      Dev. ED-26 (1979) 752-764

3.43 Tager, A.S.: Current fluctuation in a semiconductor
      under the conditions of impact ionization and avalanche
      breakdown. Sov. Phys. - Solid State 8 (1965) 1919-1925

3.44 McIntyre, R.J.: The distribution of gains in uniformly
      multiplying avalanche photodiodes: Theory. IEEE Trans.
      Electron. Dev. ED-19 (1972) 703-713

3.45 Anderson, R.L.: Experiments on Ge-GaAs heterojunctions.
      Solid State Electronics 5 (1962) 341-351

3.46 Casey, H.C. Jr.; Panish, M.B.; Heterostructure lasers,
      Part B: Materials and operating characteristics. New
      York: Academic Press 1978

3.47 Kressel, H.; Butler, J.K.: Semiconductor lasers and
      heterojunction LEDs. New York: Academic Press 1977

3.48 Gordon, J.P.; Nahory, R.E.; Pollack, M.A.; Worlock,
      J.M.: Low noise multistage avalanche photodetector.
      Electronics Letters 15 (1979) 518-519

3.49 Chin, R.; Holonyak, N. Jr.; Stillmann, G.E.; Tang, J.J.;
      Hess, U.: Impact ionization in multilayered hetero-
      junction structures. Electronics Letters 16 (1980)
      467-469

3.50 Capasso, F.; Tsang, W.T.; Hutchinson, A.L.; Williams,
      G.F.: Enhancement of electron impact ionization in a
      superlattice: A new avalanche photodiode with a large
      ionization rate ratio. Appl. Phys. Lett. 40 (1982)
      38-40

3.51 Tanoue, T.; Sakaki, H.: A new method to control impact
      ionization rate ratio by spatial separation of avalan-
      ching carriers in multilayered heterostructures. Appl.
      Phys. Lett. 41 (1982) 67-72

3.52 Capasso, F.: New ultra-low-noise avalanche photodiodes
      with separated electron and hole avalanche regions.
      Electronics Letters 18 (1982) 12-13

3.53 Williams, G.F.; Capasso, F.; Tsang, W.T.: The graded
      bandgap multilayer avalanche photodiode: A new low-
      noise detector. IEEE Trans. Electron. Dev. Lett. EDL-3
      (1982) 71-73

3.54 Capasso, F.; Logan, R.A.; Tsang, W.T.; Hayes, J.R.:
      Channeling photodiode: A new versatile interdigitated
      pn-junction photodetector. Appl. Phys. Lett. 41 (1982)
      944-946

3.55 Kroemer, H.: Heterostructure bipolar transistor and
      integrated circuits. Proc. IEEE 70 (1982) 13-25

3.56 Melchior, H.: Sensitive high speed photodetectors for
      the demodulation of visible and near infrared light.
      J. Luminescence 7 (1973) 390-414

3.57 Melchior, H.: Demodulation and photodetection techniques.
      In: Arecchi, F.T.; Schulz-DuBois, E.O. (eds.): Laser
      handbook, Vol. 1. Amsterdam: North Holland 1972, S. 725-
      835

3.58 Willardson, R.K.; Beer, A.C. (eds.): Semiconductor and
      semimetals, Vol. 5: Infrared detectors. New York:
      Academic Press 1970

3.59 Dimmock, J.O.: Infrared detectors and applications.
      J. Electronic Materials 2 (1972) 255-309

3.60 Melngailis, I.: Small bandgap semiconductor infrared
      detectors. J. Luminescence 7 (1973) 501-523

3.61   Moss, T.S.: Infrared detectors. Infrared Phys. 16 (1976)
       29-36

3.62   Hesse, J.: IV-VI narrow gap semiconductors and devices.
       Jap. J. Appl. Phys. 16, Suppl. 16-1 (1977) 297-304

3.63   Willardson, R.K.; Beer, A.C. (eds.): Semiconductors
       and semimetals, Vol. 12: Infrared detectors II. New
       York: Academic Press 1977

3.64   Lee, T.P.; Li, T.: Photodetectors. In: Miller, S.E.;
       Chynoweth, A. (eds.): Optical fiber telecommunications.
       New York: Academic Press 1979, S. 593-626

3.65   Schlachetzki, S.; Müller, J.: Photodiodes for optical
       communications. Frequenz 33 (1979) 283-290

3.66   Law, A.D.; Nakano, N.; Tomasetta, L.R.: III-V alloy
       heterostructure high speed avalanche photodiodes. IEEE
       J. Quant. Electron. QE-15 (1979) 549-558

3.67   Hurwitz, C.E.: Detectors for the 1.1 to 1.6 μm wave-
       length region. Optical Engineering 20 (1981) 658-664

3.68   Stillmann, G.; Cook, L.W.; Bulman, G.A.; Tabatabaie, N.;
       Chin, R.; Dapkus, P.D.: Long-wavelength (1.3 to 1.6 μm)
       detectors for fiber-optical communication. IEEE Trans.
       Electron. Dev. ED-29 (1982) 1355-1371

3.69   Schneider, M.V.: Schottky-barrier photodiodes with anti-
       reflection coating. Bell Syst. Tech. J. 45 (1966) 1611-
       1638

3.70   Anderson, L.K.; McMullin, P.G.; D'Asaro, L.A.; Goetz-
       berger, A.: Microwave photodiodes exhibiting microplasma-
       free carrier multiplication. Appl. Phys. Lett. 6 (1965)
       62-65

3.71   Goetzberger, A.; McDonald, B.; Haitz, R.H.; Scarlett,
       M.R.: Avalanche effects in silicon pn-junctions. II.
       Structurally perfect junctions. J. Appl. Phys. 34 (1963)
       1591-1600

3.72   Webb, P.P.; McIntyre, R.J.; Conradi, J.: Properties of
       avalanche photodiodes. RCA Review 35 (1974) 234-278

3.73   Conradi, J.; Webb, P.P.: Silicon reach-through avalanche
       photodiodes for fiber optic applications. Tech. Dig. 1st
       Eur. Conf. Opt. Fibre Commun., 1975, S. 128-130

3.74   Melchior, H.; Hartmann, A.R.: Epitaxial Silicon n^+-p-π-p$^+$:
       avalanche photodiode for optical fiber communications at
       800 to 900 nanometers. Tech. Dig. Int. Electron. Dev.
       Meet. 1976, S. 412-415

3.75   Melchior, H.; Hartmann, A.R.; Schinke, D.P.; Seidel, T.E.:
       Planar epitaxial Silicon avalanche photodiode. Bell Syst.
       Tech. J. 57 (1978) 1791-1807

3.76   Kaneda, T.; Matsumoto, H.; Yamaoka, T.: A model for
       reach-through avalanche photodiodes (RAPD's). J. Appl.
       Phys. 47 (1976) 3135-3139

3.77 Kanbe, H.; Kimura, T.; Mizushima, Y.; Kagiyama, K.:
      Silicon avalanche photodiodes with low multiplication
      noise and high-speed response. IEEE Trans. Electron.
      Dev. ED-23 (1976) 1337-1343

3.78 Kanbe, H.; Kimura, T.; Mizushima, Y.: Si-APD for optical
      fiber transmission - optimum design for low noise and
      high-speed response. Rev. Electr. Comm. Lab. 26 (1978)
      1202-1214

3.79 Goedbloed, J.J.; Smeets, E.T.J.M.: Very low noise sili-
      con planar avalanche photodiodes. Electronics Letters
      14 (1978) 67-69

3.80 Berchthold, K.; Krumpholz, O.; Suri, J.: Avalanche
      photodiodes with a gain-bandwidth of more than 200 GHz.
      Appl. Phys. Lett. 26 (1975) 585-587

3.81 Nishida, K.; Ishii, K.; Minemura, K.; Taguchi, K.:
      Double epitaxial silicon avalanche photodiodes for
      optical-fibre communications. Electronics Letters 13
      (1977) 280-281

3.82 Riesz, R.P.: High speed semiconductor photodiodes. Rev.
      Scientific Instr. 33 (1962) 994-998

3.83 Conradi, J.: Planar germanium photodiodes. Appl. Optics
      14 (1975) 1948-1952

3.84 Shibata, T.; Igarashi, Y.; Yano, K.: Passivation of
      germanium devices (III), fabrication and performance
      of germanium planar photodiodes. Rev. Electr. Comm. Lab.
      22 (1974) 1069-1077

3.85 Ando, H.; Kanbe, H.; Kimura, T.; Yamaoka, T.; Kaneda, T.:
      Characteristics of germanium avalanche photodiodes in
      the wavelength region 1-1.6 μm. IEEE J. Quant. Elec-
      tronics QE-14 (1978) 804-809

3.86 Takanashi, H.; Kaneda, T.; Sei, H.: Germanium avalanche
      photodetectors. Fujitsu Sci. Tech. J. 10 (1974) 119-134

3.87 Mikawa, T.; Kagawa, S.; Kaneda, T.: Germanium avalanche
      photodiodes for optical communications systems. Fujitsu
      Sci. Tech. J. 16 (1980) 95-123

3.88 Mikawa, T.; Kagawa, S.; Kaneda, T.; Toyama, Y.; Mikami,
      O.: Crystal orientation dependence of ionization rates
      in germanium. Appl. Phys. Lett. 37 (1980) 387-389

3.89 Kaneda, T.; Mikawa, T.; Toyama, Y.; Ando, H.: The crystal
      orientation dependence of mulitplication noise in ger-
      manium avalanche photodiodes. Appl. Phys. Lett. 34 (1979)
      692-694

3.90 Kaneda, T.; Kagawa, S.; Mikawa, T.; Toyama, Y.; Ando,
      H.: A n^+np germanium avalanche photodiode. Appl. Phys.
      Lett. 36 (1980) 572-574

3.91 Mikawa, T.; Kagawa, S.; Kaneda, T.; Sakurai, T.; Ando,
      H.; Mikami, O.: A low-noise n^+np germanium avalanche
      photodiode. IEEE J. Quant. Electron. QE-17 (1981) 210-
      216

3.92   Mikami, O.; Ando, H.; Kanbe, H.; Mikawa, T.; Toyama,
       Y.: Improved germanium avalanche photodiodes. IEEE J.
       Quant. Electron. QE-16 (1980) 1002-1007

3.93   Kaneda, T.; Fukuda, H.; Mikawa, T.; Banba, Y.; Toyama,
       Y.; Ando, H.: Shallow-junction p^+n germanium avalanche
       photodiodes (APD's). Appl. Phys. Lett. 34 (1979) 866-868

3.94   Hino, I.; Torikai, T.; Iwasaki, H.; Minemura, K.;
       Nishida, K.: Ge APD characteristics for optical communi-
       cations. NEC Res. and Dev. 67 (1982) 67-72

3.95   Kasegawa, S.; Kaneda, T.; Mikawa, T.; Banba, Y.; Toyama,
       Y.; Mikami, O.: Fully ion-implanted p^+n germanium aval-
       anche photodiodes. Appl. Phys. Lett. 38 (1981) 429-431

3.96   Kagawa, S.; Mikawa, T.; Kaneda, T.: Germanium avalanche
       photodiodes in the 1.3 μm wavelength region. Fujitsu
       Sci. Tech. J. 18 (1982) 397-418

3.97   Mikawa, T.; Kaneda, T.; Nishimoto, H.; Motegi, M.;
       Okushima, H.: Small-active-area germanium avalanche
       photodiode for single-mode fibre at 1.3 μm wavelength.
       Electronics Letters 19 (1983) 452-453

3.98   Niwa, M.; Tashiro, Y.; Minemura, K.; Iwasaki, H.: High-
       sensitivity hi-lo germanium avalanche photodiode for
       1.5 μm wavelength optical communication. Electronics
       Letters 20 (1984) 552-553

3.99   Bergmann, Y.V.; Korol'kov, V.I.; Rakhimov, N.: Investi-
       gation of high-efficiency fast response n-GaAs-p-Al$_x$
       Ga$_{1-x}$As heterojunction photodiodes. Sov. Phys. Semi-
       cond. 11 (1977) 1085-1086

3.100 Novák, J.; Morvic, M.; Kordós, P.: High gain (p)AlGaAs-
       (n)GaAs heterojunction avalanche photodiodes. Solid
       State Electronics 25 (1982) 82-83

3.101 Law, L.D.; Nakano, K.; Tomasetta, L.R.: State-of-the-
       art performance of GaAlAs/GaAs avalanche photodiodes.
       Appl. Phys. Lett. 35 (1979) 180-182

3.102 Susa, N.; Kanbe, H.; Nishioka, T.; Ohmachi, Y.: High-
       gain GaAs avalanche photodiodes with proton-implanted
       guard ring. Electronics Letters 15 (1979) 535-537

3.103 Wang, S.Y.; Bloom, D.M.; Collins, D.M.: 20-GHz band-
       width GaAs photodiode. Appl. Phys. Letters 4 (1983)
       190-192

3.104 Lindley, W.T.; Phelan, R.J. Jr.; Wolfe, C.M.; Foyt,
       A.G.: GaAs Schottky-barrier avalanche photodiodes.
       Appl. Phys. Lett. 14 (1969) 197-199

3.105 Stillman, G.E.; Wolfe, C.M.; Rossi, J.A.; Ryan, J.L.:
       GaAs electroabsorption avalanche photodiode detectors.
       Inst. Phys. Conf. Ser. No. 24 (1975) 210-222

3.106 Alferov, Zh.I.; Akhmedov, F.A.; Korol'kov, V.I.;
       Nikitin, V.G.: Phototransistor utilizing a GaAs-AlAs
       heterojunction. Sov. Phys. Semicond. 7 (1973) 780-782

3.107 Konagai, M.; Katsukawa, K.; Takahashi, K.; (GaAl)As/GaAs
heterojunction phototransistors with high current gain.
J. Appl. Phys. 48 (1977) 4389-4394

3.108 Milano, R.A.; Windhorn, T.H.; Anderson, E.R.; Stillman,
G.E.: $Al_{0.5}Ga_{0.5}As$-GaAs heterojunction phototransistors
grown by metalorganic chemical vapor deposition. Appl.
Phys. Lett. 34 (1979) 562-564

3.109 Moon, R.L.; Antypas, G.A.; James, L.W.: Bandgap and
lattice constant of GaInAsP as a function of alloy
composition. J. Electron. Mat. 3 (1974) 635-644

3.110 Masushima, Y.; Sakai, K.: Photodetectors. In: Pearsall,
T.P. (ed.): InGaAsP alloy semiconductors. New York:
Wiley 1982, S. 413-436

3.111 Boissy, M.C.; Diguet, D.; Hallais, J.; Schemali, C.:
An efficient GaInAs photodiode for near infrared detection. Inst. Conf. Ser. No. 33a (1977) 427-436

3.112 Susa, N.; Yamauchi, Y.; Kanbe, H.: Planar photodiodes
made from vapour-phase epitaxial $In_xGa_{1-x}As$. Electronics
Letters 15 (1979) 238-240

3.113 Ahmad, K.; Mabbitt, A.W.: Gallium indium arsenide photodiodes. Solid State Electronics 22 (1979) 327-333

3.114 Clawson, A.R.; Lum, W.Y.; McWilliams, G.E.; Wieder,
H.H.: Quaternary alloy $In_xGa_{1-x}As_yP_{1-y}$/InP photodetectors. Appl. Phys. Lett. 32 (1978) 549-551

3.115 Burrus, C.A.; Dentai, A.G.; Lee, T.P.: InGaAsP p-i-n
photodiodes with low dark current and small capacitance.
Electronics Letters 15 (1979) 655-656

3.116 Leheny, R.F.; Nahory, R.E.; Pollack, M.A.: $In_{0.53}Ga_{0.47}As$
p-i-n photodiodes for long-wavelength fibre optic systems
Electronics Letters 15 (1979) 713-715

3.117 Lee, T.P.; Burrus, C.A.; Dentai, A.G.; Ogawa, K.: Small
area InGaAs/InP p-i-n photodiodes: Fabrication, characteristics and performance of devices in 274 Mbit/s
lightwave receivers at 1.31 µm wavelength. Electronics
Letters 16 (1980) 155-156

3.118 Pearsall, T.P.: $Ga_{0.47}In_{0.53}As$: A ternary semiconductor
for photodetector application. IEEE J. Quant. Electron.
QE-16 (1980) 709-720

3.119 Leheny, R.F.; Nahory, R.B.; Pollack, M.A.; Beebe, E.D.;
DeWinter, J.C.: Characterization of $In_{0.53}Ga_{0.47}As$ photodiodes exhibiting low dark current and low junction
capacitance. IEEE J. Quant. Electron. QE-17 (1981)
227-231

3.120 Lee, T.P.; Burrus, C.A.; Dentai, A.G.: InGaAs/InP p-i-n
photodiodes for lightwave communication at the 0.95-
1.65 µm wavelength. IEEE J. Quant. Electron. QE-17
(1981) 232-238

3.121 Pearsall, T.P.; Piskorski, M.; Brochet, A.; Chevrier, J.: A $Ga_{0.47}In_{0.53}As/InP$ heterophotodiode with reduced dark current. IEEE J. Quant. Electron. QE-17 (1981) 255-259

3.122 Nickel, H.; Kuphal, E.: Surface passivated low dark current InGaAs pin photodiodes. J. Opt. Commun. 4 (1983) 63-67

3.123 Trommer, R.: Private Mitteilungen

3.124 Chin, A.K.; Chen, F.S.; Ermanis, F.: Failure mode analysis of planar zinc-diffused $In_{0.53}Ga_{0.47}As$ p-i-n photodiodes. J. Appl. Phys. 55 (1984) 1596-1606

3.125 Ishihara, H.; Makita, K.; Sugimoto, Y.; Torikai, T.; Taguchi, K.: High-temperature aging tests on planar structure InGaAs/InP PIN photodiodes with Ti/Pt and Ti/Au contact. Electronics Letters 20 (1984) 654-656

3.126 Mikawa, T.; Kagawa, S.; Kaneda, T.: InP/InGaAs PIN photodiodes in the 1 µm wavelength region. Fujitsu Sci. Tech. J. 20 (1984) 201-218

3.127 Tashiro, Y.; Taguchi, K.; Sugimoto, Y.; Torikai, T.; Nishida, K.: Degradation modes in planar structure $In_{0.53}Ga_{0.47}As$ photodetectors. J. Lightwave Techn. LT-1 (1983) 269-272

3.128 Armiento, C.A.; Donnelly, J.P.; Groves, S.H.: p-n junction diodes in InP and $In_{1-x}Ga_xAs_yP_{1-y}$ fabricated by beryllium-ion implantation. Appl. Phys. Lett. 34 (1979) 229-231

3.129 Forrest, S.R.: Performance of $In_xGa_{1-x}As_yP_{1-y}$ photodiodes with dark current limited by diffusion, generation recombination, and tunneling. IEEE J. Quant. Electron. QE-17 (1981) 217-226

3.130 Smith, D.R.; Hooper, R.C.; Garrett, D.: Receivers for optical communications: A comparison of avalanche photodiodes with PIN-FET hybrids. Optical and Quant. Electr. 10 (1978) 293-300

3.131 Brain, M.C.: Comparison of available detectors for digital optical fiber systems for 1.2-1.55 µm wavelength range. IEEE J. Quant. Electron. QE-18 (1982) 219-224

3.132 Smith, D.R.; Chatterjee, A.K.; Rejman, M.A.Z.; Wake, D.; White, B.R.: pin FET hybrid optical receiver for 1-1.6 µm optical communications. Electronics Letters 16 (1980) 750-751

3.133 Gloge, D.; Albanese, A.; Burrus, C.A.; Chimock, E.L.; Copeland, J.A.; Dentai, A.G.; Lee, T.P.; Li, T.; Ogawa, K.: High speed digital lightwave communications using LEDs and PIN-photodiodes at 1.3 µm. Bell. Syst. Tech. J. 59 (1980) 1365-1382

3.134 Stillman, G.E.; Wolfe, C.M.; Foyt, A.G.; Lindley, W.T.: Schottky-barrier $In_xGa_{1-x}As$ alloy avalanche photodiodes for 1.6 µm. Appl. Phys. Lett. 24 (1974) 8-10

3.135 Susa, N.; Yamauchi, Y.; Kanbe, H.: Vapor phase epi-
      taxially grown InGaAs photodiodes. IEEE Trans. Electron.
      Dev. ED-27 (1980) 92-98

3.136 Hurwitz, C.E.; Hsieh, J.J.: GaInAsP/InP avalanche photo-
      diodes. Appl. Phys. Lett. 32 (1978) 487-489

3.137 Takanashi, Y.; Horikoshi, Y.: InGaAsP/InP avalanche
      photodiode. Japan. J. Appl. Phys. 17 (1978) 2065-2066

3.138 Takanashi, Y.; Horikoshi, Y.: InGaAsP/InP avalanche
      photodiode prepared by zinc-diffusion. Japan J. Appl.
      Phys. 18 (1979) 1615-1616

3.139 Lee, T.P.; Burrus, C.A. Jr.; Dentai, A.G.: InGaAsP/InP
      photodiodes: microplasma-limited avalanche multiplication
      at 1-1.3 µm wavelength. IEEE J. Quant. Electron. QE-15
      (1979) 30-35

3.140 Olsen, G.H.; Kressel, H.: Vapour-grown 1.3 µm InGaAsP/
      InP avalanche photodiode. Electronics Letters 15 (1979)
      141-142

3.141 Law, H.D.; Tomasetta, L.R.; Nakano, K.: Ion-implanted
      InGaAsP avalanche photodiode. Appl. Phys. Lett. 33
      (1978) 920-922

3.142 Feng, M.; Oberstar, J.D.; Windhorn, T.H.; Cook, L.W.;
      Stillman, G.E.; Streetman, B.G.: Be-implanted 1.3 µm
      InGaAsP avalanche photodetectors. Appl. Phys. Lett. 34
      (1979) 591-593

3.143 Pearsall, T.P.; Papuchon, M.: The $Ga_{0.47}In_{0.53}As$ homo-
      junction photodiode - A new avalanche photodetector in
      the near infrared between 1.0 and 1.6 µm. Appl. Phys.
      Lett. 37 (1978) 640-642

3.144 Matsushima, Y.; Sakai, K.; Akiba, S.; Yamamoto, T.:
      Zn-diffused $In_{0.53}Ga_{0.47}As$/InP avalanche photodetector.
      Appl. Phys. Lett. 35 (1979) 466-468

3.145 Susa, N.; Yamauchi, Y.; Kanbe, H.: Punch-through type
      InGaAs photodetector fabricated by vapor-phase epitaxy.
      IEEE J. Quant. Electron. QE-16 (1980) 542-545

3.146 Lee, T.P.; Burrus, C.A.; Dentai, A.G.; Ballman, A.A.;
      Bonner, W.A.: High avalanche gain in small-area InP
      photodiodes. Appl. Phys. Lett. 35 (1979) 511-513

3.147 Takanashi, Y.; Horikoshi, Y.: Effect of impurity dif-
      fusion on the characteristics of avalanche photodiode.
      Japan J. Appl. Phys. 19 (1980) 687-691

3.148 Lee, T.P.; Burrus, C.A.: Dark current and breakdown
      characteristics of dislocation-free InP photodiodes.
      Appl. Phys. Lett. 36 (1980) 587-589

3.149 Susa, N.; Yamauchi, Y.; Ando, H.: Effects of imper-
      fections in InP avalanche photodiodes with vapor phase
      epitaxially grown p^+n-junctions. J. Appl. Phys. 53 (1982)
      7044-7050

3.150 Susa, N.; Kanbe, H.; Ando, H.; Ohmachi, Y.: Plasma en-
hanced CVD Si_3N_4 film applied to InP avalanche photodiodes. Japan. J. Appl. Phys. 19 (1980) L675-L678

3.151 Yeats, R.; Chiao, S.H.: Leakage current in InGaAsP
avalanche photodiodes. Appl. Phys. Lett. 36 (1980)
167-170

3.152 Takanashi, Y.; Kawashima, M.; Horikoshi, Y.: Required
donor concentration of epitaxial layers for efficient
InGaAsP avalanche photodiodes. Japan. J. Appl. Phys. 19
(1980) 693-701

3.153 Forrest, S.R.; DiDomenico, M. Jr.; Smith, R.G.; Stocker,
H.J.: Evidence for tunneling in reverse-biased III-V
photodetector diodes. Appl. Phys. Lett. 36 (1980) 580-
582

3.154 Pearsall, T.P.: Band-to-band tunneling current in
$Ga_{0.47}In_{0.53}As$ p-n junctions. Electronics Letters 16
(1980) 771-773

3.155 Forrest, S.R.; Leheny, R.F.; Nahory, R.E.; Pollack, M.A.:
$In_{0.53}Ga_{0.47}As$ photodiodes with dark current limited by
generation-recombination and tunneling. Appl. Phys. Lett.
37 (1980) 322-325

3.156 Taguchi, K.; Matsumoto, Y.; Nishida, K.: InP-InGaAsP
planar avalanche photodiodes with self-guard ring effect.
Electronics Letters 15 (1979) 453-455

3.157 Nishida, K.; Taguchi, K.; Matsumoto, Y.: InGaAsP heterostructure avalanche photodiodes with high avalanche gain.
Appl. Phys. Lett. 35 (1979) 251-253

3.158 Ando, H.; Yamauchi, Y.; Nakagome, H.; Susa, N.; Kanbe, H.:
InGaAs/InP separated absorption and multiplication regions
avalanche photodiode using liquid- and vapor-phase epi-
taxies. IEEE J. Quant. Electron. QE-17 (1981) 250-254

3.159 Shirai, T.; Osaka, F.; Yamasaki, S.; Nakagima, K.; Kaneda, T.: 1.3 µm InP/InGaAsP planar avalanche photodiodes.
Electronics Letters 22 (1981) 826-827

3.160 Shirai, T.; Yamasaki, S.; Osaka, F.; Nakagima, K.; Kaneda, T.: Multiplication noise in planar InP/InGaAsP heterostructure avalanche photodiodes. Electronics Letters 40
(1982) 532-533

3.161 Osaka, F.; Nakazima, K.; Kaneda, T.; Sakurai, T.: InP/
InGaAsP avalanche photodiodes with new guard ring structure. Electronics Letters 16 (1980) 716-717

3.162 Kanbe, H.; Susa, N.; Nakagome, H.; Ando, H.: InGaAs
avalanche photodiode with InP p-n junction. Electronics
Letters 16 (1980) 163-165

3.163 Susa, N.; Nakagome, H.; Mikami, O.; Ando, H.; Kanbe, H.:
New InGaAs/InP avalanche photodiode structure for the
1-1.6 µm wavelength region. IEEE J. Quant. Electron.
QE-16 (1980) 864-870

3.164 Diadiuk, V.; Grove, S.G.; Hurwitz, C.E.: Avalanche multiplication and noise characteristics of low dark current GaInAsP/InP avalanche photodiodes. Appl. Phys. Lett.
37 (1980) 807-810

3.165 Diadiuk, V.; Groves, S.H.; Hurwitz, C.E.; Iseler, G.W.:
Low dark-current, high gain GaInAs/InP avalanche photodetectors. IEEE J. Quant. Electron. QE-17 (1981) 260-264

3.166 Ando, H.; Kanbe, H.; Ito, M.; Kaneda, T.: Tunneling current in InGaAs and optimum design for InGaAs/InP avalanche
photodiode. Japan. J. Appl. Phys. 19 (1980) L277-L280

3.167 Ito, M.; Kaneda, T.; Nakajima, K.; Toyama, Y.; Ando, H.:
Tunneling currents in $In_{0.53}Ga_{0.47}As$ homojunction diodes
and design of InGaAs/InP hetero-structure avalanche
photodiodes. Solid State Electronics 24 (1981) 421-424

3.168 Susa, H.; Nakagome, H.; Ando, H.; Kanbe, H.: Characteristics in InGaAs/InP avalanche photodiodes with separated
absorption and multiplication regions. IEEE J. Quant.
Electron. QE-17 (1981) 243.249

3.169 Kim, O.K.; Forrest, S.R.; Bonner, W.A.; Smith, R.G.:
A high gain $In_{0.53}Ga_{0.47}As$/InP avalanche photodiode
with no tunneling leakage current. Appl. Phys. Lett. 39
(1981) 402-404

3.170 Forrest, S.R.; Smith, R.G.; Kim, O.K.: Performance of
$In_{0.53}Ga_{0.47}As$/InP avalanche photodiodes. IEEE J. Quant.
Electron. QE-18 (1982) 2040-2048

3.171 Takanashi, Y.; Horikoshi, Y.: InGaAs/InGaAsP avalanche
photodiodes and analysis of internal quantum efficiency.
Japan. J. Appl. Phys. 20 (1981) 1271-1278

3.172 Forrest, S.R.; Williams, G.F.; Kim, O.K.; Smith, R.G.:
Excess-noise and receiver sensitivity measurements of
$In_{0.53}Ga_{0.47}As$/InP avalanche photodiodes. Electronics
Letters 17 (1981) 917-919

3.173 Forrest, S.R.; Kim, O.K.; Smith, R.G.: Optical response
time of $In_{0.53}Ga_{0.47}As$/InP avalanche photodiodes. Appl.
Phys. Lett. 41 (1982) 95-98

3.174 Donnelly, J.P.: A calculation of the capacitance-voltage
characteristics of p^+-InP/n-InP/n-InGaAsP photodiodes.
Solid State Electronics 25 (1982) 669-677

3.175 Matsushima, Y.; Akiba, S.; Sakai, K.; Kushiro, Y.; Noda,
Y.; Utaka, K.: High-speed-response InGaAs/InP heterostructure avalanche photodiode with InGaAsP buffer
layers. Electronics Letters 18 (1982) 945-946

3.176 Matsushima, Y.; Noda, Y.; Kushiro, Y.; Sakai, K.; Akiba,
S.; Utaka, K.: Effects of InGaAsP buffer layer on the
design and performance of InGaAsP/InP heterostructure
avalanche photodiodes. Technical Digest, 4th Int. Conf.
Integr. Opt. and Opt. Fiber Comm. (IOOC 83) (1983)
226-227

3.177 Tabatabaie-Alavi, K.; Fonstad, C.F.: Recent advances in InGaAsP/InP phototransistors. Proc. SPIE 272 (1981) 38-42

3.178 Campbell, J.C.; Dentai, A.G.; Burrus, C.A.; Ferguson, J. F.: High sensitivity InP/InGaAs heterojunction photo-transistor. Electronics Letters 18 (1980) 713-714

3.179 Campbell, J.C.; Dentai, A.G.; Burrus, C.A. Jr.; Ferguson, J.F.: InP/InGaAs heterojunction phototransistors. IEEE J. Quant. Electron. QE-17 (1981) 264-269

3.180 Wright, P.D.; Nelson, R.J.; Cella, T.: High-gain, InGaAsP-InP heterojunction phototransistors. Appl. Phys. Lett. 37 (1980) 192-194

3.181 Sasaki, A.; Kuzuhara, M.: InGaAsP-InP heterojunction phototransistors and light amplifiers. Japan J. Appl. Phys. 20 (1981) L283-L286

3.182 Tobe, M.; Ameniya, Y.; Sakai, S.; Umeno, M.: High sensitivity InGaAsP/InP phototransistor. Appl. Phys. Lett. 37 (1980) 73-75

3.183 Kobayashi, M.; Sakai, S.; Umeno, M.: Very low dark current P-p-P base InGaAsP/InP phototransistor. Japan. J. Appl. Phys. 22 (1983) L159-L161

3.184 Campbell, J.C.; Burrus, C.A.; Dentai, A.G.; Ogawa, K.: Small-area high-speed InP/InGaAs phototransistors. Appl. Phys. Lett. 39 (1981) 820-821

3.185 Fritsche, D.; Kuphal, E.; Aulbach, R.: Fast response InP/InGaAsP heterojunction phototransistors. Electronics Letters 17 (1981) 178-180

3.186 Campbell, J.C.; Dentai, A.G.: InP/InGaAs heterojunction phototransistor with integrated light emitting diode. Appl. Phys. Lett. 41 (1982) 192-193

3.187 Law, H.D.; Chin, R.; Nakano, K.; Milano, R.: The GaAlAsSb quaternary and GaAlSb ternary alloys and their application to infrared detectors. IEEE J. Quant. Electron. QE-17 (1981) 275-283

3.188 Tabatabaie, N.; Stillman, G.E.; Chin, R.; Dapkus, P.D.: Tunneling in the reverse dark current of GaAlAsSb avalanche photodiodes. Appl. Phys. Lett. 40 (1982)

3.189 Hildebrand, O.; Kuebart, W.; Pilkuhn, M.H.: Resonant enhancement of impact in $Ga_{1-x}Al_xSb$. Appl. Phys. Lett. 34 (1980) 801-803

3.190 Hildebrand, O.; Kuebart, W.; Benz, K.W.; Pilkuhn, M.H.: $Ga_{1-x}Al_xSb$ avalanche photodiodes. Resonant impact ionization with very high ratio of ionization coefficients. IEEE J. Quant. Electron. QE-17 (1981) 284-238

3.191 Pearsall, T.P.; Nahory, R.E.; Chelikovsky, J.R.: Threshold energies for impact ionization by electrons and holes in the GaAs-GaSb systems. Inst. Phys. Conf. Ser. No. 33b (1977) 331-338

3.192 Eden, R.C.: Heterojunction III-V alloy photodetectors for high sensitivity 1.06 μm optical receiver. Proc. IEEE 63 (1975) 32-37

3.193 Sukegawa, T.; Hiraguchi, T.; Tanaka, A.; Hagino, M.:
      Highly efficient pGaAsSb-nGa$_{1-x}$Al$_x$Sb photodiodes. Appl.
      Phys. Lett. 32 (1978) 376-378

3.194 Kagawa, T.; Motosugi, G.: AlGaAsSb photodiodes lattice-
      matched to GaSb. Japan. J. Appl. Phys. 18 (1979) 1001-
      1002

3.195 Capasso, F.; Hutchinson, A.L.; Foyt, P.W.; Bethea, C.;
      Bonner, W.A.: Very low reach-through voltage, high per-
      formance Al$_x$Ga$_{1-x}$Sb p-i-n photodiodes for 1.3 μm fiber
      optical systems. Appl. Phys. Lett. 39 (1981) 736-738

3.196 Chin, R.; Hill, C.M.: Low dark current GaAlAsSb photo-
      diodes. Appl. Phys. Lett. 40 (1982) 332-333

3.197 Capasso, F.; Panish, M.B.; Sumski, S.; Foy, P.W.: Very
      high quantum efficiency GaSb mesa photodetectors between
      1.2 and 1.6 μm. Appl. Phys. Lett. 36 (1980) 165-167

3.198 Eden, R.C.; Nakano, K.; Deyhimy, I.; Kim, C.K.: High
      sensitivity gigabit data rate GaAs$_{1-x}$Sb$_x$ avalanche pho-
      todiode 1.06 μm optical receiver. Tech. Dig. Int. Elec-
      tron. Dev. Meet. 1975, S. 591-594

3.199 Tomasetta, L.R.; Law, H.D.; Eden, R.C.; Deyhimy, I.:
      Nakano, K.: High sensitivity optical receivers for
      1.0-1.4 μm fiber-optic systems. IEEE J. Quant. Electron.
      QE-14 (1978) 800-804

3.200 Law, H.D.; Tomasetta, L.R.; Nakano, K.; Harris, J.S.:
      1.0-1.4 μm high-speed avalanche photodiodes. Appl. Phys.
      Lett. 33 (1978) 416-417

3.201 Law, H.D.; Nakano, K.; Tomasetta, L.R.: III-V alloy
      heterostructure high speed avalanche photodiodes. IEEE
      J. Quant. Electron. QE-15 (1979) 549-558

3.202 Law, H.D.; Nakano, K.; Tomasetta, L.R.; Harris, J.S.:
      Ionization coefficients of Ga$_{0.72}$Al$_{0.28}$Sb avalanche
      photodetectors. Appl. Phys. Lett. 33 (1978) 948-950

3.203 Kagawa, T.; Motosugi, G.: AlGaAsSb avalanche photodiodes
      for 1.0-1.3 μm wavelength region. Japan. J. Appl. Phys.
      18 (1979) 2317-2318

3.204 Chin, R.; Law, H.D.; Nakano, K.; Milano, R.A.: Schottky-
      barrier Ga$_{1-x}$Al$_x$As$_{1-y}$Sb$_y$ alloy avalanche photodetectors.
      Appl. Phys. Lett. 37 (1980) 550-551

3.205 Mitchell, G.R.; Goldberg, A.E.; Kurnick, S.W.: InSb
      photovoltaic cell. Phys. Rev. 97 (1955) 239-240

3.206 Pagel, B.R.; Petritz, R.L.: Noise in InSb photodiodes.
      J. Appl. Phys. 32 (1961) 1901-1904

3.207 Price, M.B.: Narrowband self-filtering detectors. In:
      Willardson, R.K.; Beer, A.C. (eds.): Semiconductors
      and semimetals, Vol. 5: Infrared detectors. New York:
      Academic Press 1970, S. 85-108

3.208 Burstein, E.: Anomalous optical absorption limit in InSb.
      Phys. Rev. 93 (1954) 632-633

3.209 Saleh, N.; Soliman, A.: Analysis and design considerations of Burstein narrow-band photon detectors. Phys. Stat. Sol (a) 37 (1976) 39-43

3.210 Melngailis, I.; Harman, T.C.: Single-crystal lead-tin-chalcogenides. In: Willardson, R.U.; Beer, A.C. (eds.): Semiconductors and semimetals, Vol. 7. New York: Academic Press 1970, S. 111-174

3.211 Melngailis, I.; Calawa, A.R.: Photovoltaic effect in $Pb_xSn_{1-x}Te$ diodes. Appl. Phys. Lett. 9 (1966) 304-306

3.212 Butler, J.F.; Calawa, A.R.; Melngailis, I.; Harman, T.C.; Dimmock, J.O.: Laser action and photovoltaic effect in $Pb_{1-y}Sn_ySe$ diodes. Bull. Amer. Phys. Soc. 12 (1967) 384

3.213 Andrews, A.M.; Higgins, J.A.; Longo, J.T.; Gertner, E.R.; Pasko, J.G.: High-speed $Pb_{1-x}Sn_xTe$ photodiodes. Appl. Phys. Lett. 21 (1972) 285-287

3.214 Rolls, W.H.; Eddolls, D.B.: High detectivity $Pb_xSn_{1-x}Te$ photovoltaic diodes. Infrared Phys. 13 (1973) 143-147

3.215 Kennedy, C.A.; Linden, K.J.; Sonderman, D.A.: High performance 8-14-μm $Pb_{1-x}Sn_xTe$ photodiodes. Proc. IEEE 63 (1975) 27-32

3.216 Eddolls, D.V.: 3-5 μm single crystal PbTe and $Pb_xSn_{1-x}Te$ detectors. Infrared Phys. 16 (1976) 47-50

3.217 LoVecchio, P.; Jaspar, M.; Cox, J.T.; Gaber, M.B.: Planar $Pb_{0.8}Sn_{0.2}Te$ photodiode array development at the night vision laboratory. Infrared Phys. 15 (1975) 295-301

3.218 Donnelly, J.P.; Harman, T.C.; Foyt, A.G.; Lindley, W.T.: n-p junction photovoltaic detectors in PbTe produced by Proton bombardment. Appl. Phys. Lett. 18 (1971) 259-261

3.219 Donnelly, J.P.; Harman, T.C.; Foyt, A.G.; Lindley, W.T.: p-n junction photodiodes in PbTe prepared by Sb^+Ion implantation. Appl. Phys. Lett. 20 (1972) 279-281

3.220 Donnelly, J.P.; Harman, T.C.: As^+-ion implanted lead telluride p-n junction photodiodes. Solid State Electronics 18 (1975) 1144-1146

3.221 Jakobus, Th.; Rothemund, W.; Hurrle, A.; Baars, J.: $Pb_{0.8}Sn_{0.2}Te$ infrared photodiodes by indium implantation. Revue de Physique Appliquée 13 (1978) 753-756

3.222 Logotheis, E.M.; Holloway, H.; Varga, A.J.; Wilkes, E.: Infrared detection by Schottky-barriers in epitaxial PbTe. Appl. Phys. Lett. 19 (1971) 318-320

3.223 Hohnke, D.K.; Holloway, H.: Epitaxial PbSe Schottky-barrier for infrared detection. Appl. Phys. Lett. 24 (1974) 633-635

3.224 Parker, S.G.: Epitaxial deposition of $Pb_xSn_{1-x}Te$ on $Pb_xSn_{1-x}Te$ substrates in a closed system. J. Electrochem. Soc. 123 (1976) 920-924

3.225 Wang, C.C.; Hampton, S.R.: Laed telluride-lead tin telluride heterojunction diode array. Solid State Electronics 18 (1975) 121-125

3.226 Kasai, I.; Bapett, D.W.; Hornung, J.: PbTe and
      $Pb_{0.8}Sn_{0.2}Te$ epitaxial films on cleaved substrates
      prepared by a modified hot-wall technique. J. Appl.
      Phys. 47 (1976) 3167-3171

3.227 Lockwood, A.H.; Balon, J.R.; Chia, P.S.; Renda, F.J.:
      Two-color detector arrays by $PbTe/Pb_{0.8}Sn_{0.2}Te$ liquid
      phase epitaxy. Infrared Phys. 16 (1976) 509-514

3.228 Chia, P.S.; Blon, J.R.; Lockwood, A.H.; Randall, D.M.;
      Renda, F.J.; de Vaux, L.H.; Kimura, H.: Performance
      of PbSnTe diodes at moderately reduced backgrounds.
      Infrared Phys. 15 (1975) 279-283

3.229 Corsi, G.: Infrared detector arrays by new technolo-
      gies. Proc. IEEE 63 (1975) 14-26

3.230 Donelly, J.P.; Harman, T.C.; Foyt, A.G.; Lindley, W.T.:
      PbS photodiodes fabricated by Sb^+ ion implantation.
      Solid State Electronics 16 (1973) 529-534

3.231 Donelly, J.P.; Harman, T.C.: p-n junction $PbS_{1-x}Se$ pho-
      todiodes fabricated by Se^+ ion implantation. Solid State
      Electronics 18 (1975) 288-290

3.232 Hohnke, D.K.; Holloway, H.: Epitaxial PbSe Schottky-
      barrier diodes for infrared detection. Appl. Phys. Lett.
      24 (1974) 633-635

3.233 Long, D.; Schmit, J.L.: Mercury-cadmium telluride and
      closely related alloys. In: Willardson, R.K.; Beer, A.C.
      (eds.): Semiconductor and semimetals, Vol. 5. New York:
      Academic Press 1970, S. 175-255

3.234 Hansen, G.L.; Schmit, J.L.; Casselman, T.N.: Energy gap
      versus alloy composition and temperature in $Hg_{1-x}Cd_xTe$.
      J. Appl. Phys. 53 (1982) 7099-7101

3.235 Lanir, M.; Riley, K.J.: Performance of PV HgCdTe arrays
      for 1-14 µm applications. IEEE Trans. Electron. Dev.
      ED-29 (1982) 274-279

3.236 Rosbeck, J.P.; Starr, R.E.; Price, S.L.; Riley, K.J.:
      Background and temperature dependent current-voltage
      characteristics of HgCdTe photodiodes. J. Appl. Phys.
      53 (1982) 6430-6440

3.237 King, M.E.; Taur, Y.; Shin, S.H.; Bortrup, G.; Kim, J.C.;
      Cheung, D.T.: Charge-coupled devices in epitaxial
      HgCdTe/CdTe heterostructure. Appl. Phys. Lett. 39
      (1981) 336-338

3.238 Vérié, C.; Ayas, J.: $Cd_xHg_{1-x}Te$ infrared photovoltaic
      detectors. Appl. Phys. Lett. 10 (1967) 241-243

3.239 Foyt, A.G.; Harman, T.C.; Donnelly, J.P.: Type con-
      version and n-p junction formation in $Hg_{1-x}CdTe$ pro-
      duced by proton bombardment. Appl. Phys. Lett. 18
      (1971) 321-323

3.240 Marine, J.; Motte, C.: Infrared photovoltaic detectors
      from ion-implanted $Cd_xHg_{1-x}Te$. Appl. Phys. Lett. 23
      (1973) 450-452

3.241 Fiorito, G.; Gasparini, G.; Svelto, F.: Advances in
      Hg implanted $Hg_{1-x}Cd_xTe$ photovoltaic detectors. In-
      frared Phys. 15 (1975) 287-293

3.242 Vérié, C.; Siriex, M.: Gigahertz cutoff frequency
      capabilities of CdHgTe photovoltaic detectors at
      10.6 µm. IEEE J. Quant. Electron. QE-8 (1972) 180-184

3.243 Pawlikowski, J.M.; Becla, P.: Some properties of photo-
      voltaic $Cd_xHg_{1-x}Te$ detectors for infrared radiation.
      Infrared Phys. 155 (1975) 331-337

3.244 Chu, M.; Shin, S.H.; Law, H.D.; Cheung, D.T.: 1.33 µm
      HgCdTe/CdTe photodiodes. Appl. Phys. Lett. 37 (1980)
      318-320

3.245 Shin, S.H.; Pasko, J.G.; Law, H.D.; Cheung, D.T.:
      1.22 µm HgCdTe/CdTe avalanche photodiodes. Appl. Phys.
      Lett. 40 (1982) 965-967

3.246 Meslage, J.; Nguyen Duy, T.; Pichard, G.; Royer, M.:
      Fast, high gain 1.3 µm HgCdTe photodiodes. 7th Europ.
      Conf. Opt. Comm., Copenhagen, Denmark 1981, S. 11.4-1 -
      11.4-4

3.247 Meslage, J.; Pichard, P.; Nguyen Duy, T.; Radix, J.L.:
      1.3 µm HgCdTe avalanche photodiodes. Tech. Dig. 4th
      Int. Conf. Integr. Opt. and Opt. Fiber Comm. (IOOC 83)
      1983, S. 228-229

4 Photoleiter (R. Trommer)

Als Photoleitung wird die durch elektromagnetische Strahlung
erzeugte Änderung der Leitfähigkeit eines elektrischen Widerstandes bezeichnet, die auf eine direkte Wechselwirkung der
Photonen mit den Ladungsträgern zurückzuführen ist und nicht
auf eine Erhöhung der Gittertemperatur. Bei solch einem Wech-
selwirkungsprozeß wird allgemein durch Absorption eines Photons ein Ladungsträger aus einem Energiezustand mit niedriger
Beweglichkeit in einen solchen mit größerer Beweglichkeit angeregt. Entsprechend der Natur der beteiligten Energiezustände wird die Photoleitung als extrinsisch, intrinsisch oder
auf Intrabandanregungen zurückgehend klassifiziert und hier
in drei Unterkapiteln behandelt. Die Messung der Photoleit-
fähigkeit kann als Spannungsänderung bei eingeprägtem Strom
oder als Stromänderung bei konstanter Spannung am Photowiderstand erfolgen und wird entsprechend in V/W oder A/W angegeben (Abschnitt 2.2). Eine weitere Möglichkeit besteht in der
Messung der Verluste in einem Mikrowellen-Hohlleitersystem,
in dem ein Photowiderstand plaziert ist.

Geeignete Photoleitermaterialien, Halbleiter oder Isolatoren,
existieren für den gesamten Spektralbereich vom UV bis zu
den Submillimeterwellen, doch besitzen vom UV bis ins nahe
Infrarot Sperrschichtphotodetektoren und Photokathoden meist
ein höheres Nachweisvermögen (Abb. 2.1). Voraussetzung für
die breite Anwendung der Photowiderstände im ganzen Infrarot-
Wellenlängenbereich ist eine Kühlung zum Teil bis zu He-Tem-
peraturen, um nicht nur das Detektorrauschen selbst, sondern
auch das Rauschen der sie umgebenden Wärmestrahlung zu ver-
mindern.

4.1 Intrinsische Photoleiter

In intrinsischen Photoleitern wird durch Absorption eines
Photons ein Elektron aus dem Valenzband ins Leitungsband
angehoben (Abb. 1.1); Bei diesem Prozeß werden also zwei
zusätzliche bewegliche Ladungsträger, ein Elektron und ein
Loch, erzeugt. In die Gleichung für die Grenzwellenlänge
der Absorption (1.3) ist in diesem Fall wie bei den Sperrschichtphotodetektoren der Bandabstand E_g des Halbleiters
einzusetzen. Der prinzipielle spektrale Verlauf der Responsivität nach (2.2) zeigt einen linearen Anstieg mit λ bis
zur Grenzwellenlänge und geht dann auf Null zurück. Abweichungen von dieser Sägezahncharakteristik sind vor allem
darauf zurückzuführen, daß die Absorptiontiefe für verschiedene Lichtwellenlängen der Strahlung unterschiedlich
ist. Damit kann zum einen bei entsprechender Detektorab-
messung Strahlung großer Eindringtiefe im Gegensatz zu solcher kleiner Eindringtiefe nicht voll absorbiert werden, zum
anderen variiert der relative Anteil von Oberflächen- oder
Grenzflächenrekombination, bei der die erzeugten Elektron-
Loch-Paare sofort wieder vernichtet werden. Die mit intrinsischer Absorption (Abschnitt 3.1.2) verbundenen Eindring-
tiefen liegen je nach Art des Übergangs (indirekt oder direkt
unter Phononbeteiligung) im Bereich einiger 10 µm bis unterhalb von einem µm. Diese Werte lassen Photoleiterdetektoren
kleiner Abmessungen zu, die vielfach aus dünnen, auf nicht-
leitende Substrate aufgebrachte Schichten bestehen.

4.1.1 Theorie und Zeitverhalten

Wie schon in Kapitel 1 erwähnt wurde, können auch Photoleiter mit einer inneren Verstärkung (Gewinn g) arbeiten. Diese ist mit (1.5) definiert als Zahl der durch den äußeren
Stromkreis fließenden Elektronen pro durch Strahlung im Photoleiter erzeugtem Ladungsträger. Je nachdem, ob innerhalb
der Zeit bis zur Rekombination des erzeugten Elektron-Loch-
Paares weniger oder mehr als ein Ladungsträger durch den Photoleiter driften, ist g kleiner oder größer eins.

Anhand eines einfachen Modells werden im weiteren der Gewinn
für einen intrinsischen Photoleiter hergeleitet und die wichtigsten Effekte diskutiert. Wir beschränken uns dabei auf den
Fall eines n-Typ-Halbleiters mit sehr viel größerer Elektronendichte n als Löcherdichte p. Die Betriebstemperatur sei
hoch genug, so daß alle Donatoren ionisiert sind und damit
nur die oben erwähnte intrinsische Band-Band-Absorption zur
Photogeneration von Ladungsträgern ausgenutzt wird. Die Ergebnisse lassen sich direkt auf den Fall des p-Typ-Halblei-
ters übertragen. Die für die folgende Betrachtung zugrunde-
gelegte geometrische Abmessung des Photoleiters ist in Abb. 4.1
dargestellt. An den Endflächen des Photoleiters der Dicke d
und der Breite b in Form eines quaderförmigen Plättchens befinden sich die elektrischen Kontakte. Die Fläche der Länge l
und der Breite b wird homogen bestrahlt, wodurch sich im
stationären Zustand eine zusätzliche mittlere Elektronendichte $n' = n - n_o$ und Löcherdichte $p' = p - p_o$ einstellen. Werden einige der Löcher durch Minoritätsladungsträgertraps eingefangen, so gilt: $p' < n'$. Im weiteren wird jedoch der Fall
vernachlässigbarer Trapdichte angenommen, $n' = p'$, der sich
in der Praxis oft schon dadurch einstellt, daß die Traps
durch Löcher abgesättigt werden, die durch die Hintergrundstrahlung erzeugt werden. Die "bulk"-Lebensdauer τ_n und τ_p
von Elektronen und Löchern sind dann ebenfalls gleich ($\tau_n =
\tau_p = \tau$) und begrenzt durch direkte strahlende Rekombination,
Auger-Rekombination oder Rekombination über tiefe Zentren.
Schließlich sei noch eine homogene Ladungsträgerverteilung
über die Dicke d angenommen, so daß p' nur in Richtung x der
angelegten Spannung variiert. Für die mittlere Löcherdichte

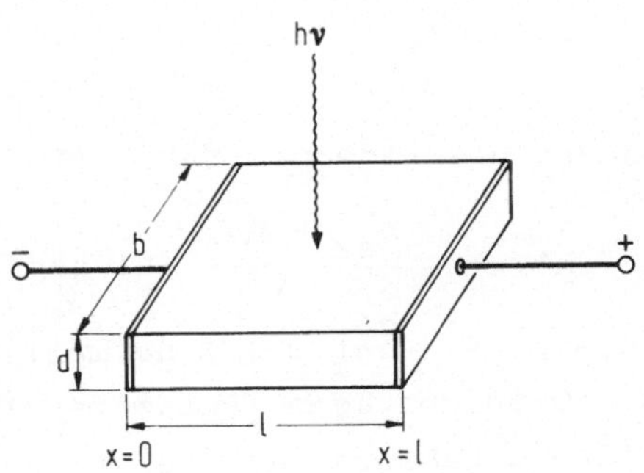

Abb. 4.1. Geometrische Abmessungen des Photoleiters

gilt dann:

$$\bar{p}' = \frac{1}{l} \int_{0}^{l} p'(x)\,dx. \qquad (4.1)$$

Der durch den Photoleiter fließende Photostrom kann nun geschrieben werden als

$$I_{sc}^{ph} = d\,b\,q\,\bar{p}'(\mu_n + \mu_p)E. \qquad (4.2)$$

Der Vergleich mit (1.4) liefert

$$g = \frac{d\,b\,\bar{p}'\,(\mu_n+\mu_p)E}{\eta_{ex}\,P/h\nu} \qquad (4.3)$$

Im elektrischen Feld driften die Löcher gegen die Elektrode bei $x = 0$, so daß die Kontinuitätsgleichung im stationären Fall lautet:

$$0 = \frac{\eta_{ex}\,P/h\nu}{V} - \frac{p'(x)}{\tau} - \mu_p E\,\frac{\partial p'(x)}{\partial x} \qquad (4.4)$$

Der erste Term bezeichnet die Photogeneration, der zweite die Rekombination und der dritte den Driftstrom der Löcher. V ist das Volumen des Photoleiters.

Sind die Stromzuführungen ohmsche Kontakte für die Minoritätsladungsträger, so rekombinieren die Löcher bei $x = 0$ sofort mit den vorhandenen Elektronen; die Randbedingung von (4.4) ist dann:

$$p'(x=0) = 0. \qquad (4.5)$$

Mit Einführung der Transitzeiten, die die Ladungsträger zum Durchdriften des Photoleiters benötigen:

$$t_n = \frac{l}{\mu_n E}, \quad t_p = \frac{l}{\mu_p E}, \qquad (4.6)$$

lautet das Ergebnis für $p'(x)$:

$$p'(x) = \frac{\eta_{ex}(P/h\nu)\tau}{V}\left[1-\exp\left(-\frac{x}{l}\frac{t_p}{\tau}\right)\right]. \qquad (4.7)$$

In Abb. 4.2 ist $p'(x)$ normalisiert auf die Trägerdichte bei $E = 0$ aufgetragen. Parameter ist das Verhältnis von Driftzeit zu Lebensdauer. Zu erkennen ist, daß p' nicht nur eine

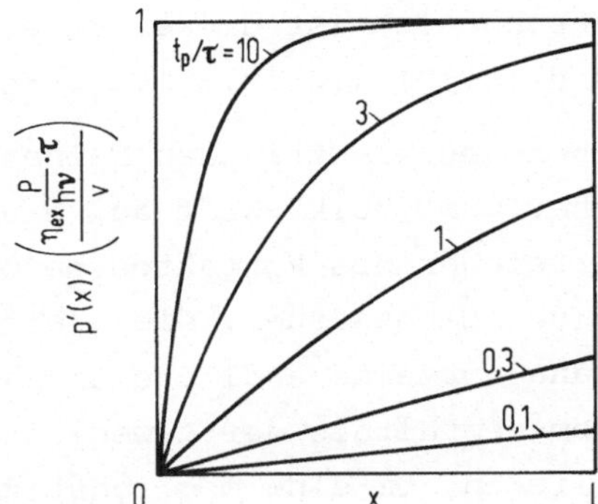

Abb. 4.2. Löcherdichte p'(x)
im Photoleiter nach (4.7) in
Richtung des elektrischen Feldes als Funktion von x.
$\eta_{ex}(P/h\nu)\tau/V$ ist nach (4.4) die
Löcherdichte im feldfreien Fall

Funktion von x ist, sondern auch mit zunehmender elektrischer

Feldstärke und damit kleiner werdendem t_p/τ abnimmt. Dieser

Effekt, als Minoritätsladungsträger-"sweepout" bezeichnet,

ist die Folge davon, daß mit zunehmender Spannung immer mehr

Löcher innerhalb ihrer "bulk"-Lebensdauer $\tau_p =$ den Kontakt

bei x = 0 erreichen und dort rekombinieren. Aus (4.1) folgt

für die mittlere zusätzliche Löcherdichte im Photoleiter:

$$\bar{p}' = \frac{\eta_{ex}(P/h\nu)\tau}{V} \; [1 - \frac{\tau}{t_p} \; (1 - \exp(- \frac{t_p}{\tau}))] . \tag{4.8}$$

Einsetzen in (4.3) liefert schließlich das Ergebnis für den

Gewinn:

$$g = (\frac{t_p}{t_n} + 1) \; \left(\frac{\tau}{t_p} \; [1 - \frac{\tau}{t_p} \; (1 - \exp(- \frac{t_p}{\tau}))] \right) \tag{4.9}$$

Sind die Transitzeiten größer als die Lebensdauer, verein-

facht sich (4.9) zu

$$g = \frac{\tau}{t_p} \; (1 + \frac{t_p}{t_n}) . \tag{4.10}$$

Mit zunehmender Spannung nehmen die Transitzeiten ab, und

g steigt. Im Fall großer Feldstärken und $\tau \ll t_p$ geht in

(4.9) der Ausdruck in geschweiften Klammern jedoch gegen

den Grenzwert 1/2. Die maximal erreichbare Verstärkung ist

dann gegeben durch:

$$g = \frac{1}{2} \; (1 + \frac{t_p}{t_n}) = \frac{1}{2} \; (1 + \frac{\mu_n}{\mu_p}) . \tag{4.11}$$

Anschaulich ist dieses Ergebnis durch Vergleich von (4.11) und (4.10) wie folgt zu verstehen:

In hohen elektrischen Feldern nimmt die Lebensdauer der Löcher vom "bulk"-Wert auf eine Zeit ab, die im Mittel bis zum Erreichen des Kontaktes benötigt wird. Während dieser effektiven Lebensdauer, die gleich der halben Transitzeit t_p ist, kann nur eine endliche Anzahl von Elektronen, entsprechend dem Verhältnis der Beweglichkeiten, durch den Photoleiter fließen. Um eine möglichst große Verstärkung in intrinsischen Photoleitern zu erreichen, muß also das Verhältnis der Beweglichkeiten von Majoritäts- zu Minoritätsladungsträgern möglichst groß sein.

Wie auf den Gewinn wirkt sich der Minoritätsladungsträger-"sweep-out" auch auf das Zeitverhalten des Photoleiters aus. Während die in (2.3) definierte Ansprechzeit τ_r bei kleinen Feldstärken durch die "bulk"-Lebensdauer der Elektron-Loch-Paare gegeben ist, wird sie bei höheren Spannungen mit der effektiven Lebensdauer kürzer und wird zur Minoritätsladungsträgertransitzeit. Der Abfall der Empfindlichkeit zu großen Signalfrequenzen läßt sich durch Multiplikation der statischen Verstärkung nach (4.9) mit dem Faktor $(1+\omega^2\tau_r^2)^{-1/2}$ beschreiben. Diese Frequenzabhängigkeit ist am Beispiel des extrinsischen Photoleiters (Abschnitt 4.2) leicht einzusehen und wird dort abgeleitet.

Größere als die nach (4.11) gegebenen Verstärkungen können in intrinsischen Photoleitern durch Unterbinden des "sweepout" erreicht werden. Dazu bieten sich drei Methoden an:
- Erhöhung der Minoritätsladungsträgerlebensdauer durch Minoritätsladungsträger-Traps. Dabei wird die Ansprechzeit des Photoleiters aber ebenfalls auf diese Lebensdauer erhöht;
- Abblocken der Minoritätsladungsträger vom Kontakt, z.B. durch eine n^+nn^+-Dotierungsstruktur längs der Richtung x. Die Minoritätsladungsträger werden durch ein elektrisches Gegenfeld im Innern des Photoleiters gehalten und (4.4) ist für eine von (4.5) verschiedene Randbedingung zu lösen. Mit einer derartigen Photoleiterstruktur liegt eine zum Phototransistor ähnliche Situation vor;

- Messung der Mikrowellenleitfähigkeit, wobei durch das peri-
odische Umpolen des elektrischen Feldes die Minoritätsladungs
träger ebenfalls von den Kontakten ferngehalten werden. Die V
stärkung ist in diesem Fall durch die Periodenanzahl des elek
trischen Feldes innerhalb der Ladungsträgerlebensdauer gegebe

Außer dem "sweepout" können noch eine Reihe anderer Effekte
zu einer Begrenzung im Betrieb des Photoleiters führen. Sie
sind im folgenden kurz zusammengestellt:

- In hohen elektrischen Feldern sättigen die Driftgeschwindigkeiten der Ladungsträger und damit die Transitzeiten.
Deren Verhältnis ist dann nicht mehr gleich dem inversen
Verhältnis der Beweglichkeiten in kleinen Feldern, sondern
meist viel geringer;

- an nichtohmschen Kontakten kommt es bei hohen elektrischen
Feldern oder hohen Lichtintensitäten zu einer Ladungsträ-
gerverarmung und zu einer Begrenzung der Verstärkung;

- bei hohen Lichtintensitäten kann die Besetzung von Rekom-
binationszentren vergleichbar mit oder größer als die Besetzung im Dunkeln sein, wodurch die Minoritätsträgerlebensdauer nicht konstant bleibt. Die dann bimolekulare Rekombination führt dazu, daß der Photostrom proportional
zu $P/h\nu$ wird;

- inhomogene Ladungsträgerkonzentrationen in Richtung der
Dicke des Photoleiters können als Folge starker oberflä-
chennaher Absorption auftreten. Verschiedene Rekombinations-
mechanismen im Innern und an der Oberfläche führen zu
einem nichtlinearen Strom-Spannungsverlauf;

- in sehr hohen elektrischen Feldern kommt es schließlich
zum Durchbruch (Tunneln, Lawineneffekt) des Photoleiters.

4.1.2 Rauschen in intrinsischen Photoleitern

Die in Photoleitern wichtigen Rauschmechanismen lassen sich
nach (2.18), (2.19) und (2.22) zu einem Rauschstrom zusam-
menfassen:

$$I_{N,eff}^2 = 4q \left(\frac{kT}{qR} + q\, G_{th}g^2 + q\eta_{ex}\frac{P}{h\nu}\, g^2\right)B. \qquad (4.12)$$

Die drei Terme beschreiben das Widerstandsrauschen, das Generations-Rekombinationsrauschen für thermische Band-Band-Anregungen und das verstärkte Generations-Rekombinationsrauschen (Quantenrauschen) der absorbierten, Elektron-Loch-Paare bildenden Photonen. Für die thermische Band-Band-Generations-Rekombinationsrate kann in unserem Modell eines n-Typ-Halbleiters nach (4.1) oder für $n_o \gg p_o$ gemäß (2.20) mit $\tau_{\wp} = \tau$ eingesetzt werden:

$$G_{th} = \frac{p_o V}{\tau} = \frac{n_i^2 V}{n_o \tau} \; . \tag{4.13}$$

Einen weiteren, bei kleinen Frequenzen oft wichtigen Beitrag liefert das 1/f-Rauschen nach (2.5), das hier aber wegen seiner Abhängigkeit von der speziellen Detektorpräparation nicht näher betrachtet wird. Der ideale Betrieb des Photoleiters ist erreicht, wenn das durch Hintergrundstrahlung oder Signalstrahlung selbst hervorgerufene Photonenrauschen über die beiden anderen Rauschquellen in (4.12) dominiert. Für diesen Fall müssen also die folgenden zwei Bedingungen erfüllt sein:

$$q\, G_{th}\, g^2 \ll q\eta_{ex}\, \frac{P}{h\nu}\, g^2 \tag{4.14}$$

bzw.

$$\frac{kT}{qR} \ll q\eta_{ex}\, P/h\nu\; g^2 . \tag{4.15}$$

Durch Einsetzen des elektrischen Widerstandes R sowie Benutzung von (4.9) und (4.12) lassen sich diese Ungleichungen umformen in

$$\frac{n_i^2}{n_o \tau} \ll \frac{\eta_{ex}\, P/h\nu}{V} \tag{4.16}$$

und

$$\frac{1}{l^2}\, \frac{kT}{q}\, \frac{n_o\, \mu_n}{(\frac{\mu_n}{\mu_p}+1)^2\, \{ \frac{\tau}{t_p}\, [1+\frac{\tau}{t_p}(1-\exp(-\frac{t_p}{\tau}))]\}^2} \ll \frac{\eta_i\, P/h\nu}{V} . \tag{4.17}$$

Hieraus lassen sich nun die für einen idealen intrinsischen Photoleiter notwendigen Material- und Betriebsbedingungen ablesen:

(4.16) bestimmt unmittelbar die zulässige Eigenleitungsdichte n_i des Photoleiters und damit die maximal zulässige Arbeitstemperatur, denn die Elektronendichte n_0 und die Minoritätsladungsträgerlebensdauer τ ändern sich im Vergleich zu n_i nur wenig mit der Temperatur. Nach (4.17) sollte das Verhältnis von Majoritäts- zu Minoritätsladungsträgerbeweglichkeit möglichst groß (g groß), andererseits aber die Majoritätsladungsträgerbeweglichkeit selbst und vor allem die Elektronendichte n_0 möglichst klein (R groß) sein.

4.1.3 Materialien und Anwendungen

Wie bereits erwähnt wurde, werden in intrinsischen Photoleitern und Sperrschichtphotodetektoren die gleichen intrinsischen Absorptionsprozesse zur Photogeneration von Ladungsträgern ausgenutzt und die Strahlung in relativ dünnen Schichten vollständig absorbiert. Deshalb stehen intrinsische Photoleiter und Sperrschichtphotodetektoren - für den mittleren IR-Bereich sind dies vornehmlich photovoltaische Detektoren - in Konkurrenz zueinander. Trotzdem gibt es eine Reihe von Anwendungen, bei denen die Photoleiter wegen ihrer durch die fehlende Sperrschicht meist einfacheren und daher auch großflächigeren Herstellung von Vorteil sind.

Eine wichtige Familie von Materialien bilden die im Zinkblende- oder Wurzitgitter kristallisierenden III-V- und II-VI-Verbindungshalbleiter. Gemeinsam ist ihnen vor allem im IR-Bereich der meist direkte Bandabstand. Die Elektronenmassen sind dann deutlich kleiner als die der Löcher und die Beweglichkeiten von Elektronen können sehr viel größer als die der Löcher werden. Damit ist eine wichtige Voraussetzung zur Erzielung hoher Verstärkung gegeben. Erreichbare Restverunreinigungen sind meist im Bereich von 10^{15} cm^{-3} oder kleiner und auf Donatoren zurückzuführen. Als Materialien sind besonders zu erwähnen InAs, InSb und das Legierungssystem $Hg_{1-x}Cd_xTe$, bei dem die Kationengitterplätze entsprechend dem Verhältnis x mit Hg- oder Cd-Atomen besetzt sind.

CdS findet als Photoleiter meist in Form dünner polykristalliner Schichten Verwendung. Technische Anwendungen liegen in

der Lichtmeßtechnik im sichtbaren Spektralbereich. Um hohe
Dunkelwiderstände zu erreichen, werden im CdS die als Restverunreinigungen vorhandenen Donatoren durch Akzeptoren kompensiert. Diese wirken als Löchertraps und führen zu hoher
Verstärkung, aber auch zu langen Ansprechzeiten. InAs und vor
allem InSb werden als Detektoren zu Nachrichtenübertragungs-
und Bilderfassungszwecken im 1. atmosphärischen Fenster von
3 bis 5 µm eingesetzt. Im Halbleitersystem $Hg_{1-x}Cd_xTe$ läßt
sich die Energiebandlücke entsprechend dem Atomanteil x zwischen O und 1,6 eV einstellen. Für die Grenzwellenlänge gilt
entsprechend (3.232) [4.2]:

$$\lambda_g(\mu m) = [1,28x-0,20+2,64x^3+4,22 \cdot 10^4 \cdot T(K) \cdot (1-2,08x)]^{-1} .$$

$$(4.18)$$

Besonders interessant ist der Bereich um x = 0,2, mit dem
Detektoren für das 2. atmosphärische Fenster von 8 bis 13 µm
Wellenlänge hergestellt werden können. Grenzwellenlängen bis
zu 30 µm sind realisiert worden. Ein großer Vorteil des
HgCdTe-Systems besteht schließlich darin, daß die Gitterkon-
stanten von HgTe und CdTe sich nur um 0,3% unterscheiden, so
daß einkristalline dünne Schichten auf CdTe-Substrat epitaktisch abgeschieden werden können. In Hinsicht auf eine Anwendung in der optischen Nachrichtenübertragung durch Lichtwellenleiter wurde auch InP und das epitaktisch auf InP auf-
zubringende InGaAs mit seiner Absorptionskante von 1,65 µm
untersucht [4.3, 4.4]. Bei kleinen Kontaktabständen von einigen µm lassen sich in diesen Halbleitern sehr kurze Minori-
tätsladungsträger-(=Löcher-) Transitzeiten von etwa 1ns erreichen. Bei den dazu erforderlichen Feldstärken besitzen
die Elektronen aber eine deutlich größere Driftgeschwindigkeit, so daß selbst bei hohen Bandbreiten noch Verstärkung
möglich ist. Größere lichtempfindliche Flächen werden durch
kammartig ineinandergreifende Kontakte erzeugt.

Die elementaren Halbleiter Si und Ge besitzen wegen ihrer
indirekten Bandstruktur nahezu gleiche Elektronen- und Lö-
cherbeweglichkeiten. Von Interesse als Photoleiter erscheint
hier nur Si wegen der möglichen Integration mit Si-Schalt-
kreisen und der Verfügbarkeit von sehr reinem Material.

Eine weitere Klasse von Photoleitern bilden die IV-VI-Verbin-
dungen, besonders die Pb- und Sn-Chalkogenide [4.5]. PbS besitzt als Photoleiterdetektor für das nahe Infrarot ein hohes
Nachweisvermögen. Im $Pb_{1-x}Sn_xTe$-Mischkristallsystem läßt sich
analog zum $Hg_{1-x}Cd_xTe$ der Bandabstand bis auf O einstellen.
Die Grenzwellenlänge ist für den Bereich $O \leq x \leq 0,4$ gegeben
durch [4.5]

$$\lambda_g(\mu m) = [-0,406x + 0,175]^{-1}. \tag{4.19}$$

Aus der Bandstruktur folgen jedoch nahezu gleiche Massen und
damit auch Beweglichkeiten für Elektronen und Löcher, womit
diese Materialien gegenüber den Zinkblende-Halbleitern als
Photoleiterdetektoren prinzipiell schlechter geeignet sind.

Als Sonderanwendungen sollen hier schließlich noch die breite technische Nutzung der Photoleiter SbS_3 im Vidikon und von
Se, Anthrazen u.ä. bei der Xerographie erwähnt werden. Beide
beruhen darauf, daß dünne polykristalline Halbleiterschichten
aufgeladen und je nach Beleuchtung durch Photoleitung wieder
entladen werden.

Die wichtigsten Eigenschaften intrinsischer Photoleiter sind
in Tabelle 4.1 zusammengestellt. Der spektrale Verlauf der
detectivity D** kann für einige Materialien aus Abb. 2.2 entnommen werden.

4.2 Extrinsische Photoleiter

In einem extrinsischen Photoleiter sind durch gezielte Dotierung Störstellen eingebaut. Durch Absorption eines Photons kann dann ein Störstellen-Atom ionisiert und ein Ladungsträger in einen Bandzustand angehoben werden, in dem er frei
beweglich ist. Solch ein Photoleiter ist also sowohl in bezug
auf den Photoeffekt als auch auf die Leitfähigkeit extrinsisch.
Voraussetzung für den Betrieb ist eine genügend niedrige Temperatur, so daß die Störstellen nicht bereits thermisch ionisiert sind. Der Absorptionskoeffizient $\alpha(\lambda)$ für extrinsische
Absorption setzt sich zusammen aus dem Photoionisationsquer-
schnitt $\sigma_s(\lambda)$ und der Dichte der neutralen Störstellen $N_{s,n}$,
die demnach möglichst groß sein sollte:

Tabelle 4.1. Eigenschaften einiger intrinsischer Photoleiter

Material	T	λ_{max}	λ_{grenz}	f_{3dB}	D^*_{max}	$\eta_{ex,max}$	responsi-vity	Zitat
	K	µm	µm	Hz	$\frac{cm\ \sqrt{Hz}}{W}$	%		
Si	295		1,15	$10^5 \ldots 10^{10}$	$> 10^{12}$		$0,1 \ldots 0,6\ \frac{A}{W}$	[4.12]
Ge	77 … 200		1,8	$7 \cdot 10^6 \ldots 5 \cdot 10^9$	$> 10^{12}$		$0,15 \ldots 0,18 \frac{A}{W}$	[4.12]
InAs	195	3,3	3,6	$2 \cdot 10^6$	$3 \cdot 10^{11}$	50		[4.13]
InSb	295	6,8	7,3	$10^6 \ldots 10^8$	$3 \cdot 10^8$	50 … 80	$1\ \frac{V}{W}$	[4.14, 4.15]
	77	5,3	6,0	$2 \cdot 10^5$	$8 \cdot 10^{10}$	70	$3 \cdot 10^4\ \frac{V}{W}$	[4.8]
PbS	295	2,5	2,8	$\approx 10^4$	$1,5 \cdot 10^{11}$		$300\ \frac{V}{W}$	[4.16]
	77	3,0	3,8	$3 \cdot 10^2$	$7 \cdot 10^{11}$			[4.16]
PbSe	295	3,4	4,2	$5 \cdot 10^5$	$2 \cdot 10^{10}$			[4.14]
	77	4,8	6,3	$2,5 \cdot 10^4$	$2 \ldots 5 \cdot 10^{10}$			[4.14]
$Pb_{0,83}Sn_{0,17}Te$	77	10	11	$7 \cdot 10^7$	$3 \cdot 10^8$		$0,7\ \frac{V}{W}$	[4.5]
	4,2	13	13,5	$\approx 10^6$	$1,7 \cdot 10^{10}$		$80\ \frac{V}{W}$	[4.5]
$Hg_{0,8}Cd_{0,2}Te$	77	12	14	$> 10^8$	10^{10}	5 … 30		[4.17]

$$\alpha(\lambda) = \sigma_s(\lambda) N_{s,n}. \tag{4.20}$$

In der Praxis sind einer hohen Dotierung aber zwei Grenzen gesetzt: die Löslichkeit der Störstellenatome im Kristall ist begrenzt und bei zu großer Dichte bildet sich durch Wechselwirkung ein Störstellenband aus, in dem sich die Ladungsträger frei bewegen können.

Für die extrinsischen Photoleiter ist in die Grenzbedingung der Absorption (1.3) die Störstellenionisationsenergie E_s einzusetzen. Der spektrale Verlauf der Photoempfindlichkeit zeigt die gleiche Sägezahnkurve wie bei einem intrinsischen Photoleiter.

4.2.1 Theorie und Zeitverhalten

Die Herleitung der Empfindlichkeit eines extrinsischen Photoleiters ist gegenüber der im intrinsischen Photoleiter dadurch vereinfacht, daß die Photoleitung ein reiner Majoritätsladungsträgereffekt ist. Auch spielt ein "sweepout"-Effekt keine solch wichtige Rolle und soll erst später diskutiert werden. Zur Berechnung der Verstärkung beschränken wir uns im folgenden zunächst auf einen Halbleiter, in dem Donatoren der Dichte N_D als zu ionisierende Störstellen eingebaut sind, und diese die Dichte der als Restverunreinigung vorhandenen Akzeptoren N_A deutlich übersteigt. Trap-Effekte werden vernachlässigt, die Kontakte seien ohmsch und die Störstellen räumlich homogen verteilt. Der Photostrom I_{sc}^{ph} ist dann analog zum intrinsischen Photoleiter gegeben durch die Beziehung:

$$I_{sc}^{ph} = dbn'\mu E \tag{4.21}$$

und durch den Vergleich mit (1.4) folgt für den Gewinn

$$g = \frac{dbn'\mu E}{\eta_{ex}\, P/h\nu}. \tag{4.22}$$

Die Kontinuitätsgleichung für die räumlich homogene zusätzliche Elektronendichte lautet:

$$\frac{\partial n'}{\partial t} = \frac{\eta_{ex}\, P/h\nu}{V} - \frac{n'}{\tau}. \tag{4.23}$$

Wir wollen im weiteren nicht nur die stationäre Lösung, sondern auch den Fall modulierter Strahlung mit dem Modulationsgrad 1 betrachten. Die Wechsellichtleistung wird dann wie in (3.54) durch

$$p = P_o e^{j\omega t} \qquad (4.24)$$

beschrieben.

Die Lösung der Kontinuitätsgleichung ergibt die zeitabhängige Überschußelektronendichte

$$n' = \frac{\eta_{ex}\, P_o/h\nu}{V} \tau \frac{e^{j\omega t}}{1+j\omega t} \qquad (4.25)$$

Eingesetzt in (4.22) erhalten wir die Lösung für den Gewinn:

$$g(\omega) = \frac{\mu E}{l}\tau \frac{1}{1+j\omega\tau} = \frac{\tau}{t_{tr}} \frac{1}{1+j\omega\tau} \, , \qquad (4.26)$$

bzw.

$$|g(\omega)| = \frac{\tau}{t_{tr}} \frac{1}{(1+\omega^2\tau^2)^{1/2}} \, . \qquad (4.27)$$

Wie beim intrinsischen Photoleiter im Fall kleiner Spannungen ist beim extrinsischen Photoleiter die Ansprechzeit τ_r gleich der Ladungsträgerlebensdauer τ. Die stationäre Lösung für den Gewinn ist in (4.27) für $\omega = 0$ mit enthalten. Wichtig ist, daß g bei kleinen Modulationsfrequenzen nicht begrenzt ist und sehr viel größer als 1 werden kann. Um hohe Verstärkungen erzielen zu können, muß einzig die Beweglichkeit der angeregten Ladungsträger möglichst groß sein.

Der "Sweepout"-Effekt wird bei niedrigen Modulationsfrequenzen der Strahlungsleistung nicht beobachtet, weil zur Aufrechterhaltung der Ladungsneutralität im Photoleiter die durch die eine Elektrode abgesaugten Ladungsträger von der zweiten Elektrode durch Injektion sofort wieder ersetzt werden können. Verletzt werden kann diese Bedingung aber in Zeiten, die kürzer als die dielektrische Relaxationszeit τ_{RC} des Photoleiters sind:

$$\tau_{RC} = RC = \frac{\varepsilon\varepsilon_o}{n_o q\mu} \, . \qquad (4.28)$$

Bei entsprechend hohen Modulationsfrequenzen entsteht dann
eine Raumladezone von der Größe der Driftlänge der Ladungsträger. Die Berechnungen [4.6] zeigen, daß der Gewinn in diesem Fall auf den Wert 1/2 begrenzt ist. Die durch den "Sweepout"-Effekt gegebene Frequenzabhängigkeit des Gewinns kann
aus Abb. 4.3 entnommen werden. Erwähnt werden sollte, daß wegen der kleinen Ladungsträgerdichten in extrinsischen Photoleitern τ_{RC} meist sehr viel größer als die Ladungsträgerlebensdauer ist. Vor allem für großen Gewinn gilt (4.27) nicht weiter, eine Begrenzung setzt schon bei kleinen Frequenzen ein.

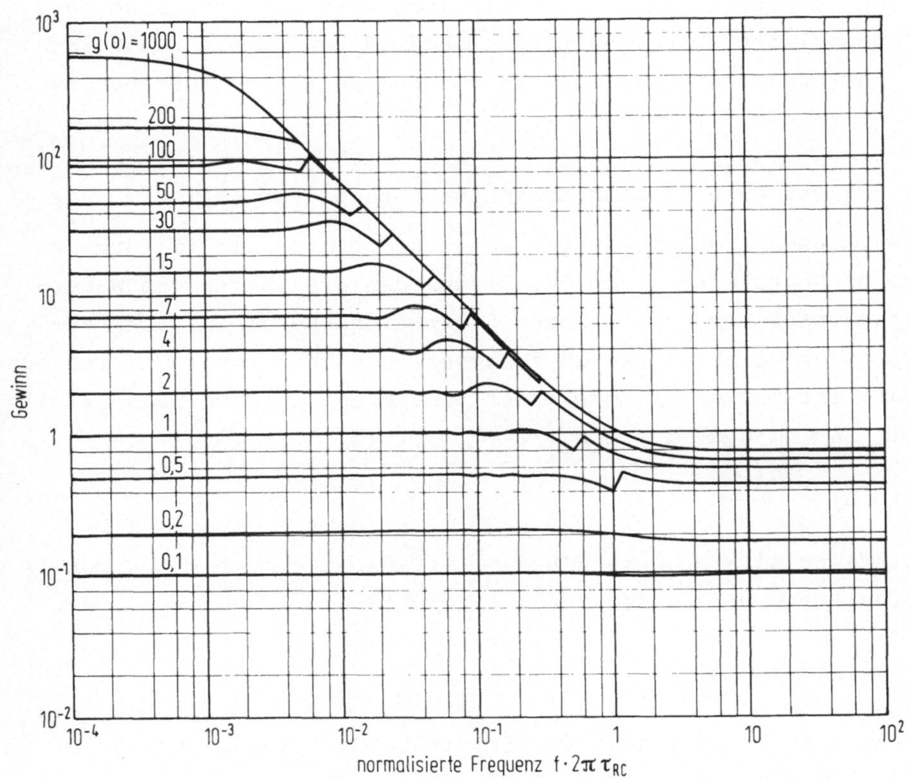

Abb. 4.3. Frequenzabhängigkeit des Gewinns im extrinsischen
Photoleiter nach [4.6]. Der Gewinn g(O) bei f = O ist Parameter

Zwei weitere wichtige Beschränkungen für den Betrieb eines
extrinsischen Photoleiters sollen hier noch angegeben werden:

- Bei niedrigen Betriebstemperaturen ist die Streuung von
  Ladungsträgern an Phononen gering. Da außerdem auch bei
  Beleuchtung nur ein kleiner Teil der Dotieratome ionisiert
  ist, begrenzt Streuung an neutralen Störstellen die La-
  dungsträgerbeweglichkeit in kleinen elektrischen Feldern.

  Bei höheren Spannungen wird die Beweglichkeit jedoch ge-
  mäß $\mu \sim E^{-1/2}$ oder $\mu \sim E^{-1}$ kleiner, d.h. Sättigung der Driftgeschwindigkeit. Dieser Effekt kann allerdings zum Teil
  dadurch kompensiert werden, daß die Lebensdauer τ mit dem
  Feld zunimmt;

- der Lawinendurchbruch schließlich wird in extrinsischen
  Photoleitern bei geringeren Feldstärken erreicht als im
  intrinsischen Fall, da die notwendige Ionisationsenergie
  meist kleiner ist.

4.2.2 Rauschen in extrinsischen Photoleitern

Der Rauschstrom im extrinsischen setzt sich wie im intrinsischen Photoleiter nach (4.12) aus den drei Beiträgen Widerstandsrauschen, thermisches Generations-Rekombinationsrauschen und Signalrauschen zusammen. Die thermische Generationsrate ist für unser Modell der Donatoren-Anregung nach (2.21)
mit $n_D \gg n_0$ und $\tau_{\varrho} = 0{,}5\,\tau$ [4.1, Gl. (5/13)]:

$$G_{th} = \frac{n_0 V}{\tau} \qquad (4.29)$$

Die extrinsische Lebensdauer τ ist dabei umgekehrt proportional zur Dichte der ionisierten Störstellen $N_D^t = n_0 + N_A$:

$$\tau = \frac{1}{B(n_0 + N_A)} . \qquad (4.30)$$

B ist ein Rekombinationskoeffizient. Mit (4.29) und (4.30)
folgt aus der Bedingung (4.14) für vernachlässigbares Generations-Rekombinationsrauschen:

$$n_0(n_0 + N_A)B \ll \frac{\eta_{ex}\, P/h\nu}{V} . \qquad (4.31)$$

Die Majoritätsladungsträgerdichte n_0 stellt sich im n-Halbleiter nach folgender Gleichung ein [4.7, Gl.(3.143),(3.146),
(3.147)]:

$$\frac{n_O(n_O + N_A)}{N_D - (n_O + N_A)} = \frac{N_C}{g_C} \exp\left(-\frac{E_s}{kT}\right) . \tag{4.32}$$

Dabei ist N_C die effektive Zustandsdichte im Leitungsband, $g_C = 2$ der Entartungsfaktor und kT die thermische Energie.

Berücksichtigt man weiter, daß im praktischen Fall stets $n_O \ll N_D - N_A$ gelten muß, so folgt schließlich die Bedingung

$$B(N_D - N_A) \frac{N_C}{g_C} \exp\left(-\frac{E_D}{kT}\right) \ll \frac{\eta\, P/h\nu}{V} . \tag{4.33}$$

Analog zu (4.16) bestimmt die Bedingung (4.33) wegen ihrer exponentiellen Temperaturabhängigkeit die obere Grenze für die Betriebstemperatur des extrinsischen Photoleiters.

Für vernachlässigbares Widerstandsrauschen gilt entsprechend (4.15). Setzt man die Verstärkung nach (4.27) ein und berücksichtigt, daß zum Widerstand im extrinsischen Photoleiter hauptsächlich die durch Photonen erzeugte Überschußelektronendichte n' nach (4.25) beiträgt, so folgt schließlich für den statischen Fall

$$\frac{kT}{q} \ll \mu\tau E^2 = \frac{\tau}{t_{tr}} El . \tag{4.34}$$

Anders als beim intrinsischen Photoleiter liefert diese Bedingung für kleines Widerstandsrauschen ein vom Photonenfluß unabhängiges Gütekriterium für den extrinsischen Photoleiter.

4.2.3 Materialien und Anwendungen

Absorptionskoeffizienten für extrinsische Absorption sind selbst bei maximal erreichbaren Dotierstoffkonzentrationen noch wesentlich kleiner als für Band-Band-Absorption. Typische Werte liegen zwischen 1 und 100 cm^{-1} und machen zur Erzielung hoher Quantenwirkungsgrade Detektordicken im mm-Bereich nötig. So werden meist einkristalline Quader verwertet.

Das klassische Halbleitermaterial, in dem extrinsische Photoleitung zuerst nutzbar gemacht wurde, ist Germanium. Eine Reihe verschiedener Verunreinigungsatome (z.B. Hg, Au, Cu, Ga, Zn) mit tiefen und flachen Störstellenniveaus wurden

untersucht [4.8]. Der Anwendungsbereich lag vor allem im
zweiten atmosphärischen Fenster zwischen 8 und 13 μm. In
diesem Wellenlängenbereich ist dotiertes Ge heute weitgehend von den intrinsischen Photoleitern und Sperrschichtphotodetektoren verdrängt.

Silizium als Wirtskristall für extrinsische Photoleitung
bleibt demgegenüber interessant, vor allem wegen der möglichen monolithischen Integrierbarkeit mit signalverarbeiten-
der, vor allem bildverarbeitender Elektronik (Kapitel 5).
Sie bietet zudem gegenüber Ge drei weitere Vorteile: Die maximale Löslichkeit von Dotierstoffen liegt höher und macht
kleinere Detektorabmessungen möglich; die kleinere Dielektrizitätskonstante liefert eine kürzere dielektrische Relaxationszeit; und schließlich ist die heute ausgereiftere Technologie von Vorteil. Einen wichtigen Nachteil gegenüber den
intrinsischen Photoleitern hat aber auch das dotierte Si.
Wie durch Einsetzen typischer Werte in (4.16) und (4.33) gesehen werden kann, liegen die nötigen Arbeitstemperaturen
für extrinsische Photoleiter deutlich niedriger.

Lebensdauer und damit Ansprechzeiten liegen typisch im Bereich von 10^{-6} bis 10^{-9} s. Durch Kompensation kann nach (4.30)
τ auf unter 10^{-9} s erniedrigt werden, doch geht das auf Ko-
sten der Verstärkung. Wie bereits beschrieben wurde, können
solch kurze Ansprechzeiten wegen des "Sweepout"-Effekts nur
bei Verstärkungen unterhalb 0,5 erreicht werden.

Die langweilige Empfindlichkeitsgrenze extrinsischer Photoleiter ist bei Verwendung von Dotierstoffen mit möglichst
flachen Störstellenniveaus gegeben. Die Ionisationsenergie
E_s dieser flachen Störstellen läßt sich näherungsweise im
Wasserstoffmodell durch

$$E_s (eV) = 13,6 \; (\frac{m^*}{m_O}) \; \frac{1}{\varepsilon^2} \tag{4.35}$$

beschreiben.

Dabei ist m^*/m_O die reduzierte effektive Masse der angeregten,
im Band frei beweglichen Ladungsträger.

Einsetzen der Parameter liefert für Ge eine maximal erreichbare langewellige Absorptionskante von ca. 110 µm, für Si von ca. 30 µm. Wegen der kleineren Elektronenmassen sind für Donatoren in GaAs und InSb demgegenüber ca. 220 µm, bzw. sogar 1800 µm zu erwarten. Tatsächlich ist die extrinsische Photoleitung bei entsprechend großen Wellenlängen in GaAs beobachtet worden [4.9]. Für InSb liegen aber die notwendigen Betriebstemperaturen zu niedrig. Ihre Anwendung finden Detektoren für das ferne Infrarot vor allem im wissenschaftlichen Bereich und in der Astronomie.

Eine Zusammenfassung der Kenndaten der wichtigsten extrinsischen Photoleiter bietet Tabelle 4.2. Der spektrale Verlauf der Detectivity D^{**} kann wiederum teilweise aus Abb. 2.2 entnommen werden.

4.3 Intraband-Photoleiter

Der dritte Photoleitungsmechanismus beruht nicht auf der Anregung von Ladungsträgern über eine Energielücke, sondern auf der Erhöhung der Energie freier Elektronen innerhalb des Leitungsbandes. Obwohl im Prinzip auch möglich, ist dieser Effekt für Löcher, wie noch gezeigt wird, nicht zu beobachten. Die Leitfähigkeit wird also nicht über die Zahl der freien Ladungsträger, sondern über ihre Beweglichkeit geändert. Ohne angelegtes Magnetfeld sind die Energiezustände des Leitungsbandes kontinuierlich verteilt. Damit steht ein kontinuierliches Absorptionsspektrum zur Verfügung und eine langwellige Absorptionskante existiert nicht.

Die Erhöhung der mittleren Elektronenenergie entspricht einer Zunahme der Temperatur des Elektronengases über die Gittertemperatur hinaus, weshalb auch von einem "Freie-Elektronen-Bolometer" gesprochen wird. Ein wichtiger Unterschied gegenüber einem Bolometer besteht jedoch darin, daß die Wärmekapazität des Elektronengases sehr viel kleiner als die des Gitters ist und damit sehr viel kürzere Ansprechzeiten erreicht werden können.

Tabelle 4.2. Eigenschaften einiger extrinsischer Photoleiter

Material	T	λ_{max}	λ_{grenz}	f_{3dB}	D^*_{max}	$\eta_{ex,max}$	responsivity	Zitat
	K	µm	µm	Hz	$\dfrac{cm\ \sqrt{Hz}}{W}$	%		
Si:Zn	$\leq$ 110	2,5	3,3		10^{11}			[4.18]
Si:S	$\leq$ 77	5,5	6,8		$6,5\cdot10^{10}$	12		[4.19]
Si:Ga	$\leq$ 30	15	17,8		$6,5\cdot10^{10}$	30		[4.19]
Si:Sb	4,2	21	23	10^7	$2\cdot10^{10}$			[4.20]
Ge:Au	77	6	9	$3\cdot10^7$	$6\cdot10^9$	25		[4.8]
Ge:Hg	4,2	11	14	10^9	$4\cdot10^{10}$	60		[4.8]
Ge:Cd	4,2	16	20	10^7	$4\cdot10^{10}$			[4.14]
Ge:Cu	4,2	23	27	$3\cdot10^8$	$3\cdot10^{10}$	60		[4.8]
Ge:Zn	4,2	35	40	$5\cdot10^7$	$5\cdot10^{10}$			[4.14]
Ge:B	2	104	130	$10^7...10^8$	$7\cdot10^{10}$			[4.21]
n-GaAs	4,2	270		10^8	10^{12}		$2,4\cdot10^5\ \dfrac{V}{W}$	[4.9]

4.3.1 Theorie und Zeitverhalten

Erste Voraussetzung zum Betrieb eines jeden Photoleiters ist,
daß die einfallende Strahlung möglichst vollständig absorbiert wird. Für ein Elektronengas läßt sich die Absorptionskonstante aus der dielektrischen Funktion herleiten und ist
durch die bereits auch in (3.40) angegebene Beziehung gegeben:

$$\alpha = \frac{q^3}{4\pi^2 c^3 \sqrt{\varepsilon\varepsilon_o}\, m^{*2}} \, \frac{n_o \lambda^2}{\mu} \; . \tag{4.36}$$

μ ist die Beweglichkeit bei der Lichtfrequenz. Der spektrale
Verlauf der Photoleitung wird also weitgehend durch den Anstieg von α mit λ^2 gegeben sein.

Im weiteren wollen wir nun betrachten, wie es zu einer Temperaturerhöhung und Leitfähigkeitsänderung durch Absorption von
Licht kommt. In einem elektrischen Feld nehmen Ladungsträger
zwischen zwei Stoßprozessen bekanntermaßen Energie auf. Diese
wird jedoch im Regelfall beim Stoßprozeß an das Gitter abgegeben, so daß sich die energetische Verteilung der Elektronen
nicht ändert, d.h. es kommt zu keiner Erhöhung der Elektronengastemperatur. Ein anderer Fall liegt dagegen bei sehr schwacher Elektron-Phonon-Kopplung vor, wie sie bei niedrigen effektiven Massen der Ladungsträger und hohen Beweglichkeiten
gegeben ist. Der stationäre Zustand, bei dem die Ladungsträger im Mittel soviel Energie an das Gitter abgeben, wie sie
aus dem Feld aufnehmen, kann sich hier erst bei gegenüber dem
Gitter erhöhter Elektronengastemperatur einstellen. Wir sprechen dann von heißen Elektronen. Die Beweglichkeit freier Elektronen wird bei niedrigen Temperaturen durch Streuung an ionisierten Störstellen begrenzt und ist proportional zu T. Damit
ist bereits zu sehen, daß ein Aufheizen der Elektronen zu höherer Beweglichkeit führt. Es folgt ein nicht ohmscher Strom-
Spannungsverlauf. Die Leitfähigkeit wird vom elektrischen Feld
abhängig [4.10] nach der Beziehung

$$\sigma = \sigma_o \, (1+\beta\, E^2) \; . \tag{4.37}$$

Dabei ist der Koeffizient β positiv.

Ein analoger Fall liegt vor, wenn die Elektronen die Über-
schußenergie nicht nur aus dem elektrischen Feld, sondern

auch durch Absorption von Photonen aufnehmen. In [4.10] wird
gezeigt, daß die Responsivität R_V in V/W absorbierter Strahlung
durch

$$R_V = \frac{\beta E l}{V \sigma} \tag{4.38}$$

gegeben ist.

In die Ansprechzeit geht die spezifische Wärme der Elektronen ein. Setzt man dafür pro Elektron 3k/2 ein, so folgt
ebenfalls nach [4.10]

$$\tau_r = \frac{3}{2} \frac{k}{q} \frac{\beta}{d\mu/dT} \cdot \tag{4.39}$$

Einen wichtigen Einfluß auf die Intraband-Photoleitung hat
ein äußeres magnetisches Feld. Bei kleinen und mittleren Feldstärken bis zu einem Tesla dominiert der magnetische Ausfrier-
effekt. Durch zunehmende Ionisationsenergie der Störstellen
frieren Elektronen aus dem Leitungsband auf gebundene Donato-
renzustände aus. Das bewirkt zunächst wegen der abnehmenden
Leitfähigkeit einen Anstieg der Empfindlichkeit. In höheren
Feldern dominiert dann aber die nach (4.36) mit n_o fallende
Absorptionskonstante. Dazwischen gibt es ein optimales magnetisches Feld bei einer optimalen Arbeitsspannung und Stromdichte. Die Ansprechzeit wird dabei nicht geändert.

In stärkeren Magnetfeldern wird schließlich eine Resonanz-
überhöhung der spektralen Empfindlichkeit beobachtet, für
die die Photonfrequenz gleich der Zyklotronfrequenz ω_c =
eB/m* ist. Die Energieniveaus der Donatoren sind im Magnetfeld aufgespalten, das kontinuierliche Leitungsband geht in
eine Serie von Landau-Niveaus über. Bei der Resonanzanregung
wird ein gebundenes Elektron in einen höheren Donatorzustand
angeregt; aus dem relaxiert es in das erste Landau-Niveau und
wird dort beweglich. Der Intraband-Photoleiter wird somit im
starken Magnetfeld zu einem extrinsischen Photoleiter.

4.3.2 Rauschen in Intraband-Photoleitern

Wie bei intrinsischen und extrinsischen Photoleitern tragen
Widerstandsrauschen und Quantenrauschen der Photonen zum Gesamtrauschstrom bei. In der Praxis wird der Intraband-Photo-

leiter durch einen Lichtwellenleiter beleuchtet. In [4.11]
wird gezeigt, daß das Rauschen der Hintergrundstrahlung
dann unabhängig von der Detektorfläche wird und damit die
detectivity D nach (2.31) sinnvollerweise anzugeben ist. An
die Stelle des thermischen Generations-Rekombinationsrau-
schens tritt im Intraband-Photoleiter ein Rauschmechanismus,
der auf Temperaturfluktuationen zurückgeht. Diese entstehen
dadurch, daß die thermische Leitfähigkeit, mit der die Elektronen ans Gitter gekoppelt sind, aus diskreten Elektron-
Phonon-Stoßprozessen zusammengesetzt ist. Der Beitrag zum Gesamtrauschen ist ca. fünfmal größer als der des Photonrau-
schens.

Noch größere Beiträge liefern in der Praxis das Schrotrauschen des Biasstroms, mit dem der Intraband-Photoleiter betrieben wird, und das eingangs schon erwähnte Widerstandsrauschen. Der BLIP-Betrieb ist somit nicht erreichbar. Zu
detaillierten Ausführungen sei hier auf den Artikel [4.11]
verwiesen.

4.3.3 Materialien und Anwendungen

Obwohl Formen der Leitfähigkeit durch heiße Elektronen auch
in GaAs und Ge beobachtet wurden, ist für einen praktischen
Einsatz nur n-Typ-InSb [4.11] als Detektormaterial geeignet.
Mit dessen kleiner Elektronenmasse und hoher Beweglichkeit
sind die nötigen Voraussetzungen gegeben. Elektronendichten
liegen dabei im Bereich von 10^{13} bis 10^{14} cm^{-3}, womit Absorp-
tionskanten für Submillimeter- und Millimeterlichtwellenlän-
gen vergleichbar mit denen von extrinsischen Photoleitern
sind. Praktische Detektorabmessungen betragen dann auch typisch einige mm. Die Betriebstemperatur wird normalerweise
durch Abpumpen von flüssigem Helium unter 4K gehalten. In
Abb. 4.4 ist der spektrale Verlauf der Empfindlichkeit eines
Detektors für mehrere Magnetfeldstärken aufgezeichnet. Unterhalb einer Wellenlänge von 1 mm ist die Kurve bei B = 0
ungefähr proportional zu λ^2, oberhalb ist R nahezu konstant.
Die optimale Magnetfeldstärke für breitbandige Photoempfindlichkeit liegt bei 0,6 T. Ein Resonanzeffekt kann mit verfügbaren Magnetfeldern bis zur kurzwelligen Grenze von ca. 30 µm

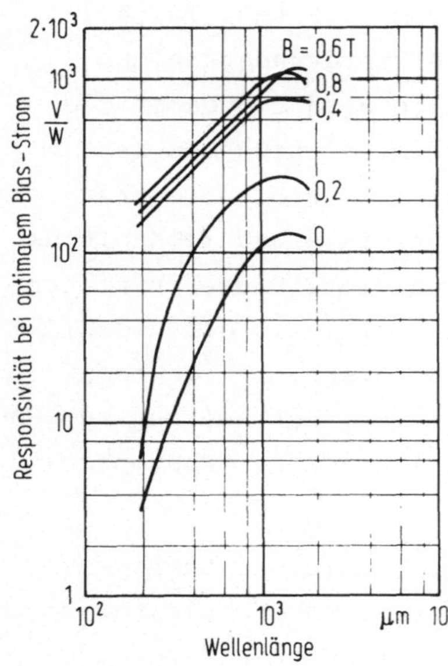

Abb. 4.4. Responsivität als Funktion der Wellenlänge für InSb-Photoleiter nach [4.11] bei verschiedener magnetischer Induktion B (Tesla)

geschoben werden. Ansprechzeiten liegen um 10^{-6} s. Durch Temperaturerhöhung kann τ_r noch verkürzt werden, doch nimmt die Photoempfindlichkeit ebenfalls stark ab. Einsatzgebiete von Intraband-Photoleitern aus n-InSb liegen in der Plasmaforschung, in der Radioastronomie und bei der Detektion von Submillimeter-Laser- und Maserstrahlung.

Literatur zu Kapitel 4

4.1 Müller, R.: Rauschen. Halbleiter-Elektronik, Bd. 15. Berlin, Heidelberg, New York: Springer 1979

4.2 Long, D.; Schmit, J.L.: Mercury-cadmium telluride and closely related alloys. In: Willardson, R.K.; Beer, A.C. (eds.): Semiconductors and semimetals, Vol. 5. New York: Academic Press 1970, S. 175-255

4.3 Downey, R.M.; Auston, D.H.; Schmit, P.R.: Picosecond correlation measurements of indium phosphide photoconductors. Appl. Phys. Lett. 42 (1983) 215-217

4.4 Chen, C.Y.; Kasper, B.L.; Cox, H.M.: High-sensitivity $Ga_{0.53}In_{0.47}As$ photoconductive detectors prepared by vapor phase epitaxy. Appl. Phys. Lett. 44 (1984) 1142-1144

4.5 Melngailis, I.; Harman, T.C.: Single-crystal lead-tin chalcogenides. In: Willardson, R.K.; Beer, A.C. (eds.): Semiconductors and Semimetals, Vol. 5. New York: Academic Press 1970, S. 111-174

4.6 Milton, A.F.; Blouke, M.M.: Sweepout and dielectric re-
    laxation in compensated extrinsic photoconductors. Phys.
    Rev. B3 (1971) 4312-4330

4.7 Paul, R.: Halbleiterphysik. Berlin: VEB Verlag Technik
    1974

4.8 Levinstein, H.: Extrinsic detectors. Applied Optics 4
    (1965) 639-647

4.9 Stillman, G.E.; Wolfe, C.M.; Dimmock, J.O.: Far-infrared
    photoconductivity in high purity GaAs. In: Willardson,
    R.K.; Beer, A.C. (eds.): Semiconductors and semimetals,
    Vol. 12. New York: Academic Press 1977, S. 169-290

4.10 Kogan, Sh.M.: A photoconductivity theory based on varia-
    tions of carrier mobility. Sov. Phys. Solid State 4
    (1963) 1386-1389

4.11 Putley, E.H.: InSb submillimeter photoconductive detec-
    tors. In: Willardson, R.K.; Beer, A.C. (eds.): Semicon-
    ductors and semimetals, Vol. 12. New York: Academic
    Press 1977, S. 143-168

4.12 Lasers and Applications, Nov. 1984, S. 65-71

4.13 Sommers, H.S. Jr.; Gatchell, E.K.: Demodulation of low-
    level broad-band optical signals with semiconductors.
    Proc. IEEE 54 (1966) 1553-1568

4.14 Bratt, P.; Engeler, W.; Levinstein, H.; McRae, A.; Pehek,
    J.: A status report on infrared detectors. Infrared Phys.
    1 (1961) 27-38

4.15 Morten, F.D.; King, R.E.J.: Photoconductive indium anti-
    monide detectors. Applied Optics 4 (1965) 659-663

4.16 Humphrey, J.N.: Optimum utilization of lead sulfide in-
    frared detectors under diverse operating conditions.
    Applied Optics 4 (1965) 665-675

4.17 Bartlett, B.; Charlton, B.; Dunn, W.; Ellen, P.; Jenner,
    M.; Jervis, M.: Background limited HgCdTe detectors for
    use in the 8-14 μm atmospheric windows. Infrared Phys. 9
    (1969) 35-36

4.18 Sclar, N.: Survey of dopants in silicon for 2-2.7 and
    3-5 μm infrared detector application. Infrared Phys. 17
    (1977) 71-82

4.19 Sclar, N.: Extrinsic silicon detectors for 3-5 and 8-14
    μm. Infrared Phys. 16 (1976) 435-448

4.20 Soref, R.: Extrinsic ir photoconductivity of Si doped
    with B, Al, Ga, P, As or Sb. J. Appl. Phys. 38 (1967)
    5201-5209

4.21 Shenker, H.; Moore, W.J.; Swiggard, E.M.: Infrared pho-
    toconductive characteristics of boron-doped germanium.
    J. Appl. Phys. 35 (1964) 2965-2970

5 Integrierte Detektorschaltungen (H. Herbst)

5.1 Überblick

Die Entwicklung der integrierten Detektorschaltungen geht einher mit dem Fortschritt des Integrationsgrades bei den integrierten Schaltungen überhaupt. Sie ist daher auch im wesentlichen an das Silizium gebunden. Nur dort, wo zwingende technische Gründe gegen das Silizium sprechen, wie im infraroten Spektralbereich, werden andere Werkstoffe als Detektormaterial eingesetzt. In diesem Kapitel sollen Schaltungen behandelt werden, bei denen eine Vielzahl von Detektoren zusammen mit ihren Ausleseschaltungen integriert sind. Vidikonröhren etwa, wo nur die Detektoranordnung integriert ist und das Signal durch Abtasten mit einem Elektronenstrahl ausgelesen wird, werden nur zum Vergleich herangezogen.

Je nach Anforderung und Aufgabenstellung können zeilenförmige und flächenförmige Detektoranordnungen unterschieden werden. Bei den Zeilensensoren sind in der Regel einige hundert bis zu mehreren tausend Detektoren nebeneinanderliegend integriert, z.B. 1728 bei der Vorlagenabtastung für eine Faksimileübertragung. Damit sind sie höchstens dem LSI-(Large Scale Integration) Bereich zuzuordnen. Mit einem üblichen Rastermaß von 10 bis 15 µm entstehen jedoch Chipabmessungen jenseits von 10 mm, also ungewöhnlich große Maße für integrierte Schaltungen.

Um mit einem Zeilensensor eine Vorlage abtasten zu können, muß ihre Abbildung auf die Detektorzeile relativ zu dieser bewegt werden. Ausnahmen bilden Objekte, die nur in einer Richtung variieren, wie z.B. bei Anwendungen in der Spektroskopie und bei der Mustererkennung.

Eine Relativbewegung ist gänzlich unnötig bei den flächenförmigen Detektorschaltungen, den Flächensensoren. Hier sind die
einzelnen Detektoren matrixförmig angeordnet. Diese Schaltungen sind wegen der normalerweise gewünschten hohen Auflösung
dem VLSI (Very Large Scale Integration)-Bereich zuzuordnen. So
werden für ein passables Bild von Videoqualität (ca. 3 MHz
Bandbreite) 200000 bis 250000 Detektoren benötigt. Fernsehkompatible Bildsensoren stehen damit bezüglich des Integrationsgrades an vorderster Front der technologischen Entwicklung. Das ist auch der Grund dafür, daß ihre Verbreitung
erst am Anfang steht.

Im folgenden sollen zunächst Aufbau, Wirkungsweise und Eigenschaften der Bildsensoren für den sichtbaren Spektralbereich
behandelt werden. Darauf aufbauend folgt dann ein Überblick
über IR-Detektorschaltungen.

5.2 Detektorelemente für den sichtbaren Spektralbereich

Bei der Auswahl geeigneter Detektorelemente steht die Forderung nach Kompatibilität mit VLSI-Technologien im Vordergrund.
Das bedeutet, daß sie vorzugsweise mit der Si-MOS-Technik
herstellbar sein müssen. Hier gibt es zwei Möglichkeiten: die
planare n^+p-Diode, wie sie als Source- oder Draingebiet eines
MOS-Transistors vorkommt, und den MOS-Kondensator (Abb. 5.1).

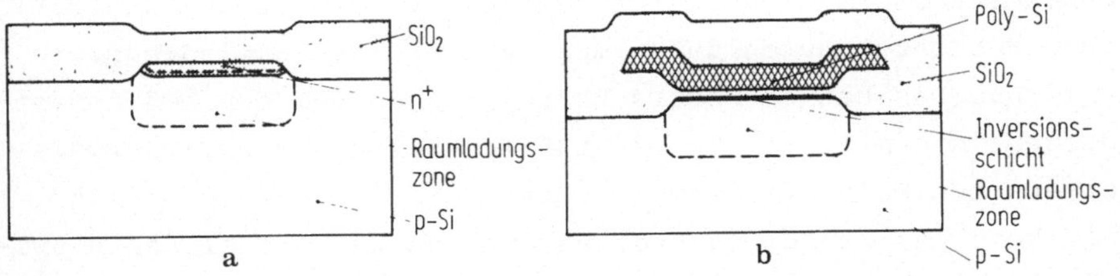

Abb. 5.1. Schematische Querschnitte einer n^+p-Diode (a) und
eines MOS-Kondensators (b)

Beide Typen werden im Prinzip in gleicher Weise betrieben. Am
Anfang einer bestimmten Zeitperiode, die in der Regel von dem
System gegeben ist, in dem das Sensorausgangssignal weiterverarbeitet wird, werden die Detektorelemente elektrisch so vorgespannt, daß in ihnen eine Sperrschicht entsteht. Diese Sperrschicht dehnt sich beim MOS-Kondensator von der Halbleiterober

fläche ins Substrat aus. Bei der n^+p-Diode erstreckt sie sich wegen der wesentlich höheren Dotierung des n^+-Gebietes ebenfalls fast ausschließlich ins Substrat. Während der nun folgenden Integrationszeit floatet das Potential der Halbleitergrenzfläche bzw. der n^+-Schicht. Einfallendes Licht erzeugt Elektron-Loch-Paare, die im Feld der Raumladungszone getrennt werden. Die Löcher fließen ins Substrat ab, während sich die Elektronen auf der anderen Seite ansammeln und das entsprechende positive Potential der Oberfläche bzw. des n^+-Gebietes abbauen. Am Ende der Integrationszeit werden diese Signalelektronen von der Ausleseschaltung abtransportiert und die Sperrschicht damit wieder auf den alten Wert zurückgesetzt.

In welcher Weise dieser Auslese- und Rücksetzvorgang vor sich geht, bestimmt zum großen Teil die Auswahl des Detektortyps. Zum anderen sind dafür jedoch die Kenngrößen des Detektors selbst entscheidend: spektrale Empfindlichkeit, thermische Generation von Ladungsträgern (Dunkelstrom), Speicherkapazität.

Die spektrale Empfindlichkeit ist durch die Benutzung des Werkstoffes Silizium vorgegeben [5.1]. Für kurze Wellenlängen mit kleiner Eindringtiefe nimmt sie wegen der Rekombination oberhalb der Raumladungszone ab und für lange Wellenlängen wegen der Rekombination unterhalb der Raumladungszone (Abb. 3.3 und 3.25). Die spektrale Empfindlichkeit wird allerdings noch dadurch beeinträchtigt, daß das Licht zusätzliche Schichten durchlaufen muß, ehe es die Raumladungszone erreicht. Das hat besonders krasse Folgen bei den MOS-Kondensatoren, die mit dem in der NMOS-Technologie überlicherweise verwendeten Poly-Silizium als Gate-Material aufgebaut sind. Hier kommt es zu Mehrfachreflexionen an den Grenzflächen zwischen Poly-Si mit hohem Brechungsindex und SiO_2 mit niedrigem Brechungsindex. Zusätzlich wird besonders der Blauanteil teilweise in Poly-Si absorbiert [5.2]. Abb. 5.2 zeigt die Transmissionskurve durch eine solche Schichtenfolge. Abhilfe bringt hier die Verwendung von (In, Sn)-Oxiden (ITO) als Gate-Material [5.3] oder die Reduzierung der Poly-Si-Schichtdicke von ca. 400 nm auf ca. 100 nm [5.4]. Beides schafft jedoch zusätzlich technologische Probleme und führt zu deut-

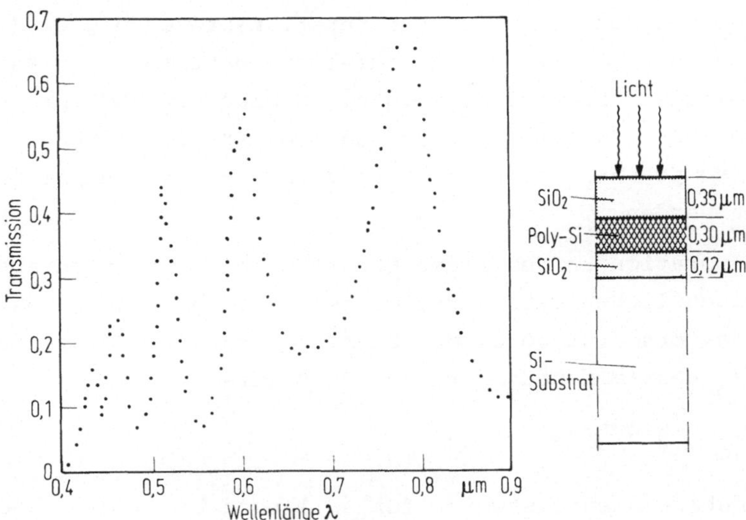

Abb. 5.2. Transmission von Licht durch die Schichtenfolge
eines MOS-Kondensators

lichen Abweichungen von den für andere hochintegrierte Schaltungen, wie digitale Speicher, entwickelten Herstellprozessen.

Die spektrale Empfindlichkeit der n^+p-Diode ist daher normalerweise im Blauen besser als die des MOS-Kondensators. Das
gilt insbesondere für moderne Prozesse, in denen die As-im-
plantierten n^+-Gebiete nur eine Dicke von 300 nm haben.

Da die Photodetektoren sich nicht im thermischen Gleichgewicht
befinden, ist die thermische Generation von Ladungsträgern
eine unerwünschte Konkurrenz zur optischen Generation. Der
schon in Abschnitt 3.1.1 behandelte Dunkelstrom kann durch
technologische Maßnahmen und durch den Aufbau des Detektorelements beeinflußt werden. Von besonderer Bedeutung in integrierten Detektorschaltungen sind drei Komponenten, die in
der Raumladungszone, an der verarmten Oberfläche und im neutralen Volumen entstehen.

Der Beitrag zur Dunkelstromdichte aus der Raumladungszone
$j_{s,gen}$ (entsprechend 3.29) ist eine Funktion der spannungs-
abhängigen Weite w der Raumladungszone und der Lebensdauer τ
[5.5]:

$$j_{s,gen} = \frac{1}{2} q n_i \frac{w}{\tau} .$$

(5.1)

Die Lebensdauer τ ist durch Generationsprozesse über Zustände
im Bereich der Mitte der Energielücke bestimmt und kann daher
technologisch beeinflußt werden. In modernen NMOS-Prozessen
werden Werte zwischen 100 µs und 1 ms erreicht. Dadurch kann
diese Komponente der Dunkelstromdichte unter 1 nA/cm^2 gebracht werden.

Die Generation an verarmten Oberflächen in der Nachbarschaft
des eigentlichen Detektorelementes, z.B. am Rand eines MOS-
Kondensators, ist durch die Oberflächengenerationsgeschwindig-
keit s_o bestimmt und führt zu dem Beitrag

$$j_{s_o} = \frac{1}{2}\, q\, n_i\, s_o \; . \tag{5.2}$$

Erreichbare Niedrigstwerte für s_o liegen bei 1 cm/s und darunter. Bei der Auslegung der Detektorelemente ist darauf zu
achten, daß in ihrer Umgebung möglichst geringe Flächen mit
Oberflächenverarmung vorhanden sind. Solche Gebiete können in
einem Detektorfeld aber auch durch benachbarte Gates entstehen, unter denen im Betrieb keine Inversionsschicht oder neu-
trales Material vorhanden ist. Das gilt z.B. für CCDs (Charge
Coupled Devices), die im Abschnitt 5.4 beschrieben werden.
Dieser Dunkelstromanteil ist daher speziell bei integrierten
Detektorschaltungen von Bedeutung und wurde in den voranste-
henden Kapiteln noch nicht beschrieben.

Beide bisher behandelten Komponenten können bei gleichen Abmessungen etwa gleich viel zum Dunkelstrom beitragen. Ein erheblich höheres Dunkelstromniveau ergibt sich, wenn in der Nähe
ein Kristalldefekt liegt. Hier kann lokal begrenzt ein um
Größenordnungen höherer Dunkelstrom pro Element entstehen.
Nur wenige solcher Dunkelstromspitzen dürfen in einem Bildsensor zugelassen werden. Die Temperaturabhängigkeit dieser
Dunkelstromarten ist vor allem durch die der Eigenleitungsdichte n_i gegeben. Als Faustformel oberhalb Zimmertemperatur
gilt, daß sich der Dunkelstrom alle 8 bis 10 K verdoppelt.

Der dritte Anteil der Dunkelstromdichte, die Diffusion von
Minoritätsladungsträgern aus dem neutralen Volumen, hat eine
stärkere Temperaturabhängigkeit, da er proportional zur Minoritätsträgerdichte ist. Im p-Substrat ist die Elektronen-

dichte n_i^2/N_A. Die Diffusionsstromdichte ergibt sich wie in (3.13) zu

$$j_{s,diff} = \frac{qn_i^2}{N_A} \frac{L_n}{\tau_n} \; . \tag{5.3}$$

Dabei ist L_n die Diffusionslänge und τ_n die Minoritätsträger-lebensdauer. Dieser Anteil wird in Si erst oberhalb von mindestens 50 bis 70 K dominierend. Er kann weitgehend unterdrückt werden, wenn die MOS-Schaltung in einer eindiffundierten Wanne oder einer Epitaxieschicht mit zum Substrat entgegengesetzter Dotierung eingebettet ist.

Hinsichtlich des Dunkelstroms gibt es keine gravierenden Unterschiede zwischen n^+p-Dioden und MOS-Kondensatoren. Anders ist das bei der Speicherkapazität, also der maximalen Elektronenzahl, die vom Detektor gehalten werden kann. Sie bestimmt den Dynamikbereich der Detektorschaltung, d.h. die Größen des verfügbaren Signalhubes oberhalb eines bestimmten minimal erforderlichen Signal-Rausch-Verhältnisses.

Für den MOS-Kondensator bestimmt sich die maximale Elektronenzahl pro Fläche aus der spezifischen Gate-Oxidkapazität c_{ox} und der Spannung U am Kondensator zu

$$n_{max} = \frac{c_{ox}U}{q} \; . \tag{5.4}$$

Mit $U = 5$ V und einer Oxiddicke von 40 nm ergibt sich die maximale Elektronendichte von $25000/\mu m^2$.

Die entsprechende Elektronendichte ist im Fall der n^+p-Diode

$$n_{max} = N_A \, (w_{max} - w_{min}) . \tag{5.5}$$

Hier geben w_{max} und w_{min} die größte bzw. die kleinste Ausdehnung der Raumladungszone im p-Gebiet an. Mit $N_A = 10^{16}$ cm^{-3} ergibt sich $n_{max} = 5000/\mu m^2$, also viel weniger als beim Kondensator. Die Speicherkapazität ist ungefähr proportional zur Wurzel der Substratdotierung und kann daher in gewissem Umfang gesteigert werden. In manchen Fällen ist es möglich, Diode und Kondensator so zu kombinieren, daß die Diode die spektrale Empfindlichkeit bestimmt und die Ladungen im direkt benachbarten MOS-Kondensator gespeichert werden [5.6].

Es ist leicht einzusehen, daß die Wahl des Detektortyps stark
von der Wahl der Ausleseschaltungen abhängig ist. Diese Ausleseschaltungen müssen bei Flächensensoren zum größten Teil mit
im Bereich der Detektormatrix untergebracht werden. Daher kann
nicht die ganze Kristallfläche als Detektorfläche benutzt werden, sondern vielleicht nur die Hälfte. Für dieses Problem
gibt es eine interessante Lösung, indem die n^+p-Diode mit einer
Photoleiterschicht aus Chalkogeniden oder amorphem Silizium
verbunden wird, die die Schaltung ganzflächig bedeckt [5.7 bis
5.9]. Wie Abb. 5.3 zeigt, entartet die bisherige Photodiode
zum Sourcegebiet eines MOS-Transistors, der zum Auslesen der
Signalladung benutzt wird. Über eine Metallelektrode ist dieses
Gebiet mit der Photoleiterschicht verbunden. Bis auf die Spal-
te zwischen den einzelnen Metallelektroden ist die gesamte Fläche lichtempfindlich. Der Aufbau ähnelt dem eines Vidikons, bei
dem der Elektronenstrahl durch MOS-Transistoren ersetzt wurde.
Grundsätzlich können auch die gleichen Photoleiterschichten
wie bei den Vidikons verwendet werden. Das gleiche gilt für
die transparente (In, Sn)-Oxidschicht, über die das elektrische Feld in der Photoleiterschicht zum Trennen der Elektron-
Loch-Paare aufrechterhalten wird.

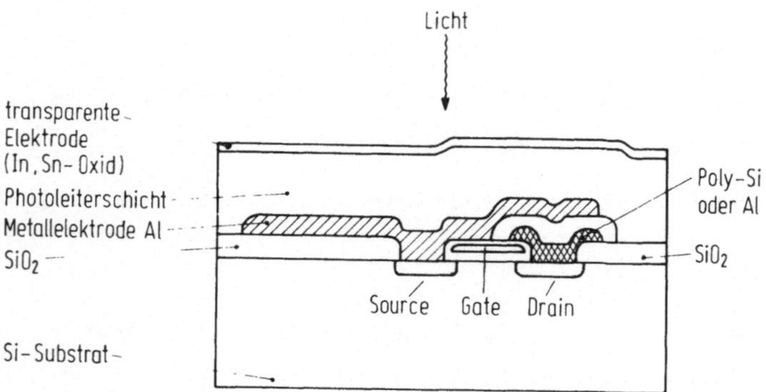

Abb. 5.3. Schematischer Aufbau eines Detektorelementes mit
Photoleiter, Auslesen und Rücksetzen über einen MOS-Transistor

Neben der besseren Flächennutzung gewinnt man hier eine im
Sichtbaren günstigere spektrale Empfindlichkeit als die des
Siliziums.

Als weiterer Vorteil ist das Verhalten bei lokaler Überbe-
lichtung anzusehen, der jedoch erst im nächsten Abschnitt
behandelt wird. Diese Entwicklung steht allerdings erst an
ihrem Anfang, und es bleibt abzuwarten, ob die zusätzlich
erforderlichen Technologieschritte so beherrscht werden können, daß die erwähnten Vorteile nicht zu teuer erkauft werden.

5.3 Detektorfelder

Die bisher behandelten Kenngrößen für Detektoren reichen für
die Beschreibung integrierter Detektorschaltungen nicht aus.
Für die Abtastung einer Vorlage mit einem Detektorfeld sind
auch die Anordnung der Einzeldetektoren zueinander und das
Übersprechen untereinander maßgeblich. Das kann mit Hilfe
der Modulationsübertragungsfunktion (Modulation Transfer Function: MTF) beschrieben werden, solange das Signal nicht in
Sättigung geht. Bei Sättigung, d.h. beim Erreichen der maximal speicherbaren Elektronenzahl eines Detektorelements, tritt
das Problem auf, daß die überfließenden Ladungsträger das
Signal der Nachbardetektoren beeinflussen (blooming, d.h.
Aufblühen eines Lichtflecks in der Wiedergabe).

5.3.1 Modulationsübertragungsfunktion (MTF)

Die Modulationsübertragungsfunktion ist die auf 1 normierte
Übertragungsfunktion eines Bildsensors für eine sinusförmige
Beleuchtungsstärkeverteilung als Funktion der Ortsfrequenz f_s
in der Ebene des Bildsensors. Sie besteht aus mehreren Komponenten. Die geometrische Anordnung der Detektorelemente zusammen mit der möglicherweise über dem Ort variierenden Transmission liefert die Geometrie-MTF (MTF_g). Sie beinhaltet nicht di
Diffusion von Ladungsträgern, die unterhalb der Raumladungszone erzeugt werden. Dafür ist die Diffusions-MTF (MTF_d) zu-
ständig. Die MTF eines Detektorfeldes entsteht aus dem Produkt
der einzelnen Beiträge:

$$MTF_{DF} = MTF_g \, MTF_d \tag{5.6}$$

Nach der Abtastung durch die Detektorelemente entsteht noch
die Auslese-MTF, die jedoch in diesem Abschnitt noch nicht
behandelt wird.

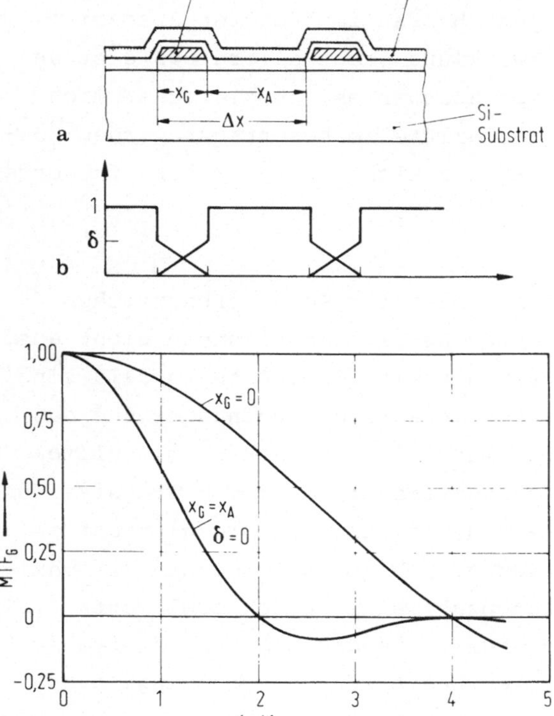

Abb. 5.4. Detektoranordnung mit MOS-Kondensatoren (a), Aperturverlauf (b), zugehörige Geometrie-MTF (c)

Zur Erläuterung der Geometrie-MTF dient das Beispiel von Abb. 5.4. Es zeigt oben die Struktur einer Detektoranordnung mit MOS-Kondensatoren und Schirmelektroden zur Trennung der einzelnen Detektoren, wie sie in Zeilensensoren vorkommen kann [5.10]. Darunter ist der normierte Aperturverlauf aufgetragen. Dabei ist berücksichtigt, daß in den Lücken zwischen den Detektorelementen das Licht durch die Doppelschicht aus Poly-Si auf den relativen Anteil δ geschwächt wird. Ferner wird angenommen, daß die zwischen den Detektorelementen erzeugten Elektronen durch Diffusion in die Nachbarelemente gelangen und daher ein Diffusionsdreieck ausgebildet wird. Die entsprechende Geometrie-MTF ergibt sich als Fouriertransformierte des Aperturverlaufs:

$$MTF_g = \delta \frac{\sin(\frac{\pi}{2} \frac{x_A}{\Delta x} \frac{f_s}{f_N})}{\frac{\pi}{2} \frac{x_A}{\Delta x} \frac{f_s}{f_N}} \frac{\sin(\pi \frac{x_G}{\Delta x} \frac{f_s}{f_N})}{\pi \frac{x_G}{\Delta x} \frac{f_s}{f_N}} + (1-\delta) \frac{\sin(\frac{\pi}{2} \frac{x_A}{\Delta x} \frac{f_s}{f_N})}{\frac{\pi}{2} \frac{x_A}{\Delta x} \frac{f_s}{f_N}} . \tag{5.7}$$

222

Dabei ist $f_N = 1/(2\Delta x)$ die halbe Abtastfrequenz, d.h. die
Ortsfrequenz, bis zu der man aus einem abgetasteten Signal
das Eingangssignal in eindeutiger Weise zurückgewinnen kann
(Abtasttheorem). Sie wird üblicherweise Nyquist-Frequenz genannt.

In Abb. 5.4 c sind zwei MTF-Verläufe dargestellt. Zum einen
wurde $x_G = 0$ gesetzt, d.h. die Detektorelemente stoßen an-
einander. In diesem Fall hat die MTF ihren ersten Nulldurchgang bei $f_S = 2\ f_N$, also bei der Abtastfrequenz. Bei der Nyquist-Frequenz gilt MTF = $2/\pi$. Das bedeutet eine Dämpfung von
ca. 3,9 dB.

Im zweiten Fall wurde $x_A = x_G = 1/(2\Delta x)$ und $\delta = 0$ gesetzt (metal-
lische Abschirmung zwischen den Detektorelementen). Jetzt liegt
der erste Nulldurchgang bei $f_S = 4\ f_N$. An der Nyquist-Grenze
ist in diesem Fall die Dämpfung nur 0,9 dB.

Die Ausdehnung der Raumladungszone w kann je nach Dotierung
und Spannung 0,5 bis 5 μm betragen. Langwelliges Licht erzeugt auch unterhalb dieser Bereiche Ladungsträger, die durch
Diffusion die MTF schwächen. Dieser Anteil ist durch folgende
Beziehung gegeben [5.10]:

$$MTF_d = \frac{1 - e^{-\alpha w}/(1+\alpha L)}{1 - e^{-\alpha w}/(1+\alpha L_n)} \qquad mit \qquad (5.8)$$

$$\frac{1}{L^2} = \frac{1}{L_n^2} + (2\,\pi\,f_S)^2\ .$$

Hier ist α die Absorptionskonstante. Abb. 5.5 zeigt MTF-Verläufe für verschiedene Wellenlängen. Man erkennt, daß für die
Anwendung im sichtbaren Bereich bis 700 nm kein großer Einfluß der Diffusions-MTF vorhanden ist.

Eine hohe MTF bis zur Nyquist-Grenze erscheint auf den ersten
Blick wünschenswert. Es ist jedoch zu bedenken, daß die abgetasteten Signalfrequenzbänder um alle Harmonischen der Abtastfrequenz gruppiert sind. Frequenzen oberhalb f_N tauchen deshalb als Seitenbänder der ersten Harmonischen an der Stelle
$2f_N - f_S$ unterhalb von f_N auf. Dies ist das unerwünschte
"Aliasing", das bei bewegten Bildern zu durchlaufenden

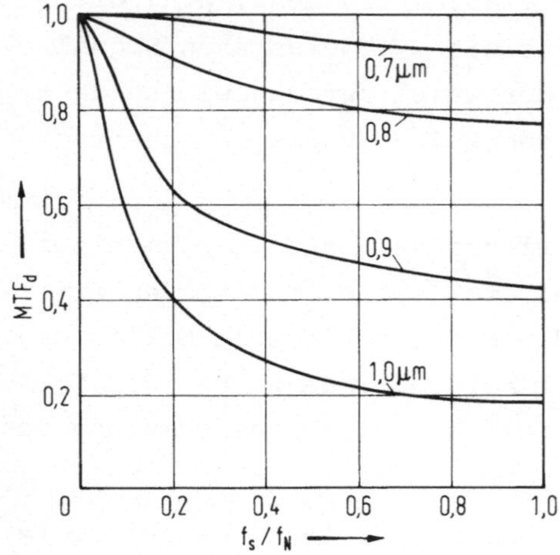

Abb. 5.5. Verläufe der Diffusions-MTF für verschiedene Wellenlängen (L_n = 100 µm, f_N = 1/26 µm)

Moirémustern führt. Je nach Anwendung sollte deshalb für die Auswahl eines Bildsensors ein tragbarer Kompromiß zwischen hoher Auflösung und Aliasing angestrebt werden.

5.3.2 Blooming

Wird ein Bildsensor örtlich stark beleuchtet, kann das Fassungsvermögen eines Detektorelements überschritten werden. Die Ladungsträger diffundieren oder driften dann in die Umgebung, rekombinieren teilweise, gelangen jedoch zu einem großen Teil in andere Potentialmulden. Gehören diese Potentialmulden zu benachbarten Detektoren, so blüht der Lichtfleck bei der Wiedergabe nach allen Seiten auf (blooming). Gelangen die Ladungsträger in Teile der Ausleseschaltungen, so sind helle, in der Regel vertikale Streifen die Folge.

Zur Unterdrückung dieser unerwünschten Störung müssen zwei Bedingungen erfüllt sein. Zum einen muß eine Ladungsträgersenke (Drain) in der Nähe sein, zum anderen muß der Weg der überfließenden Ladungsträger bevorzugt zu diesem Drain führen. Eine Anti-Blooming-Schaltung besteht aus diesen Gründen aus einem Gate neben dem Detektorelement und einem n^+-Gebiet (Abb. 5.6 a). An das Gate wird eine solche Spannung gelegt, daß unter ihm an der Oberfläche die geringste Barriere für Elektronen in der Umgebung des Detektors entsteht. Das Draingebiet kann an die positive Versorgungsspannung gelegt werden.

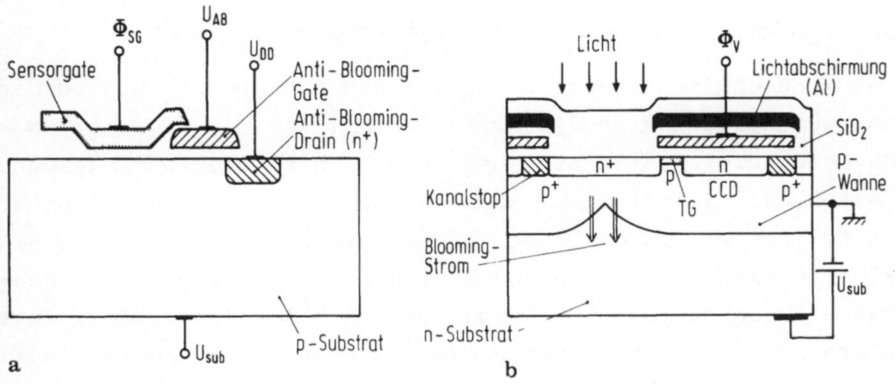

Abb. 5.6. Gebräuchliche Anti-Blooming-Anordnungen. a) lateral; b) vertikale Anordnung in einem Interline-Transfer-CCD-Sensor

Nicht in allen erhältlichen integrierten Detektorschaltungen wurde der zusätzliche Platz für eine Anti-Blooming-Schaltung zur Verfügung gestellt. Deshalb ist das Blooming-Problem für sehr hohe Überbelichtungen nicht in jedem Fall optimal gelöst. Zur Vermeidung eines zusätzlichen Flächenbedarfs an der Oberfläche des Chips wurden auch Lösungen entwickelt, bei denen die Überlaufladung nach unten ins Substrat abgeführt wird [5.11]. Abb. 5.6 b zeigt den Aufbau einer n^+p-Diode in einem CCD-Sensor nach dem Zwischenzeilenprinzip (Abschnitt 5.4.2), eingebettet in eine p-Wanne. Wannendotierung und -tiefe wurden so aufeinander abgestimmt, daß ein bipolarer n^+pn-Transistor für die von dem n^+-Gebiet injizierte Überlaufladung entsteht. Die Einsatzspannung des Transfertransistors zum CCD hin muß entsprechend hoch gewählt werden. Ein solcher Aufbau erfordert eine genaue Kontrolle des Dotierungsprofils im Detektorelement.

Eine einfache Lösung bieten Detektoren mit Photoleiterschichten [5.9]. Da sich hier die Photoempfindlichkeit bei hohen Beleuchtungsstärken sättigt und die erzeugten Ladungsträger rekombinieren, ist eine Überschwemmung der Umgebung zu vermeiden. Es muß allerdings dafür Sorge getragen werden, daß kein Licht auf die integrierte Ausleseschaltung unter der Photoleiterschicht gelangen kann.

5.4 Organisationsformen und Ausleseverfahren

Die Eigenschaften einer integrierten Detektorschaltung werden
ganz wesentlich durch die Art bestimmt, wie die Signale aus
den Detektorelementen zum Ausgang des Chips überführt werden.
Wie Abb. 5.7 illustriert, kann das auf zwei prinzipiell unterschiedliche Weisen erfolgen. In dem einen Fall werden die Sig-
nalwerte parallel in analoge Schieberegister ausgelesen. Während sie sequentiell zur Ausgangsstufe befördert werden, integrieren die Detektorelemente die nächsten Signalladungen auf.
Als analoge Schieberegister dienen entweder CCDs oder seltener
Eimerkettenschaltungen (Bucket Brigade Devices: BBD).

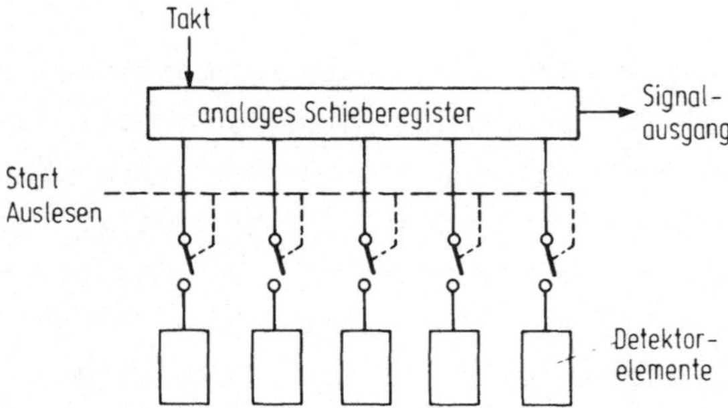

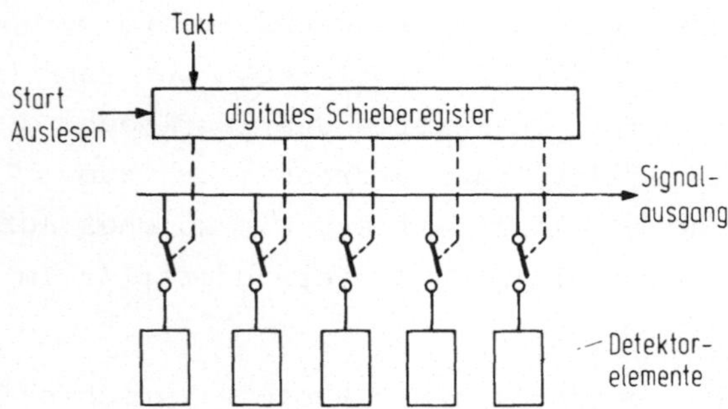

Abb. 5.7. Ausleseverfahren mit analogen und digitalen Schieberegistern

Im zweiten Fall werden die Detektorelemente nacheinander auf
eine Ausleseleitung geschaltet. Die Auswahl der einzelnen
Schalter übernimmt ein digitales Schieberegister. Beide Prin-
zipien haben Vor- und Nachteile. In reiner Form treten sie bei
den Zeilensensoren auf, während es bei den Flächensensoren
Mischformen gibt.

Detektorzeilen werden zum größten Teil mit CCD-Ausleseregistern realisiert. Aus diesem Grunde soll an dieser Stelle zunächst das CCD vorgestellt werden. Abb. 5.8 zeigt den Querschnitt durch ein solches Bauelement. Es besteht aus einer Reihe dicht benachbarter MOS-Kondensatoren, deren Raumladungszonen ineinandergreifen. Mit Hilfe der an die Metallelektroden angelegten Spannungen kann ein Gefälle im Si-Oberflächenpotential zwischen benachbarten MOS-Kondensatoren erzeugt werden, in dem Inversionsladungsträger von einem Kondensator zum nächsten transportiert werden können. Um die Transportrichtung eindeutig festzulegen, werden mindestens drei Bereiche mit unterschiedlich einstellbarem Oberflächenpotential benötigt. Bei längs der Si-Oberfläche konstanter Gate-Oxiddicke und Dotierung ist das mit drei unterschiedlichen Takten zu erreichen. Ein solches CCD wird als Drei-Phasen-CCD bezeichnet. Mit periodisch variierter Gate-Oxiddicke oder Dotierung sind auch Zweiphasen-CCDs realisierbar. Wegen der geringeren Taktzahl ist ihre Ansteuerung einfacher, was bei hohen Auslesefrequenzen an Bedeutung gewinnt.

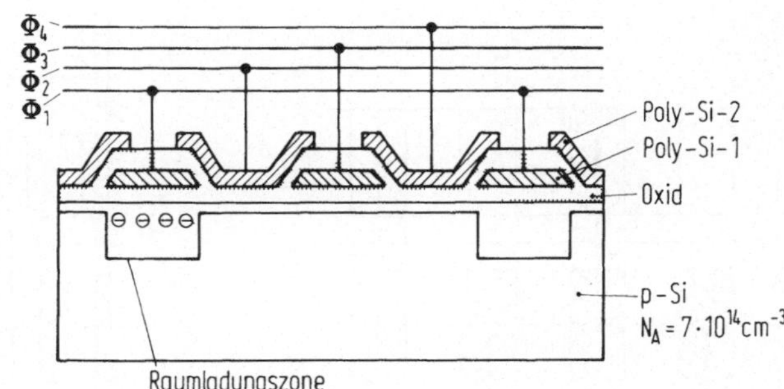

Abb. 5.8. Schematischer Querschnitt eines CCD mit vier Taktphasen

Der Transport der Ladungsträger längs der Oberflächen geschieht allerdings nicht verlustfrei. Ein Teil der Elektronen wird jeweils von Oberflächenhaftstellen eingefangen. Die Freigabe insbesondere aus tiefen Haftstellen erfolgt so verzögert, daß die Elektronen erst in späteren Taktperioden nachfolgen können. Aus diesem Grunde wird den Ladungsträgern, die das Signal darstellen, eine zeitlich konstante Grundladung hinzugefügt. Mit dieser Maßnahme werden die Verluste pro Übertragung ε auf einige 10^{-5} bis 10^{-4} reduziert.

Durch ein geeignetes Dotierungsprofil kann außerdem erreicht werden, daß die Ladungspakete überhaupt nicht mehr an die Oberfläche gelangen, sondern in Potentialmulden einige Zehntel μm im Inneren des Si geführt werden. Bei diesen sogenannten Buried Channel-CCDs (BCCDs) findet daher keine Wechselwirkung mit Oberflächenzuständen mehr statt, und die Verluste sind noch geringer. Ein anderer wesentlicher Vorteil ist ihre höhere Grenzfrequenz. Während bei den Oberflächen-CCDs bei Taktfrequenzen von 5 bis 10 MHz die Übertragungsverluste merklich ansteigen, können ausgefeilte BCCDs mit mehrfach größerer Taktfrequenz betrieben werden. CCD-Bildsensoren für Fernsehanwendungen werden deshalb mit BCCDs aufgebaut. Die höhere Grenzfrequenz ist auf höhere elektrische Felder in Transportrichtung zurückzuführen.

In CCD-Sensorzeilen werden Auslese-CCD und Detektorreihe nebeneinander angeordnet. Übliche Schaltungen weisen auf jeder Seite je ein Auslese-CCD auf. Die Signale der einzelnen Detektoren werden abwechselnd in das eine oder das andere CCD übertragen (Abb. 5.9). Die CCDs werden nur mit der halben Taktfrequenz betrieben, mit der die gemeinsame Ausgangsstufe arbeiten muß. Die

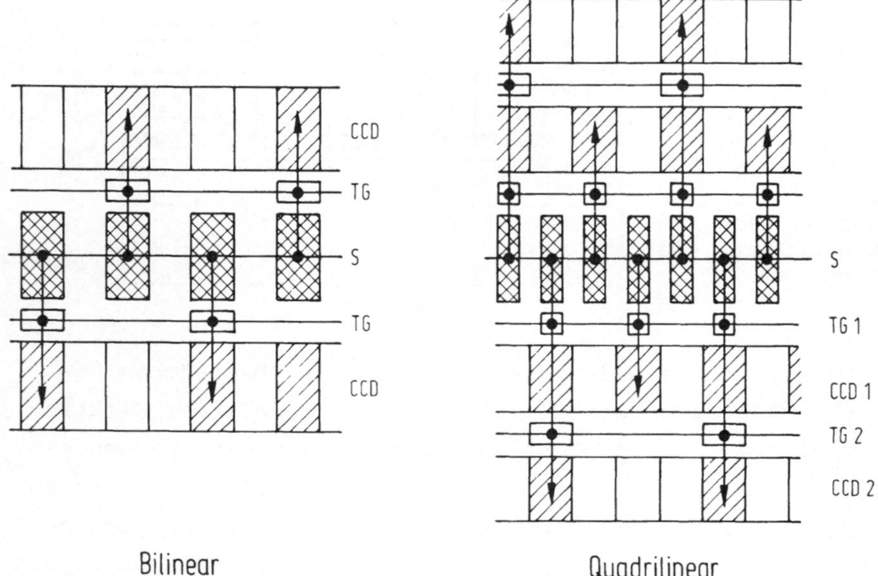

Abb. 5.9. Bilineare und quadrilineare CCD-Sensorzeilen. TG, TG1, TG2: Transfergates; S: Sensorgate

se Zeilensensoren werden wegen der zwei Ausleseregister bilinear genannt.

Die höchste erzielbare Packungsdichte wird bei bilinearen CCD-Sensoren durch die CCD-Elemente selbst bestimmt. Sie kann durch Verwendung von vier CCD-Registern noch fast um den Faktor zwei erhöht werden. Diese sogenannten quadrilinearen Anordnungen [5.12] sind insbesondere für sehr hohe Detektorzahlen interessant, wie sie mit ca. 3500 Detektoren bei Faksimileübertragungen angestrebt werden [5.13].

Da das Auslesen im CCD nicht verlustfrei erfolgt, muß die Auslese-MTF (MTF_ε) berücksichtigt werden: Für ein Ladungspaket, das durch das gesamte CCD transportiert wird, ergibt sich eine MTF wie folgt [5.14]:

$$MTF_\varepsilon = \exp\left[-\frac{n}{k}\, p\varepsilon\left(1 - \cos\frac{k\pi f_s}{f_N}\right)\right]. \qquad (5.9)$$

n ist die laufende Nummer des Detektorelementes, vom Ausgang her gezählt, p die Zahl der Takte der CCDs, und k gibt an, wieviele Auslese-CCDs verwendet werden (k = 4 für den quadrilinearen CCD-Sensor). Abb. 5.10 zeigt den Verlauf von MTF_ε für verschiedene Sensortypen. Man erkennt, daß der quadrilineare Sensor am besten abschneidet, da er die geringste Zahl von Übertragungsschritten aufweist.

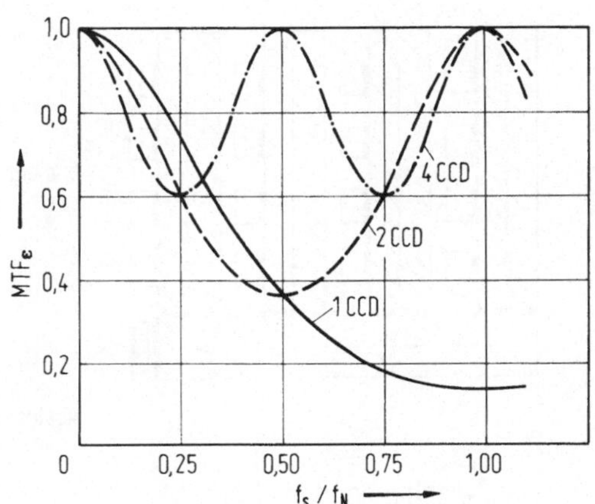

Abb. 5.10. Auslese-MTF (MTF_ε) für zeilenförmige CCD-Sensoren mit unterschiedlicher Zahl von CCD-Ausleseregistern

Wie schon eingangs erwähnt, existieren auch Detektorzeilen, deren Einzeldetektoren über ein digitales Schieberegister

nacheinander auf eine Ausleseleitung geschaltet werden. Sie
sind technologisch einfacher herzustellen, da sie nicht wie
die CCDs zwei aktive Leiterbahnlagen benötigen. Da jedoch die
Ladungspakete auf die große Kapazität der Ausleseleitung übertragen werden müssen, ist der Signalhub am Ausgang sehr gering
und muß zusätzlich verstärkt werden. Diese Sensoren reagieren
daher empfindlicher auf Störungen wie Rauschen und Takteinkopplungen.

5.4.2 Flächenhafte Detektorschaltungen

CCD-Bildsensoren

Bei den CCD-Bildsensoren können zwei grundsätzlich verschiedene Typen unterschieden werden (Abb. 5.11). Die Anordnung
von vertikalen Detektorzeilen mit jeweils einem analogen CCD-
Schieberegister dazwischen wird Zwischenspaltenprinzip genannt
(Interline Transfer: IT). Ein horizontales CCD dient zur Pa-
rallel-Seriell-Umsetzung und zum Transport der Signale zur Ausgangsstufe. Die vertikalen CCDs werden mit der Zeilenfrequenz
des Sensors getaktet, das horizontale CCD arbeitet mit der Aus-
lesefrequenz, die um den Faktor der Spaltenzahl höher ist als

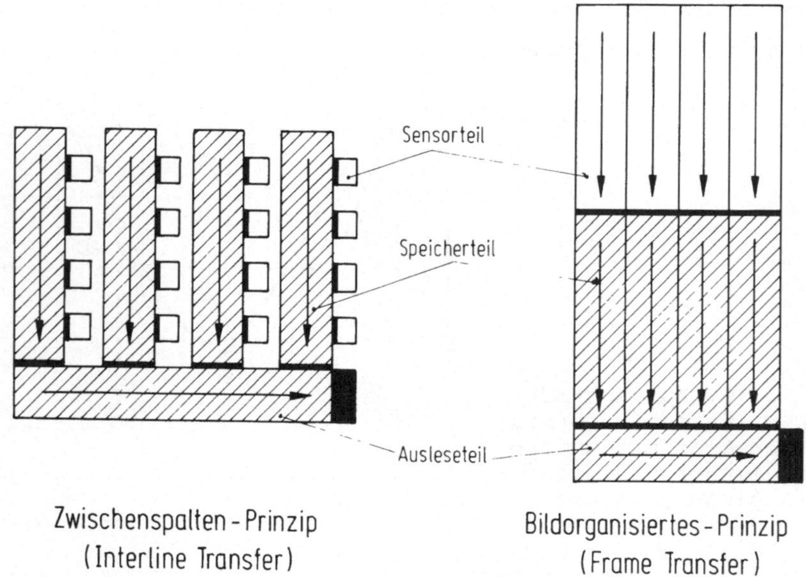

Abb. 5.11. Organisationsformen von flächenhaften CCD-Bildsensore

die Zeilenfrequenz. Die CCDs müssen gegen Licht mit einer undurchlässigen Abdeckschicht geschützt sein, da sonst im CCD unerwünschte Ladungsträger erzeugt würden.

Gerade diesen Effekt nutzen die Bild-organisierten Sensoren aus (Frame Transfer: FT). Sie bestehen aus dem lichtempfindlichen Aufnahmeteil und dem abgedeckten Ausleseteil. Beide Teile sind im Prinzip gleichartig aus parallelen CCDs aufgebaut. Im Aufnahmeteil werden die CCDs während der Integrationsphase als Detektoren verwendet. Dazu werden die Spannungen an den Verschiebeelektroden konstant auf hohem oder auf niedrigem Potential gehalten. Unter den Elektroden auf hohem Potential werden die vom Licht erzeugten Ladungsträger in den Potentialtöpfen gesammelt. Die dazwischenliegenden Elektroden mit niedrigem Potential dienen zur Trennung der einzelnen Ladungspakete. Nach der Integrationszeit werden die Signalladungen möglichst schnell in den Speicherteil übertragen, wo sie Zeile für Zeile von dem Horizontal-CCD abgearbeitet werden. Bei der Verschiebung in den Speicherteil werden die Signalladungen allerdings noch durch einfallendes Licht in Spaltenrichtung verschmiert, was bei lokal starkem Lichteinfall im Bild sichtbar wird.

Die beiden Organisationsformen unterscheiden sich stark in der benötigten Chipfläche: der FT-Sensor braucht bei gegebener Bildfläche etwa doppelt so viel Platz. Auf der anderen Seite erfordert der IT-Sensor kleinere Minimalstrukturen, da mehr Strukturen in der Bildfläche untergebracht werden müssen.

Als Detektorelemente kommen beim IT-Sensor alle behandelten Typen in Frage: Dioden, MOS-Kondensatoren und Photoleiterschichten. Dagegen sind es beim IT-Sensor ausschließlich MOS-Kondensatoren, aus denen ja ein CCD aufgebaut ist. Das Problem der schlechten Lichtempfindlichkeit wurde in einer bemerkenswerten Ausführungsform, dem Virtual-Phase-CCD, dadurch gelöst, daß eine der beiden üblicherweise verwendeten Poly-Si-Lagen fortgelassen wurde [5.15]. Die benötigte Ausbildung des Oberflächenpotentials wird dabei durch eine komplizierte Folge von Ionenimplantationen eingestellt.

Für Anwendungen, in denen die Bildsensoren TV-kompatibel sein
müssen, sind nicht nur Zeilen- und Bildpunktzahl systembedingt
festgelegt, es muß auch das Zeilensprungverfahren realisiert
werden. Bei einer Bildfrequenz von 50 Hz werden in diesem Rhyth-
mus nur jeweils Halbbilder wiedergegeben, die abwechselnd aus
den geraden und ungeraden Zeilen bestehen. Dadurch wird bei gegebener Zeilenfrequenz von ca. 16 kHz der Flimmereindruck vermieden. Diese Anforderung führt beim FT-Sensor dazu, daß die
Integrationszeit nicht der maximal möglichen Dauer von 40 ms
für ein Vollbild, sondern nur den 20 ms für ein Halbbild entspricht. Die Unterscheidung der geraden und ungeraden Zeilen
entsteht dadurch, daß zur Integration unterschiedliche Elektroden innerhalb eines CCD-Elements verwendet werden, z.B.
Elektroden 1+2 für ungerade, 2+3 für gerade Zeilen, wenn ein
Drei-Phasen-CCD vorliegt.

Weitere Randbedingungen aus Fernsehanwendungen werden später
behandelt.

xy-organisierte Bildsensoren

Während CCD-Bildsensoren mit analogen Schieberegistern arbeiten, benötigen xy-organisierte Anordnungen digitale Schieberegister zur Auswahl von Zeilen und Spalten. Die Funktionsweise soll zunächst an Sensoren mit Photodioden erläutert werden
(Abb. 5.12).

Über das vertikale Schieberegister werden die Auswahltransisto-
ren einer Zeile geöffnet und die zugehörigen Dioden mit den
Spaltenleitungen verbunden. Das horizontale Schieberegister
schaltet die Spaltenleitungen sequentiell auf die Ausleseleitung. Das Signal kann an einem externen Widerstand abgegriffen
werden. Der Spannungshub an diesem Widerstand ist allerdings
sehr klein und überlagert von Takteinkopplungen, die an Leiter-
bahnkreuzungen und an den Schalttransistoren entstehen. Da die
Koppelkapazitäten herstellungsmäßig bedingt von Ort zu Ort variieren, wird ein ortsfestes Störmuster erzeugt (Fixed Pattern
Noise: FPN). Es bedarf eines ausgeklügelten Layouts und eines
ausgefeilten Taktschemas, um den FPN weitgehend zu unterdrük-
ken. Dazu bedient man sich der Methode, über ansteigende und
abfallende Flanken zu integrieren. In dem Aufwand zur Kompen-

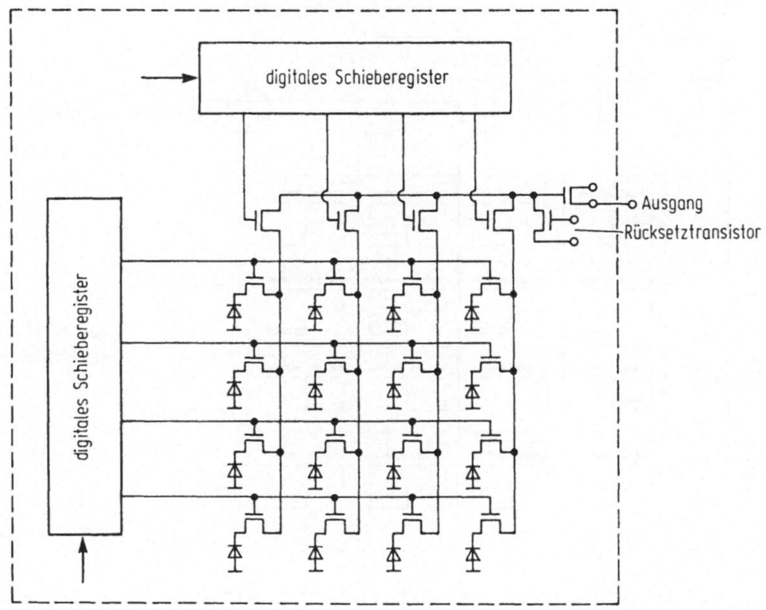

Abb. 5.12. Schematische Darstellung eines MOS-Dioden-Sensors

sation des FPN steckt einer der Hauptunterschiede zu den CCD-Bildsensoren.

Die Verwendung von MOS-Kondensatoren als Sensorelemente hat zu der Entwicklung des Charge Injection Device (CID) [5.16] geführt. Das Detektorelement besteht aus zwei dicht benachbarten MOS-Kondensatoren, deren Elektroden zu je einer Zeilenleitung und einer Spaltenleitung gehören (Abb. 5.13). Während der Integrationszeit liegt an den Zeilenkondensatoren ein höheres Potential, so daß sich hier die Elektronen sammeln. Zum Auslesen wird der Zeilenkondensator abgeschaltet, und die gesamte Ladung fließt in den Spaltenkondensator. Das dadurch auf den Spaltenleitungen entstehende Signal kann als Spannungshub oder als Ausgleichsstrom an einem Widerstand abgegriffen werden. Dieses Ausleseverfahren ist zerstörungsfrei und kann daher für spezielle Anwendungen mit sehr schwacher Beleuchtung wiederholt durchgeführt werden, um den Signal-Rausch-Abstand zu erhöhen [5.17]. Der Rücksetzvorgang erfolgt durch Injektion der Ladungsträger ins Substrat oder benachbarte Draingebiete, woher das CID seinen Namen erhalten hat. Günstig ist der Aufbau in einer Epitaxieschicht auf einem niederohmigen Substrat,

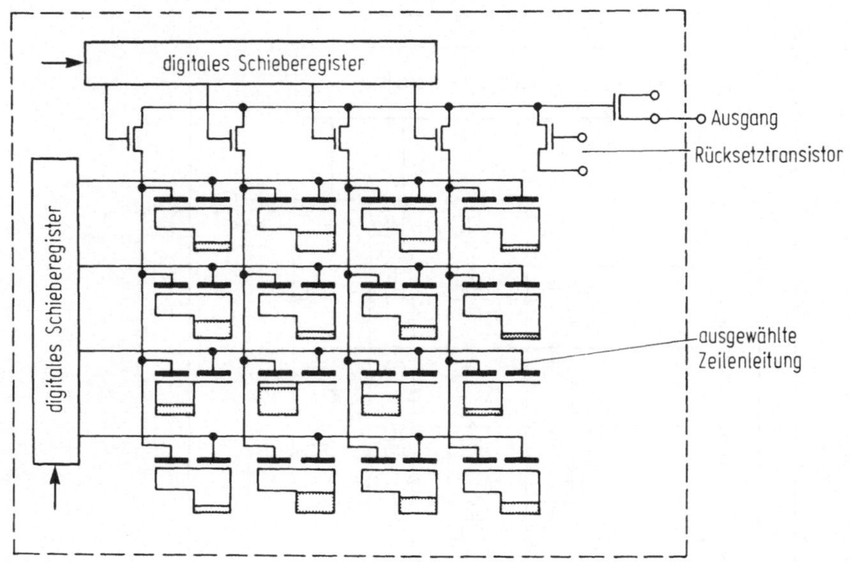

Abb. 5.13. Schematische Darstellung eines CID-Bildsensors
mit angedeuteten Potentialtöpfen

in dem die injizierten Ladungsträger schnell rekombinieren
können. Weil diese Injektion so geführt werden muß, daß keine Ladungsträger in Detektorelemente benachbarter Zeilen gelangen, ist das CID von Haus aus unempfindlich gegen Überbe-
lichtung, d.h. es tritt kein Blooming auf.

Ernste Probleme bereitet jedoch der fixed pattern noise. Um
ihn möglichst zu unterdrücken, wurde ein zeilenorientiertes
Auslesen entwickelt [5.4], bei dem das Signal von den Zeilenleitungen abgegriffen wird. In einem Differenzverstärker
wird dabei jeweils das Signal mit dem Lesesignal der gerade
zurückgesetzten Zeilenleitung verglichen. Das Verfahren macht
sich zunutze, daß sich technologische Parameter auf einer Entfernung der Größenordnung 20 µm nicht stark ändern.

In einer Variante der xy-adressierten Bildsensoren werden die
durch die Zeilenauswahl auf die Spaltenleitungen übertragenen
Signale parallel in ein horizontales CCD ausgelesen und anschließend an eine Ausgangsstufe getaktet. Auch hier wurden
ausgeklügelte Verfahren zur Kompensation des FPN entwickelt
[5.18, 5.19].

5.4.3 Vergleich und Grenzen

Die bisher beschriebenen Bildsensortypen (IT-CCD, FT-CCD,
MOS-Diodensensor, CID) wurden von vielen verschiedenen Her-
stellern nebeneinander entwickelt, ohne daß sich bisher eine
Form durchgesetzt hätte. Sie sollen nun nach bestimmten Kriterien miteinander verglichen werden.

Fernsehanwendungen erfordern hohe Bildpunktzahlen. Für die
NTSC-Norm werden ca. 484 · 400 Detektorelemente benötigt, bei
PAL sind es gar 580 · 400. Damit liegen diese Bildsensoren an
der vordersten Front der Technologieentwicklung, wie sie
z.B. durch den 256 kbit-Speicherbaustein gekennzeichnet ist. Wichtige Kriterien sind deshalb Chipfläche, Prozeßkomplexität und damit letzten Endes Ausbeute und Herstellkosten. In Tabelle 5.1 werden die Bildsensoren nach
technologischen Bedingungen verglichen.

Tabelle 5.1. Vor- und Nachteile verschiedener Bildsensortypen aus technologischer Sicht

	FT-CCD	IT-CCD	MOS-Dioden-Sensor	CID
Chipfläche	-	+	+	+
Packungsdichte	+	-	-	-
Prozeßkomplexität	-	-	+	-

Bei der Chipfläche schneidet der Frame-Transfer-Sensor natürlich am schlechtesten ab, weil sie doppelt so groß wie die
Bildfläche sein muß. Die Bildfläche selbst kann nicht frei gewählt werden, sondern sollte sich an entwickelte Objektiv-
typen anlehnen, die es für 1"-, 2/3"-, 1/2"-Vidikons und den
Super-8-Film gibt. Tabelle 5.2 gibt die zugehörigen Bildflä-
chen und Detektorrastermaße für 580 · 400 Bildpunkte an.

Technologisch praktikable Abmessungen sind derzeit das 2/3"-
und das 1/2"-Format. Weil im FT-Sensor die CCDs sowohl als
Detektoren als auch als Ausleseschaltung verwendet werden,
hat dieser Typ die geringsten Probleme bei der Packungsdichte. Die höchste Dichte wurde bei einer Variante erzielt, bei
der pro CCD-Element mit vier Elektroden zwei Sensorelemente
untergebracht wurden. Zum Auslesen müssen dann allerdings die

Tabelle 5.2. Bildabmessungen und Rastermaße gebräuchlicher
Bildformate bei 580 · 400 Detektorelementen

Format	Bildfläche	Raster
1"	9,6 mm · 12,9 mm	16,5 µm · 32 µm
2/3"	6,6 mm · 8,8 mm	11,5 µm · 22 µm
1/2"	4,8 mm · 6,4 mm	8,25µm · 16 µm
Super-8	4,2 mm · 5,6 mm	7,25µm · 14 µm

CCDs Zeile für Zeile individuell getaktet werden, was vom
Taktschema an die Bewegung einer Ziehharmonika erinnert. Aus
diesem Grunde wurde diese Variante "accordion imager" genannt [5.20].

Eine hohe Packungsdichte kann auch von der Kombination MOS-
Sensor/Photoleiter erreicht werden, weil die lichtempfindlichen Bereiche über den Auslesetransistoren angeordnet werden
können.

Bei der Prozeßkomplexität ist der MOS-Dioden-Sensor am günstigsten, weil alle anderen eine Gate-Ebene (Poly-Si) mehr brau-
chen. Außerdem benötigt er keine CCDs und hat deshalb den geringsten Anteil am Gate-Oxid, was die Ausbeute maßgeblich bestimmt. Der Prozeßablauf ist am ehesten mit dem Speicherpro-
zeß kompatibel. Dieser Sensortyp dürfte daher am kostengün-
stigsten zu fertigen sein.

Eine andere Gruppe von Kriterien ergibt sich aus den Betriebseigenschaften: Empfindlichkeit, Blooming, Signal-Rausch- und
Signal-FPN-Verhältnis. Empfindlichkeit und Blooming-Verhalten
sind schon oben behandelt worden und werden später nur noch
in Tabelle 5.3 mitangeführt. Beim Blooming benötigen alle
Bildsensoren außer den CIDs und den Typen mit Photoleiterschicht zusätzlich Anti-Blooming-Schaltungen, was den Prozeß
verkompliziert und die Packungsdichte herabsetzt.

Bei den ortsfesten Störungen gibt es die auslesebedingten
Unterschiede zwischen den xy- und CCD-Bildsensoren. Gemeinsam
sind ihnen Ungleichmäßigkeiten im Dunkelstrom und in den
Empfindlichkeiten der Detektorelemente, die im wesentlichen
nur durch technologische Maßnahmen reduziert werden können.
S/FPN-Verhältnisse größer als 50 dB und sogar von 60 dB und
mehr sind in der Literatur angegeben worden [5.19, 5.21].

Tabelle 5.3. Vor- und Nachteile verschiedener Bildsensortypen hinsichtlich der Bildqualität

	FT	IT	MOS	CID
S/N	+	+	o	o
S/FPN	+	+	o	-
Blooming	-	$-^a$	$-^a$	+
Empfindlichkeit	o	+	+	o

[a] Bei Verwendung einer Photoleiterschicht gute Blooming-Eigen-
schaften möglich

Ein wesentliches Kriterium ist das erzielbare Signal-Rausch-
Verhältnis. Das Rauschen eines Bildsensors kann in drei Teile
untergliedert werden:

$$Q_n^2 = qI_s t_i + Q_{n,chip}^2 + Q_{n,Verst}^2. \qquad (5.10)$$

Der erste Term beschreibt die Rauschladung, die durch die
Quantennatur des einfallenden Lichtes erzeugt wird, wobei
der Signalstrom I_S über die Integrationszeit t_i aufintegriert
wird. Dieser Anteil führt zu einem S/N-Verhältnis von

$$\left(\frac{S}{N}\right)_{Q_n} = \frac{(I_S t_i)^2}{qI_S t_i} = N_S, \qquad (5.11)$$

wobei N_S die Gesamtzahl der während der Integrationszeit ge-
sammelten Elektronen ist. Für $N_S = 10^6$ erhält man also einen
Störabstand von 60 dB.

Die anderen beiden Terme stellen die auf dem Chip und in der
Verstärkeranordnung außerhalb des Chips entstehenden Rausch-
ladungen dar. Hier sollen insbesondere die Chipanteile erläutert werden. Bei den CCD-Sensoren bestehen sie im wesentlichen aus dem Dunkelstromrauschen, dem Transferrauschen in den
CCDs und dem Rücksetzrauschen von Kapazitäten.

Das Dunkelstromrauschen

$$Q_{n,D} = qI_D t_i \qquad (5.12)$$

kann mit technologischen Mitteln sehr klein gemacht werden
und stellt keine Grenze für Bildsensoren dar. Das Transferrauschen entsteht aus Wechselwirkungen der Signalladungs-

träger mit den Oberflächen- und Volumenzuständen, die auch
die Übertragungsverluste bewirken. Bei Verwendung von Buried-
Channel-CCD ist auch dieser Anteil sehr klein.

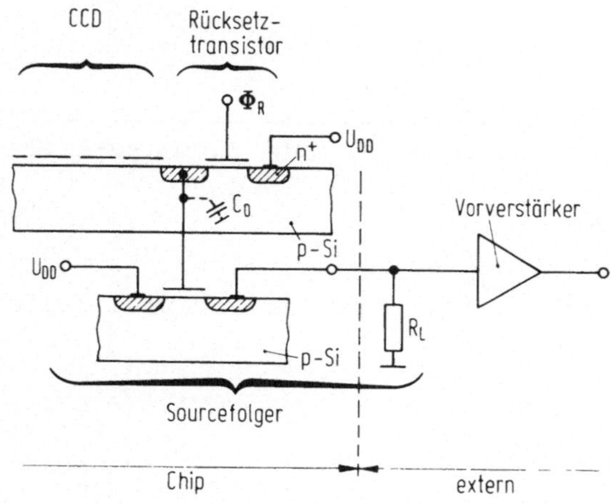

Abb. 5.14. Ausgangs-
stufe eines CCD-Re-
gisters

Der wesentlichste Beitrag entsteht bei der Auslesestufe am
Ende der CCD-Übertragungen, wie sie in Abb. 5.14 dargestellt
ist. Die vom CCD angelieferte Ladung wird auf der Ausgangs-
kapazität C_O zwischengespeichert und von einem MOS-Feldeffekt-
transistor abgetastet. Nach jedem Abtastvorgang wird die Kapazität über den Rücksetztransistor und den Takt Φ_R auf ein
Bezugspotential zurückgesetzt. Dabei entsteht ein Rauschbeitrag:

$$Q_{n,R}^2 = akTC_O. \tag{5.13}$$

Der Vorfaktor a sollte bei rein thermischem Rauschen eins
sein, doch findet sich ein empirischer Wert von a $\approx$ 2 [5.22].
Für eine realistische Kapazität von 0,2 pF ergibt sich damit

$$Q_{n,R} = 4 \cdot 10^{-17} \text{ As.}$$

Das entspricht einer Elektronenzahl von 250. Für 10^6 Elektronen als Obergrenze erhält man damit das maximale Signal-Rausch-
Verhältnis von 72 dB. Ein ähnlicher Wert wurde von einem IT-
CCD-Sensor in der Literatur angegeben [5.23]. Das Rauschen
des On-Chip-MOSFETs selbst und das der nächsten Verstärker-
stufe kann dagegen als klein angesehen werden. Das Reset-Rau-

schen stellt daher bei CCD-Sensoren die untere Grenze dar. Sie kann nur durch zusätzliche, aufwendige Schaltungsmaßnahmen unterschritten werden. Dazu gehört der Distributed Floating Gate Amplifier [5.24], bei dem das Signal mehrfach abgetastet wird, und das korrelierte doppelte Abtasten (Correlated Double Sampling: CDS [5.25]). Diese Verfahren sollen hier jedoch nicht weiter behandelt werden. Mit ihnen konnten allerdings schon Elektronenzahlen in der Größenordnung von 30 detektiert werden.

Anders als bei den CCD-Sensoren wird bei den xy-adressierten Anordnungen das Rücksetzen von Kapazitäten vermieden, da z.B. die Ausleseleitung eine sehr viel größere Kapazität hat als das Detektorelement. Hier wird der Strom über einem externen Widerstand gemessen. Wesentliche Rauschquelle ist damit das thermische Rauschen der Leitungen und der Kanalwiderstände der Transistoren, mit denen die Signale auf die Ausleseleitung geschaltet werden. Abb. 5.15 zeigt ein vereinfachtes Ersatzschaltbild. Der Lastwiderstand, an dem das Signal abgegriffen wird, muß groß gegenüber den Leitungswiderständen und dem Kanalwiderstand des Schalttransistors am horizontalen Schieberegister (HMOST) sein. Dagegen müssen die anteiligen Kapazitäten C_{SP} und C_A der Spalten- und der Ausleseleitung minimiert werden, um die Zeitkonstanten nicht zu groß werden zu lassen. Für einen Bildsensor mit 244 Zeilen und 320 Spalten ist ein S/N-Verhältnis von 66 dB angegeben worden [5.21]. Umgerechnet entsprach damit die äquivalente Rauschladung ca. 800 Elektronen.

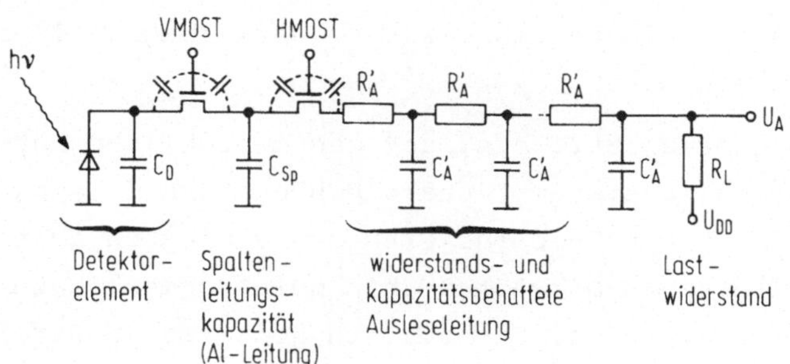

Abb. 5.15. Ersatzschaltbild für das Auslesen eines xy-adressierten Bildsensors

Diese Überlegungen lassen erkennen, daß xy-adressierte Bildsensoren sehr sorgfältig optimiert werden müssen, damit sie
bezüglich Rauschen und ortsfester Störungen nicht deutlich
gegenüber den CCD-Sensoren abfallen. Tabelle 5.3 faßt den
Vergleich in den Betriebseigenschaften zusammen.

Diesen Halbleiter-Bildsensoren stehen nun als Konkurrenten
die bewährten Vidikon-Röhren gegenüber. Die Vorteile der integrierten Detektorschaltungen sind folgende:

- kleinere Abmessungen,
- höhere Lebensdauer,
- geringere Leistungsaufnahme,
- keine Hochspannung,
- kein Nachziehen und Einbrennen.

Nachteile existieren derzeit noch in der geringeren Auflösung aufgrund der begrenzten Detektorzahlen. Doch ist hier
ein kontinuierlicher Fortschritt zu erwarten.

5.5 Bildsensoren für Farbkameras

Während Industrie- und Überwachungsanwendungen mit Schwarz-
weiß-Kameras auskommen, müssen für den Konsumentenmarkt Farb-
kameras entwickelt werden. Hierzu bieten sich drei Konzepte
an: Anordnungen mit drei, zwei oder einem einzigen Chip.

Bei der Drei-Chip-Lösung übernimmt jeder einen der drei Spek-
tralbereiche Rot, Grün und Blau, wie auch in der Drei-Röhren-
Kamera. Mit einem Prisma oder einem Strahlenteiler aus dicroiti-
schen Spiegeln kann das Licht aufgeteilt werden. Diese Lösung
ist teuer und aufwendig. Sie verlangt nicht nur drei hochkom-
plexe Chips, sondern auch eine exakte Justierung (< 10 µm)
der Chips untereinander.

Die Zwei-Chip-Kamera nutzt aus, daß das menschliche Auge im
Grünen am empfindlichsten ist und die höchste Auflösung for-
dert. Deshalb wird ein Chip für Grün zur Verfügung gestellt
und Rot und Blau von dem zweiten Chip aufgenommen. Dazu sind
Rot- und Blaufilter nötig, die z.B. in senkrechten Streifen
oder im Schachbrettmuster angeordnet werden können. Diese Filter werden auf Gelatinebasis oder als Interferenzfilter aufgebaut. Die lagegenaue Strukturierung wirft natürlich neue

technologische Probleme auf, die den Herstellungsprozeß ver-
komplizieren. Die Zwei-Chip-Lösung ist weniger aufwendig und
steht der Drei-Chip-Lösung in der Bildqualität nicht nach.

Für die Massenproduktion kommt jedoch nur eine Ein-Chip-Kame-
ra in Frage. Abb. 5.16 zeigt eine mögliche Filteranordnung.
Wieder ist der Grün-Kanal bevorzugt und hat doppelt so viele
Bildpunkte wie die beiden anderen Kanäle. Durch Versuche mit
Testpersonen wurde festgestellt, daß schon 400 Bildpunkte pro
Zeile ein akzeptables Farbbild für Videoanwendungen ergeben
[5.26].

G	R	G	B	G	R
B	G	R	G	B	G
G	B	G	R	G	B
R	G	B	G	R	G
G	R	G	B	G	R
B	G	R	G	B	G

Abb. 5.16. Mosaikförmige Farbfilteranord-
nung für eine Ein-Chip-Videokamera

Farbkamerachips müssen mit wesentlich weniger Licht auskommen als Schwarz-Weiß-Sensoren. Zum einen dürfen sie den IR-
Anteil nicht nutzen. Zum anderen filtern die Farbfilter jeweils nur einen Bruchteil des sichtbaren Lichtes heraus, und
außerdem erreichen sie nur Durchlässigkeiten von 50 bis 80%
je nach Typ. Das macht deutlich, wie wichtig hier Ausleseverfahren und Signalaufbereitung zur Erzielung eines guten Signal-
Stör-Abstandes sind. Bisher vorgestellte Kameras benötigen ca.
100 Lux Szenenbeleuchtung für ein S/N von 40 dB. Tabelle 5.4
zeigt eine Auswahl bisher vorgestellter Ein-Chip-Farbkameras.

5.6 IR-Detektorschaltungen

Anwendungen von Infrarot-empfindlichen Bildsensoren in der
normalen irdischen Atmosphäre sind auf die Wellenlängenbereiche angewiesen, in denen die Atmosphäre eine genügende
Transmission aufweist. Das ist in den Bereichen 3 bis 5 μm
und 8 bis 14 μm der Fall. Dementsprechend müssen die Detektormaterialien ausgewählt werden. Da intrinsisches Silizium

Tabelle 5.4. Auswahl bisher vorgestellter Bildsensoren für
Ein-Chip-Farbkameras

Hersteller	Zeilen · Spalten	Format	Typ	Zitat
Hitachi	485 · 384	2/3"	xy-MOS	[5.27]
Hitachi	485 · 384	2/3"	xy-MOS, a-Si	[5.9]
Toshiba	492 · 400	2/3"	IT-BCCD	[5.28]
Matsushita	506 · 413	1"	IT-BCCD, $ZnSe-Zn_{1-x}Cd_xTe$	[5.29]
Sharp	475 · 580	2/3"	IT-BCCD	[5.30]
NEC	490 · 768	2/3"	IT-BCCD	[5.11]
Hitachi	492 · 388	2/3"	xy mit CCD	[5.31]
Thomson CSF	476 · 462	2/3"	xy mit CCD	[5.32]
Sanyo	504 · 400	1/2"	FT-BCCD	[5.33]
Matsushita	490 · 404	Super-8	IT-BCCD	[5.34]
Sony	491 . 384	2/3"	IT-BCCD	[5.35]

nur unterhalb 1,1 µm empfindlich ist, sind IR-Bildsensoren
auch anders aufgebaut als die für das sichtbare Licht. Brauch-
bare Materialien sind in Tabelle 5.5 aufgeführt.

Tabelle 5.5 Übersicht über Einsatzmöglichkeiten verschiedener
IR-Detektormaterialien

Material	$\lambda_c/\mu m$	Betriebs-temperatur K	Typ
$Pb_xSn_{1-x}Te$	einstellbar	77	Sperrschicht
$Hg_{1-x}Cd_xTe$	einstellbar	77	Photoleiter
InSb	6,9	77	Sperrschicht
Si:In	7,5	60	Photoleiter
Si:Ga	17,2	30	Photoleiter
PtSi/Si	5,6	77	Schottky-Diode

Bei den Mischkristallen Quecksilber-Cadmium-Tellurid und Blei-
Zinn-Tellurid ist der Bandabstand über das Mischungsverhältnis
einstellbar. Um die thermische Generation klein zu halten, muß
auf 77 K gekühlt werden. Es ist verständlich, daß sich mit diesen Substanzen monolithisch integrierte Detektorschaltungen nur
schwer realisieren lassen. Besonders bei hohen Detektorzahlen

entsteht damit ein beträchtliches Problem für das Auslesen der einzelnen Signale, da alle Detektoren mit der Ausleseschaltung verbunden werden müssen. Ähnliches gilt für InSb.

Die Motivation zur Entwicklung von Detektoren auf Si-Basis war weitgehend die Integrierbarkeit einer kompletten Detektorschaltung. Doch erfordert der Betrieb von In- oder Ga-dotiertem extrinsischen Si niedrigere Temperaturen, damit möglichst alle der aktiven Akzeptoren ausgefroren sind und die Dunkelleitfähigkeit klein wird. Die Photoleitung entsteht durch optisch stimulierte Emission von Elektronen aus dem Valenzband in die Akzeptoren. Aufgrund der begrenzten Löslichkeit der Dotierstoffe in Si ist die Absorption jedoch sehr gering, und relativ dicke Photoleiterschichten werden benötigt. Daraus entstehen Probleme mit dem Übersprechen zwischen den einzelnen Detektorelementen. In den letzten Jahren rückten zusätzlich Si-Schottky-Dioden mit Silizid als Elektrode in den Vordergrund [5.36]. Mit Siliziden aus Edel- und Halbedelmetallen lassen sich auf p-Si niedrige Schottky-Barrieren im Bereich von 0,15 bis 0,35 eV herstellen. Photoleitung resultiert aus der thermionischen Emission von optisch angeregten Ladungsträgern über die Barriere.

Bevor einzelne integrierte IR-Bildsensoren vorgestellt werden, soll die gegenüber dem sichtbaren Bereich andersartige Problematik im Infrarotbereich dargelegt werden.

Mit IR-Bildsensoren sollen im allgemeinen Unterschiede in der Wärmestrahlung der betrachteten Gegenstände aufgenommen werden. Der Bereich 3 bis 5 μm ist am besten für Objekte geeignet, die auf Temperaturen von 600 bis 800 K aufgeheizt sind und als schwarze Strahler ihre maximale Strahlungsdichte in diesem Wellenlängenbereich haben. Doch können natürlich auch Objekte mit niedrigerer Temperatur in diesem Spektralbereich beobachtet werden. Entsprechend ist der Bereich 8 bis 14 μm den auf der Erde vorherrschenden Temperaturen um 290 K angepaßt. Eine Änderung von 1 K bedeutet für die Wärmestrahlung bei 290 K lediglich einen Kontrast von 4% bis 5 μm Wellenlänge und von nur 1,6% bis 14 μm Wellenlänge. In der Infrarot-Technik besteht nun oft die Aufgabe, Temperaturdifferenzen

von 0,2 K bei einem Hintergrund von 290 K zu erkennen. Das
stellt sehr hohe Anforderungen an die Homogenität und/oder
die Signalverarbeitung.

Während im sichtbaren Spektralbereich das Quantenrauschen
des Signals eine untergeordnete Rolle spielt, stellt es für
IR-Detektoren die wesentliche Grenze dar. Es ist daher eine
wichtige Forderung, Detektoren und Ausleseverfahren so zu
optimieren, daß der hintergrundbegrenzte Betrieb angenähert
wird.

IR-Bildsensoren können genauso wie die bisher behandelten als
zeilen- oder flächenhafte Detektorfelder aufgebaut werden. Da
die Homogenität der verwendeten Detektormaterialien aber nicht
besonders gut ist, muß mit ortsfesten Störungen von bis zu 10%
des Dynamikbereichs gerechnet werden. Diese Störungen können
durch eine aufwendige Signalverarbeitung mit Kompensations-
schaltungen unterdrückt werden. Es kommt auf die Anwendung an,
ob ein solcher Aufwand tragbar ist. Für einen normalen Flä-
chensensor ("staring device") bleibt u.U. keine andere Möglichkeit.

Das zeilenweise Abtasten einer Sperre erlaubt mehr Freiheiten
in der Signalverarbeitung auf dem Sensorchip oder zumindest
in der Abbildungsebene (focal plane). Zur Verminderung der
ortsfesten Störungen und des Rauschens wird das Verfahren der
zeitlichen Verzögerung und mehrfachen Aufsummierung der abgetasteten Detektorsignale (Time Delay and Integration: TDI) angewendet. Zur Erläuterung soll Abb. 5.17 dienen. Der Bildsen-

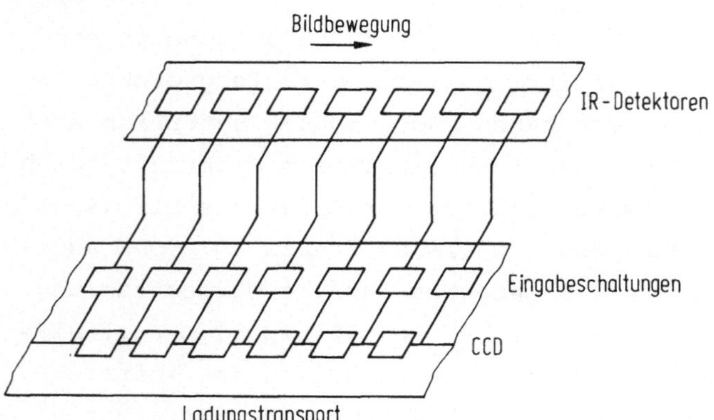

Abb. 5.17. Prinzip
der Bildaufnahme
nach dem TDI-Ver-
fahren

sor besteht aus einem Feld von Detektoren und CCD-Schaltungen. Die optische Abbildung der aufzunehmenden Szene bewegt sich in Richtung des CCD-Ladungstransports über die Detektoranordnung. Nach Ablauf einer Integrationsperiode werden die Signalladungspakete in die zugehörigen CCD-Elemente ausgelesen und anschließend um ein Element weiter verschoben. Wiederholt sich dieser Vorgang M-mal, so wird M-mal derselbe zeilenförmige Bildausschnitt abgetastet und die aus verschiedenen Detektorzeilen stammenden Ladungen M-mal in den CCDs aufsummiert. Da sich das Signal um den Faktor M erhöht, die unkorrelierten Störungen jedoch nur um $\sqrt{M}$, wird der Signal-Stör-Abstand um $\sqrt{M}$ gesteigert. Obwohl es sich bei dem Bildsensor um eine flächenhafte Anordnung handelt, arbeitet er wegen der Mehrfachabtastung wie eine parallel abtastende Detektorzeile.

Das TDI-Konzept erfordert eine hohe Zahl von Detektor- und CCD-Elementen. Eine komplette monolithische Lösung stellt daher hohe Anforderungen an die Technologie. Bei hybriden Schaltungen wiederum werfen die komplizierte Verdrahtung und die als rauscharme Vorverstärker aufzubauenden parallelen CCD-Eingangsstufen erhebliche Probleme auf.

Monolithisch oder teilweise monolithisch aufgebaute integrierte IR-Detektorschaltungen benutzen oft das CID-Konzept. Es wurden schon HgCdTe- und InSb-CIDs mit bis zu $24 \cdot 64$ Bildpunkten vorgestellt, doch waren die Schieberegister zum Ansteuern von Spalten und Zeilenleitungen noch extern [5.37, 5.38]. Abb. 5.18 zeigt eine Möglichkeit für eine Kombination eines extrinsischen Si-Substrats mit dem Auslese-CCD auf einer n-Si-Epitaxieschicht [5.39]. Dieses Konzept hat die Vorteile einer vollintegrierten Lösung, leidet jedoch unter den bereits erwähnten Nachteilen des extrinsischen Siliziums.

In den letzten Jahren hat die Entwicklung von IR-Flächensensoren mit Schottky-Dioden auf Si deutliche Fortschritte erzielt. Bei diesen Dioden erzeugen die von der Si-Seite einfallenden Photonen heiße Löcher, die in der Lage sind, die Schottky-Barriere Φ_B zu überwinden. Der Quantenwirkungsgrad wird in der Regel durch folgende modifizierte Fowler-Beziehung beschrieben [5.40]:

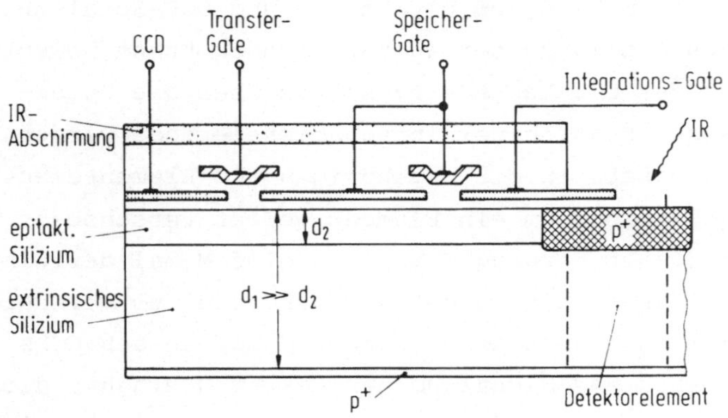

Abb. 5.18. Grundsätzliche Detektoranordnung für einen Bildsensor mit extrinsischem Si und CCD-Ausleseregister

$$\eta = C_1 \, \frac{(hc/\lambda - \Phi_B)^2}{hc/\lambda} \, . \tag{5.14}$$

C_1 ist eine Konstante, die vom Aufbau des Detektorelementes abhängt. Φ_B bestimmt, bis zu welcher Wellenlänge die Schottky-Diode empfindlich ist:

$$\Phi_B(\text{PtSi}) = 0{,}22 \text{ eV} \mathrel{\hat=} 5{,}6 \text{ } \mu\text{m} \quad [5.41]$$

$$\Phi_B(\text{IrSi}) = 0{,}15 \text{ eV} \mathrel{\hat=} 8{,}3 \text{ } \mu\text{m} \quad [5.36].$$

Für C_1 wurden Werte um $0{,}05 \, (\text{eV})^{-1}$ gefunden [5.36]. Im Bereich von $\lambda = 4$ µm errechnen sich für PtSi-Dioden damit Quantenwirkungsgrade von höchstens 1‰. Dieser niedrige Wert kann durch sorgfältige Dimensionierung der Dicke des Schottky-Materials und Aufbringen eines Spiegels auf der Schottky-Kontakt-Seite verbessert werden [5.41]. Abb. 5.19 zeigt den Aufbau eines

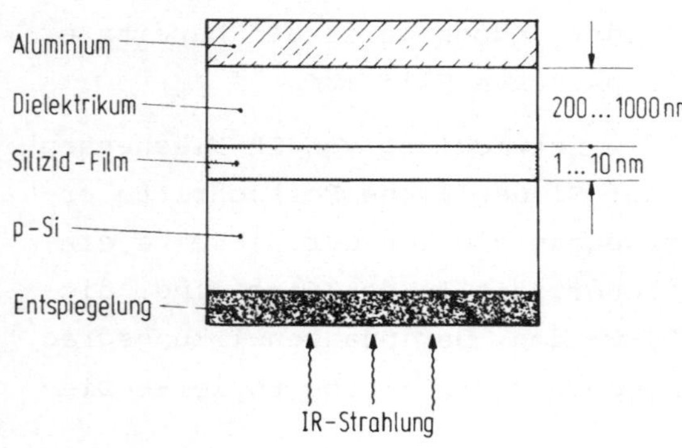

Abb. 5.19. IR-Schottky-Diode mit dünner Schottky-Schicht aus Silizid und Verspiegelung

optimierten Detektors. In der dünnen Silizid-Schicht können
die heißen Löcher mehrfach an den Grenzflächen gestreut werden, bevor sie ihre Energie abgegeben haben. Zum Austritt aus
der Schottky-Schicht in das p-Si darf der Winkel des Impulses
des heißen Loches zur Normalen der Grenzfläche nicht größer
als $\theta = \arccos\sqrt{\Phi_B/E}$ sein [5.41]. Dabei ist E die Energie des
heißen Loches, bezogen auf das Fermi-Niveau. Da bei den Streu-
ungen an den beiden Grenzflächen der Winkel vorher und nachher
als unkorreliert angenommen werden muß, erhöht sich in dünnen
Schottky-Schichten die Austrittswahrscheinlichkeit beträcht-
lich. Ohne **Verspiegelung** und optimale Anti-Reflexschichten
wurden bei $\lambda = 4$ µm für PtSi Quantenwirkungsgrade von 2% gemessen, 3,6% sind bei optimalem Aufbau möglich [5.41].

Was integrierte Schottky-Barriere-Detektorschaltungen besonders attraktiv macht, ist die verhältnismäßig geringe Un-
gleichmäßigkeit, die den Einsatz schon ohne FPN-Kompensation
möglich macht ($\approx$ O,3% multiplikatives FPN [5.42]). Um jedoch
nahe an den BLIP-Betrieb zu kommen, sind sicher noch Maßnahmen zur Rauschunterdrückung und FPN-Kompensation nötig.

Flächensensoren wurden bisher mit BCCDs nach dem Zwischen-
spaltenrpinzip aufgebaut. Die Verkopplung des Detektors
mit dem CCD zeigt Abb. 5.20. Das Signal wird aus der Schottky-
Elektrode über ein Transfer-Gate ausgelesen und die Schottky-
Elektrode dadurch zurückgesetzt. Die bisher größten Schaltungen umfassen $256 \cdot 256$ PtSi -Dünnschicht-Schottky-Dioden
[5.43]. Sie schließen damit an die in der MOS-Technik erreichten Integrationsgrade an.

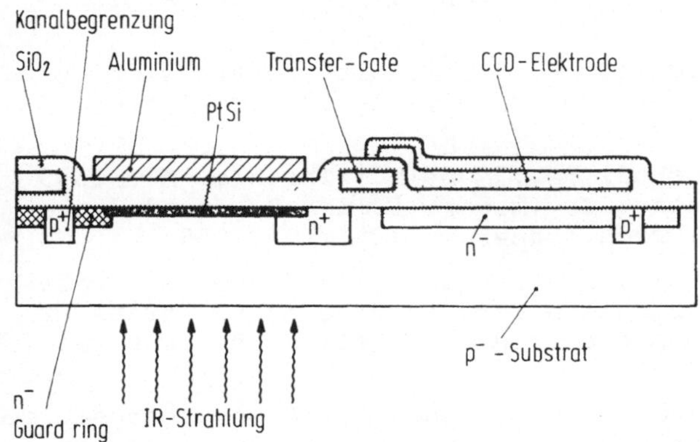

Abb. 5.2O. PtSi-Schottky-Barriere-Detektor mit BCCD-Ausleseregister

Literatur zu Kapitel 5

5.1 White, M.H.: Design of solid-state imaging devices. In:
Solid-state imaging. Leyden und Reading: Noordhoff Intern.
Publ. 1976, S. 485-522

5.2 V.d. Wiele, F.: Anti-reflection films and multilayer
structures. In: Solid-state imaging. Leyden und Reading:
Noordhoff Intern. Publ. 1976, S. 29-45

5.3 Schroder, D.K.: Transparent gate silicon photodetectors.
IEEE J. Solid-State Circ. SC-13 (1978) 16-23

5.4 Brown, D.M.; Burke, H.K.; Ghezzo, M.; McConnelee, P.;
Michon, G.; Vogelsong, T.L.: Row readout in CID-imaging.
IEEE J. Solid-State Circ. SC-15 (1980) 28-29

5.5 Grove, A.S.: Physics and technology of semiconductor
devices. New York: Wiley 1967, S. 177 ff.

5.6 Herbst, H.; Deppe, H.-R.: High density linear CCD-imagers.
Europ. Solid-State Circ. Conf., Amsterdam 1978, Dig. Tech.
Papers, 152-154

5.7 Tsukada, T.; Baji, T.; Shimomoto, Y.; Sanano, A.; Tanaka,
Y., Matsumaru, H.; Takasaki, Y.; Koike, N.; Akiyama, T.:
New solid-state image pickup devices using photosensitive
chalcogenide glass film. IEEE Int. Electron Dev. Meet.
Tech. Dig. (1979) 134-136

5.8 Chikamura, T.; Fujiwara, S.; Shibata, T.; Miyata, Y.;
Terui, Y.; Wada, T.; Ohta, Y.; Fukai, M.: A high-sensitivity solid-state image sensor using a thin-film $ZnSe-Zn_{1-x}$
Cd_xTe heterojunction photosensor. IEEE Trans. Electron
Dev. ED-29 (1982) 999-1004

5.9 Tsukada, T. et al.: Solid-state color imager using an
a-Si : H photoconductive film. IEEE Int. Electron. Dev.
Meet. Tech. Dig. (1981) 479-482

5.10 Chamberlain, S.G.; Harper, D.H.: MTF simulation including
transmittance effects and experimental results of charge-
coupled imagers. IEEE J. Solid-State Circ. SC-13 (1978)
71-80

5.11 Oda, E. et al.: A CCD image sensor with 768 · 490 pixels.
IEEE Int. Solid-State Circ. Conf., Dig. Tech. Papers
(1983) 264-265

5.12 Herbst, H.; Pfleiderer, H.-J.: Modulation transfer function of quadrilinear CCD imager. Electronics Letters 12
(1976) 676-677

5.13 Sheu, L.S.-P; Kadekodi, N.; Ngo, T.; Ibrahim, A.: 3553
element quadrilinear CCD imager. IEEE Int. Solid-State
Circ. Conf., Dig. Tech. Papers (1983) 252-253

5.14 Joyce, W.B.; Bertram, W.F.: Linearized dispersion rela-
tion and Green's function for discrete charge transfer
devices with incomplete transfer. Bell Syst. Tech. J.
50 (1971) 1741-1759

5.15 Hynecek, J.: Virtual phase technology: A new approach to
fabrication of large-area CCD's. IEEE Trans. Electron
Dev. ED-78 (1981) 483-489

5.16 Brown, D.M.; Ghezzo, M.; Sargent, P.L.: High density
     CID imagers. IEEE J. Solid-State Circ. SC-13 (1978) 5-10

5.17 Michon, G.J.; Burke, H.K.: Charge-injection devices for
     solid-state imaging. In: Solid-state imaging. Leyden
     und Reading: Noordhoff Intern. Publishing 1976, S. 447-
     461

5.18 Koch, R.; Herbst, H.: Solid-state imagers with integra-
     ted fixed-pattern noise suppression. Siemens Forsch.- u.
     Entwicklungs-Ber. 8 (1979) 268-271

5.19 Terakawa, S.; Yamada, T.; Horii, K.; Takamura, T.; Tera-
     moto, I.: A new organization area image sensor with CCD
     readout through charge priming transfer. IEEE Trans.
     Electron Dev. Lett. EDL-1 (1980) 86-88

5.20 Theuwissen, A.J.P.; Weijtens, C.H.L.; Esser, L.J.M.; Cox,
     J.N.G.; Duyvelaar, H.T.A.R.; Keur, W.C.: The accordion
     imager: An ultra high density frame transfer CCD. IEEE
     Int. Electron Dev. Meet. Tech. Dig. (1984) 40-43

5.21 Ohba, S.; Nakai, M.; Ando, H.; Hanamura, S.; Shimada, S.;
     Satoh, K.; Takahashi, K.; Kubo, M.; Fujita, T.: MOS area
     sensor: Part II - Low-noise MOS area sensor with anti-
     blooming photodiodes. IEEE J. Solid-State Circ. SC-15
     (1980) 747-752

5.22 Hall, J.A.: Amplifier and amplifier noise considerations.
     In: Solid-state imaging. Leyden und Reading: Noordhoff
     Intern. Publ. 1976, S. 535-559

5.23 Ishihara, Y.; Takeuchi, E.; Teranishi, N.; Kohono, A.;
     Aizawa, T.; Arai, K.; Shiraki, H.: CCD image sensor for
     single sensor color camera. IEEE Int. Solid-State Circ.
     Conf., Dig. Tech. Papers (1980) 24-25

5.24 Amelio, G.F.: The impact of large CCD image sensing area
     arrays. Proc. Intern. Conf. Tech. Appl. Charge-Coupled
     Devices, Edinburgh (1974) 25-27

5.25 White, M.H.; Lampe, D.R.; Blaha, F.C.; Mack, I.A.: Char-
     acterization of surface channel CCD imaging arrays at
     low light levels. IEEE J. Solid-State Circ. SC-9 (1974) 1

5.26 Reimers, U.: Farbfilterstrukturen für Fernsehkameras mit
     einem Halbleiter-Bildsensor. Fernseh- und Kinotechnik 36
     (1982) 299-305

5.27 Aoki, M.; Ohba, S.; Takemoto, I.; Nagahara, S.; Sasano,
     A.; Kubo, M.: MOS color imaging device. IEEE Int. Solid-
     State Circ. Conf., Dig. Tech. Papers (1980) 26-27

5.28 Furukawa, A.; Matsunaga, Y.; Suzuki, N.; Harada, N.;
     Hayashimoto, Y.; Sato, S.; Egawa, Y.; Yoshida, O.: An
     interline transfer CCD for a single sensor 2/3" color
     camera. Int. Electron Dev. Meet. Tech. Dig. (1980) 346-
     349

5.29 Terui, Y.; Wada, T.; Yoshiko, M.; Kadota, H.; Chikamura,
     T.; Tanaka, H.; Ota, Y.; Fujiwara, Y.; Ogawa, K.; Kita-
     hiro, O.; Horiuchi, S.: A solid-state color image sensor
     using $ZnSe-Zn_{1-x}Cd_xTe$ heterojunction thin-film photocon-
     ductor. IEEE Int. Solid-State Circ. Conf., Dig. Tech.
     Papers (1980) 34-35

5.30 Miyatake, S.; Nagakawa, T.; Misawa, K.; Okuno, M.;
     Matsui, O.; Awane, K.: A CCD imager with 580 · 475 clock-
     line-isolated photodiodes. IEEE Int. Solid-State Circ.
     Conf., Dig. Tech. Papers (1983) 262-263

5.31 Ohba, S.; Nakai, M.; Ando, H.; Ozaki, T.; Ozawa, N.;
     Imaide, T.; Ikeda, K.; Suzuki, T.; Takemoto, I.; Masu-
     hara, T.: MOS imaging with random noise suppression.
     IEEE Int. Solid-State Circ. Conf., Dig. Tech. Papers
     (1984) 26-27

5.32 Berger, J.L., Brissot, L.; Cazaux, Y.; Descure, P.:
     A line transfer color image sensor with 576 · 462 pixels.
     IEEE Int. Solid-State Circ. Conf., Dig. Tech. Papers
     (1984) 28-29

5.33 Mitani, N.; Furusawa, T.; Tsuchihashi, Y.; Kitamura, Y.;
     Kiriyama, Y.; Rai, Y.: A single chipe 1/2" frame transfer
     CCD color image sensor. IEEE Int. Electron. Dev Meet.
     Tech. Dig. (1984) 44-47

5.34 Horii, K.; Kuruda, T.; Matsuda, Y.; Kuriyama, T.; Mino,
     N.: A 490 · 404 element imager for a single-chip color
     camera. IEEE Int. Electron Dev. Meet. Tech. Dig. (1985)
     96-97

5.35 Matsumoto, H.; Shimada, T.; Abe, M.; Ando, T.; Matsui, H.;
     Takeshita, K.; Hashimoto, T.: IL CCD imager with MOS photo-
     sensor using high resistivity MCZ substrate. Tech. Papers
     Symp. Inst. Television Eng. Japan (1983) 35-40

5.36 Kosonocky,W.F.: Visible and infrared solid-state image sen-
     sors. IEEE Int. Electron Dev. Meet.Tech. Dig. (1983) 1-7

5.37 Gibbons, M.D. et al.: Status of InSb charge injection
     device (CID) detection technology. Proc. SPIE 443 (1982)

5.38 Chapman, R. et al.: Monolithic HgCdTe charge transfer
     device infrared imaging arrays. IEEE Trans. Electron
     Dev. ED-27 (1980) 134-145

5.39 Nummedal, K.: Late news paper, Intern. Conf. Tech. Appl.
     Charge-Coupled Devices, Edinburgh (1974)

5.40 Shepherd, F.D.; Yang, A.C.: Silicon-Schottky retinas for
     infrared imaging. IEEE Int. Electron Dev. Meet. Tech.
     Dig. (1973) 310-313

5.41 Elabd, H.; Kosonocky, W.F.: Theory and measurements of
     photoresponse for thin film Pd_2Si and PtSi infrared
     Schottky-barrier detectors with optical cavity. RCA Rev.
     43 (1982) 569-589

5.42 Kosonocky, W.F. et al.: Design and performance of 64·128
     elements PtSi Schottky-barrier infrared charge-coupled de-
     vice (IR-CCD) focal plane array. Proc. SPIE 344 (1982) 66-77

5.43 Kimata, M.; Denda, M.; Yutani, N.; Tsubouchi, N.; Shiba-
     ta, H.: A 256 · 256-element Si monolithic IR-CCD sensor.
     IEEE Int. Solid-State Circ. Conf., Dig. Tech. Papers
     (1983) 254-255

Sachverzeichnis

Halbleiter-Elektronik

Eine aktuelle Buchreihe für Studierende und Ingenieure

Herausgeber: W. Heywang, R. Müller

Band 1
R. Müller

Grundlagen der Halbleiter-Elektronik

4., neu bearbeitete Auflage. 1984. 123 Abbildungen. 203 Seiten
Broschiert DM 54,-. ISBN 3-540-12988-X

Band 2
R. Müller

Bauelemente der Halbleiter-Elektronik

2., überarbeitete Auflage. 1979. 259 Abbildungen, 6 Tabellen.
232 Seiten. Broschiert DM 68,-. ISBN 3-540-09322-2

Band 3
W. Heywang, H. W. Pötzl

Bänderstruktur und Stromtransport

1976. 119 Abbildungen. 281 Seiten. Broschiert DM 68,-
ISBN 3-540-07565-8

Band 4
I. Ruge

Halbleiter-Technologie

2., überarbeitete und erweiterte Auflage von H. Mader. 1984.
218 Abbildungen. 404 Seiten. Broschiert DM 78,-
ISBN 3-540-12661-9

Band 5
E. Spenke

pn-Übergänge

Ihre Physik in Leistungsgleichrichtern und Thyristoren
1979. 98 Abbildungen. 144 Seiten. Broschiert DM 68,-
ISBN 3-540-09270-6

Band 6
H. Schrenk

Bipolare Transistoren

1978. 109 Abbildungen. 242 Seiten. Broschiert DM 68,-
ISBN 3-540-08491-6

Band 8
G. Kesel, J. Hammerschmitt, E. Lange

Signalverarbeitende Dioden

1982. 113 Abbildungen. 224 Seiten. Broschiert DM 78,-
ISBN 3-540-11144-1

Springer-Verlag
Berlin Heidelberg New York Tokyo

Band 9
W. Harth, M. Claassen

Aktive Mikrowellendioden

1981. 117 Abbildungen. 190 Seiten. Broschiert DM 74,-
ISBN 3-540-10203-5

Band 10
G. Winstel, C. Weyrich

Optoelektronik I

Lumineszenz- und Laserdioden
Berichtigter Nachdruck. 1981. 152 Abbildungen. 315 Seiten
Broschiert DM 74,-. ISBN 3-540-09598-5

Band 12
W. Gerlach

Thyristoren

Berichtigter Nachdruck. 1981. 184 Abbildungen. 426 Seiten
Broschiert DM 74,-. ISBN 3-540-09438-5

Band 13
H.-M. Rein, R. Ranfft

Integrierte Bipolarschaltungen

1980. 198 Abbildungen, 8 Tabellen. 320 Seiten
Broschiert DM 74,-. ISBN 3-540-09607-8

Band 14
H. Weiß, K. Horninger

Integrierte MOS-Schaltungen

1982. Vergriffen. Neuauflage in Vorbereitung

Band 15
R. Müller

Rauschen

1979. 188 Abbildungen. 247 Seiten. Broschiert DM 74,-
ISBN 3-540-09379-6

Band 16
W. Kellner, H. Kniepkamp

GaAs-Feldeffekttransistoren

1985. 119 Abbildungen. 274 Seiten. Broschiert DM 74,-
ISBN 3-540-13763-7

Band 17
W. Heywang

Sensorik

2., überarbeitete Auflage. 1986. 146 Abbildungen.
IV, 261 Seiten. Broschiert DM 74,-. ISBN 3-540-16029-9

Band 18
W. Heywang

Amorphe und polykristalline Halbleiter

1984. 106 Abbildungen. 242 Seiten. Broschiert DM 68,-
ISBN 3-540-12981-2

Band 20
M. Zerbst

Meß- und Prüftechnik

1986. 154 Abbildungen. XVIII, 370 Seiten. Broschiert DM 84,-
ISBN 3-540-15878-2

Über diese Basisbände hinaus sind weitere Einzelbände den technisch wichtigen Halbleiterbauelementen, Schaltungen und Sonderthemen gewidmet. Alle diese von Spezialisten verfaßten Bände sind so aufgebaut, daß sie bei entsprechenden Vorkenntnissen auch einzeln verwendet werden können.

Nachstehendes Schema gibt einen Überblick über die Konzeption der Buchreihe, die bei Bedarf einen weiteren Ausbau zuläßt (Stand: Mitte 1986).

Einführung	1 Grundlagen der Halbleiter-Elektronik	2 Bauelemente der Halbleiter-Elektronik
Vertiefung	3 Bänderstruktur und Stromtransport	5 *pn*-Übergänge
Technologie	4 Halbleiter-Technologie	19 Mikrotechnologie *
Einzelhalbleiter	8 Signalverarbeitende Dioden	9 Aktive Mikrowellendioden
	6 Bipolare Transistoren	12 Thyristoren
	16 GaAs-Feldeffekt-transistoren	21 MOS-Transistoren *
	10 Optoelektronik I: Lumineszenz- und Laserdioden	11 Optoelektronik II: Photodioden,-transistoren, -leiter, Bildsensoren
Integrierte Schaltungen	13 Integrierte Bipolarschaltungen	14 Integrierte MOS-Schaltungen *
Sonderthemen	15 Rauschen	17 Sensorik
	18 Amorphe und poly-kristalline Halbleiter	20 Meß- und Prüftechnik

*In Vorbereitung: Band 14 (Neuauflage), Band 19, Band 21
(als Ersatz für den vergriffenen früheren Band 7/Feldeffekttransistoren).

Springer-Verlag Berlin Heidelberg New York Tokyo